快速掌握16G101图集

混凝土结构平法施工图识读

HUNNINGTU JIEGOU PINGFA SHIGONGTU SHIDU

>>> 黄朝广 著

华中科技大学出版社
http://www.hustp.com
中国·武汉

内容简介

本书从结构构件和结构系统的表达方法入手，引出混凝土结构采用平法表达的必然性和合理性。之后，依次介绍了混凝土结构通用构造要求，混凝土柱、梁、板、墙、基础以及楼梯的外观形态、内部构造、传统表达方法、平法制图规则和构造详图等内容，最后一个项目中介绍了平法施工图必须说明的内容，举例并讲解了单根柱、梁钢筋工程量的计算，还设计了若干学习性工作页、任务单，便于教师在采用理实一体化教学安排时参考。

全书内容的编排由易到难、由浅入深，部分难以理解且工程中应用较少的知识，书中未做详细介绍。

本书的最后还附有一套完整项目的建筑、结构施工图，用于教师授课时布置学习性工作任务时使用。对照平法制图规则和构造详图中的疑难点，书中配备了大量的对比性三维彩色图片，可以帮助学生理解其意义。

本书可作为高职高专和应用型本科层次土木建筑类专业的教学用书，也可作为建设行业工程技术人员的参考资料。

为了方便教学，本书还配有电子课件等教学资源包，任课教师和学生可以登录“我们爱读书”网(www.ibook4us.com)免费注册浏览，或者发邮件至 husttujian@163.com 免费索取。

图书在版编目(CIP)数据

混凝土结构平法施工图识读/黄朝广著. —武汉:华中科技大学出版社，2015.6(2023.1 重印)
国家示范性高等职业教育土建类“十二五”规划教材
ISBN 978-7-5680-0981-2

Ⅰ.①混… Ⅱ.①黄… Ⅲ.①混凝土结构-建筑制图-识别-高等职业教育-教材 Ⅳ.①TU204

中国版本图书馆 CIP 数据核字(2015)第 140973 号

混凝土结构平法施工图识读
Hunningtu Jiegou Pingfa Shigongtu Shidu　　　　黄朝广　著

策划编辑：康　序
责任编辑：康　序
封面设计：原色设计
责任校对：何　欢
责任监印：张正林
出版发行：华中科技大学出版社(中国·武汉)
　　　　　武昌喻家山　　邮编：430074　　电话：(027)81321913
录　　排：武汉正风天下文化发展有限公司
印　　刷：武汉科源印刷设计有限公司
开　　本：880mm×1230mm　1/16
印　　张：12
字　　数：389 千字
版　　次：2023 年 1 月第 1 版第 3 次印刷
定　　价：58.00 元

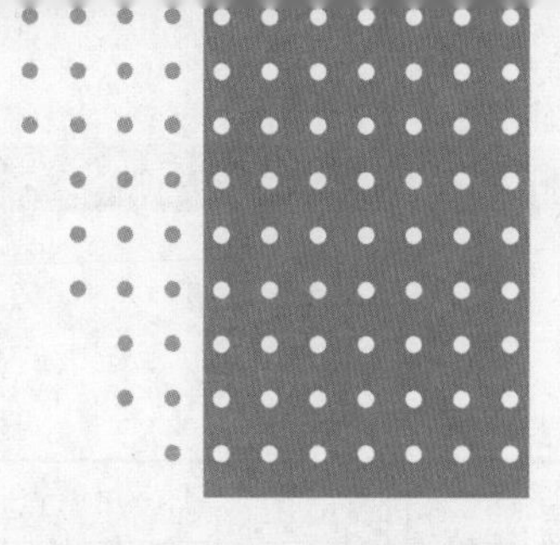

FOREWORD
前言

建筑工程施工图识读是建设行业从业人员的一项重要技能。建筑工程施工图一般包括建筑专业施工图、结构专业施工图以及水、电、暖通专业施工图。其中，结构专业施工图是建筑工程施工图中最重要的部分，是表达建筑工程结构构件（基础、柱、梁、板、墙以及楼梯等）和结构系统的工程文件。熟练识读结构专业施工图是建设行业工程技术人员、工程管理人员以及技术工人（钢筋工、木工等）必备的技能。

传统的建筑结构施工图采用的是三视图加辅助剖面图的方法来表达的。这种方法表达的结构构件直观、形象，易于理解。但是，这种方法绘图工作量大，图纸篇幅多，打印和晒制图纸量也很大，造成人力和资源投入较多。由于混凝土结构中的构件只有那么几类，每一类构件中的各个构件个体之间，外观形态和内部构造十分类似。每一类构件的外观形态和内部构造形式，建设行业从业人员都比较熟悉。基于此，我们可以设想，如果在表达结构系统的结构平面图中，使用简单的文字或符号一并将结构构件也表达清楚了，岂不更省事。因此，混凝土结构施工图平面整体表示方法应运而生。

由于混凝土结构施工图平面整体表示方法（简称平法）在结构平面图中一并描述了结构构件，故绘图量小，制图和打印、晒图成本也随之降低。由于其表达方法新颖，加之构件之间的连接在施工图中没有详细交代，因此，从业人员仅仅依靠施工图纸很难理解设计意图。但是，自2000年以来，建设行业开始逐渐普及平面整体表示方法，传统三视图加辅助剖面图表达法也渐渐淡出历史舞台。作为建设行业从业者，熟练掌握这种表达方法是唯一的选择。

目前，在专业图书市场上销售的《混凝土结构施工图平面整体表示方法制图规则和构造详图》图集，文字编排缜密，逻辑严谨。但由于其为工具书，不便在其中配备三维图示。这种用平面图形表达空间构件的图集，对于初学者来说，理解起来有一定的困难。为了帮助初学者系统学习混凝土结构施工图平面整体表示方法，帮助大家正确理解设计意图，作者经过长时间准备，编著了此书。

本书从结构构件和结构系统表达方法入手，引出混凝土结构采用平法表达的必然性和合理性。之后，依次介绍了混凝土结构通用构造要求，混凝土柱、梁、板、墙、基础以及楼梯的外观形态、内部构造、传统表达方法、平法制图规则和构造详图等内容，最后一个项目中介绍了平法施工图必须说明的内容，举例并讲解了单根柱、梁钢筋工程量的计算，还设计了若干学习性工作页、任务单，便于教师在采用理实一体化教学安排时参考。同时，本书建议的学时分配见下表。

学时分配建议表

章	节	知识点	知识能力目标	学时	重要性
项目1（4学时）	1、2、3		理解结构构件和结构系统的表达方法	2	★★★
	4		初步认识混凝土结构平法施工图	2	★★★
项目2（4学时）	1、2、3		理解钢筋的锚固、连接方法和要求	2	★★★
	4、5、6、7		掌握构件内钢筋的布置要求	2	★★★
项目3（14学时）	1、2		认识混凝土柱的外观形态和内部钢筋配置形式	2	★★★
	3	1、2	完全理解柱截面注写方法	4	★★★
		3	完全理解柱列表注写方法	2	★
		4	了解柱叠层注写方法	2	
	4	1	掌握柱纵向钢筋构造要求	2	★★★
		2	掌握柱箍筋构造要求	2	★★★
项目4（16学时）	1		认识混凝土梁外观形态和内部钢筋配置形式	2	★★★
	2		掌握混凝土梁传统表达方法	1	★★★
	3	1	完全理解梁平面注写方法	5	★★★
		2、3	完全理解梁截面注写方法	2	★
	4	1	掌握梁纵向钢筋构造要求	2	★★★
		2	掌握梁箍筋构造要求	2	★★★
		3	掌握梁特殊部位构造要求	2	★★★
项目5（10学时）	1、2		认识混凝土板外观形态和内部钢筋配置形式，理解其传统表达方法	2	★★★
	3		掌握板平法制图规则	4	★★
	4	1～5	掌握板配筋细部构造	2	★★★
		6～10	掌握板配筋细部构造	2	★★★
项目6（16学时）	1、2		认识墙的外观和内部形态，理解其传统表达方法	2	★★★
	3	1、2	掌握墙列表注写方法	3	★★★
		3、4、5	掌握墙截面注写、墙洞口和地下室墙表达方法	3	★★★
	4	1、2	掌握剪力墙身和开洞构造	2	★★★
		3、4	掌握墙竖向和水平连接构造	2	★★★
		5、6	理解构造边缘构件和约束边缘构件的构造	2	★★★
		7、8	理解连梁和地下室外墙构造	2	★★★
项目7（8学时）	1、2		了解建筑基础类型、外观形态和传统表达方法	2	★★★
	3	1	掌握独立基础平法制图规则	2	★★★
		2	掌握条形基础平法制图规则	2	★
		3	掌握桩基承台平法制图规则	2	★★★

续表

章	节	知识点	知识能力目标	学时	重要性
项目8（6学时）	1、2		了解板式楼梯类型和传统表达方法	2	★★★
	3		板式楼梯平法制图规则	2	★★★
	4		板式楼梯构造详图	2	★★
项目9（14学时）	训练准备1		掌握平法施工图必须注明的内容	2	★★★
	训练准备2	1	掌握钢筋长度计算通用规则	2	★★★
		2	能比照柱钢筋计算实例计算同类柱钢筋	2	★★
		3	能比照梁钢筋计算实例计算同类梁钢筋	2	★★
	综合训练1	任务1	熟悉指定柱平法图纸	2	★★★
		任务2	掌握柱工程量计算方法	课后任务	
		任务3	用铁丝等制作出类似柱钢筋模型	课后任务	★★★
	综合训练2	任务1	熟悉指定梁平法图纸	2	★★★
		任务2	掌握梁工程量计算方法	课后任务	
		任务3	用铁丝等制作出类似梁钢筋模型	课后任务	★★★
	综合训练3	任务1	熟悉指定板平法图纸	2	★★★
		任务2	掌握板工程量计算方法	课后任务	
		任务3	用铁丝等制作出类似板钢筋模型	课后任务	★★★
	综合训练4	任务1	用铁丝等制作出类似墙钢筋模型	课后任务	★★★
	综合训练5	任务1	用铁丝等制作出类似基础钢筋模型	课后任务	★★★
	综合训练6	任务1	用铁丝等制作出类似楼梯钢筋模型	课后任务	★★★
合计				92	

注：①如果学时不足，可忽略只有一个★或没有★的内容；②若学时充足，可将部分为★★★的课后任务纳入课堂。

全书内容的编排由易到难、由浅入深，部分难以理解且工程中应用较少的知识，书中未做详细介绍。本书的最后还附有一套完整项目的建筑、结构施工图等，用于教师授课时布置学习性工作任务时使用。对照平法制图规则和构造详图中的疑难点，书中配备了大量的对比性三维彩色图片，可以帮助学生理解其意义。

本书是根据《混凝土结构设计规范》（GB 50010—2010）、《建筑抗震设计规范》（GB 50011—2010）、《混凝土结构施工图平面整体表示方法制图规则和构造详图》图集内容编写的。

本书可作为高职高专和应用型本科层次土木建筑类专业的教学用书，也可作为建设行业工程技术人员的参考资料。

全书由湖北工业职业技术学院建筑工程系黄朝广老师著。在本书的编写过程中，本系的部分教师和优秀毕业生刘旭做了大量的辅助性工作，在此表示感谢！

为了方便教学，本书还配有电子课件等教学资源包，相关教师和学生可以登录“我们爱读书”网（www.ibook4us.com）免费注册并下载，或者发邮件至 husttujian@163.com 免费索取。

编写适合理实一体化教学，内容完整、准确的教材是笔者的一贯追求。但因个人水平有限，书中错漏在所难免，敬请广大读者批评指正。

黄朝广

2015年11月

CONTENTS

项目6 混凝土墙平法施工图识读

项目7 混凝土基础平法施工图识读

项目8 混凝土板式楼梯平法施工图识读

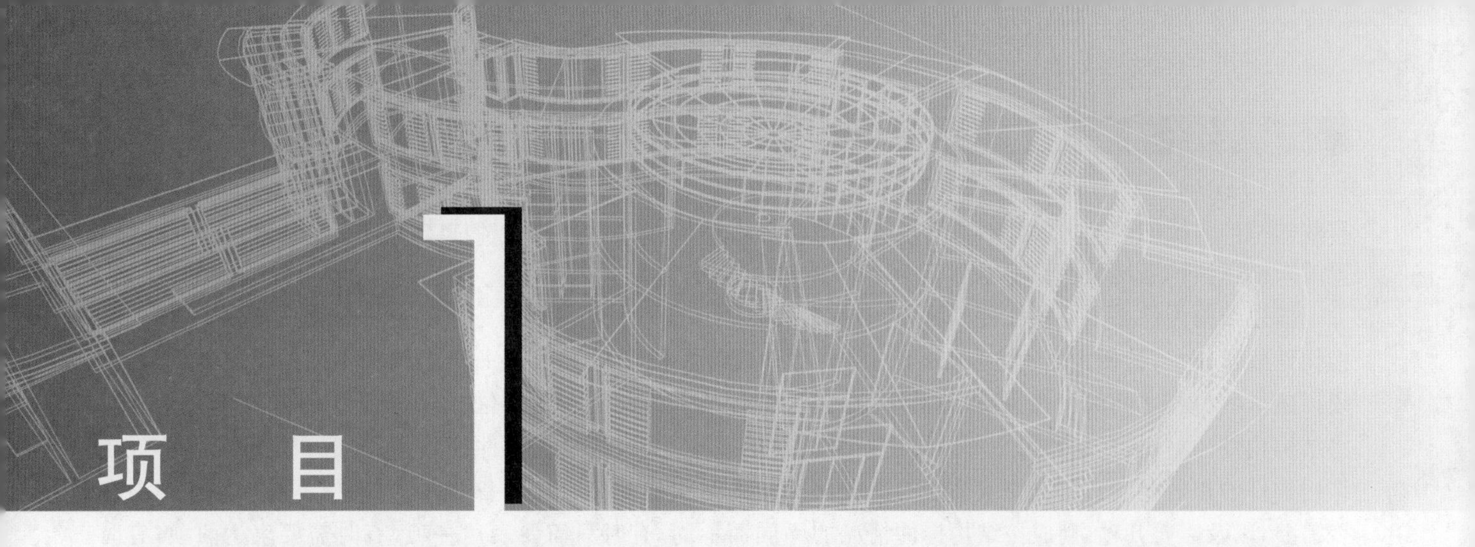

结构构件和结构系统的表达

任务 1 认识结构构件与结构系统

建筑中有许多门、窗、墙、楼地面以及顶棚等建筑装饰构件。这些构件的单件质量都不小，并且构件的数量多，其总质量就非常大。建筑物的高度越高、层数越多、体量越大，它的装饰构件数量也越多，建筑物总质量就越大。根据经验估算，在考虑楼（屋）面活荷载和恒荷载两项荷载的情况下，建筑单位面积质量为 1.5～2.0 t/m²。一幢建筑的质量，少则几万吨，多则几百万吨。如图 1-1 所示为建筑构件示意图。

建筑物的质量如此之大，是什么因素保证它能稳固地矗立在地基上，并能抵抗设防烈度下的地震作用呢？这主要是依靠设置在建筑物内的柱、梁、板、墙和基础等结构构件，以及由它们所组成的结构系统。柱、梁、板、墙和基础等结构构件按照一定的规律组织在一起，彼此牢固连接，相互协同作用，形成稳固的系统，我们称这个系统为结构系统。而将组成结构系统的柱、梁、板、墙和基础等构件称为结构构件，如图 1-2 所示。

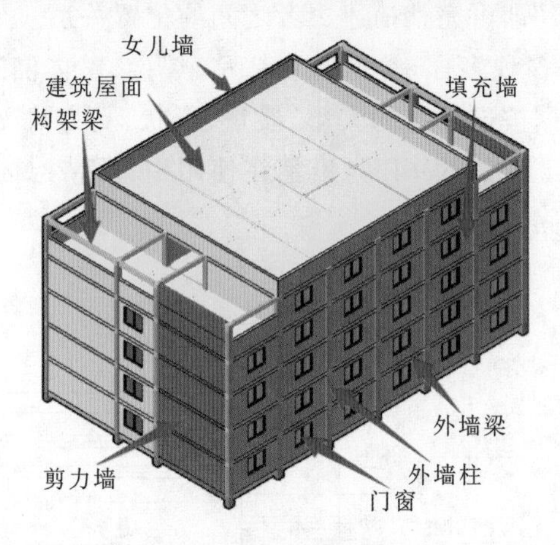

图 1-1 建筑构件示意图

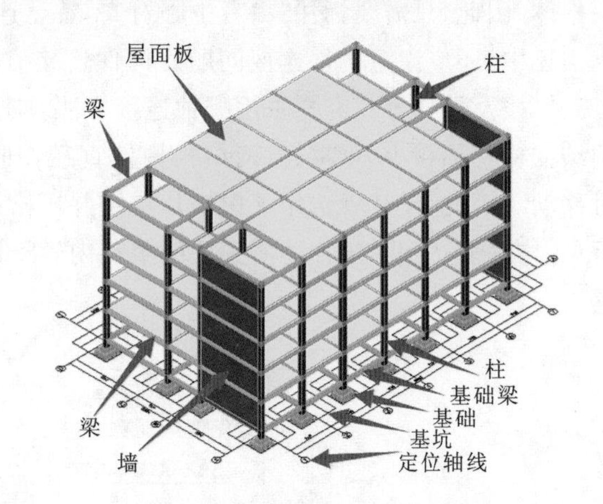

图 1-2 结构构件与结构系统

建筑物从设计到建成投产（或入住）需要较长的时间，其中有很多工作环节，需要大量的部门和人员参与。在从方案设计、地质勘探、施工图设计、施工图预算、工程招投标到施工、监理的全过程中，各部门工程技术人员之间需要相互配合、协同一致，这就需要有一个能够共同交流的平台，这个平台就是施工图。施工图是设计师用于表达一个建筑工程项目各部分构件的大小、形状、使用的材料、空间位置和相互连接方法的工程文件。根据项目的复杂程度，其施工图可能包括建筑、结构、给排水、电气和采暖通风等专业施工图。

结构专业施工图是结构设计人员用于描述结构构件和结构系统的工程文件。它不仅要描述每一个结构构件的详细做法，还应描述这些结构构件之间是按照什么样的规律排列，以及采用什么样的方法连接而最终形成有效的结构系统的。结构设计通常采用大样图来描述结构构件以及其与构件之间的连接方式,用结构平面布置图来描述结构系统关系。

描述结构构件必须完整描述其材料、形状和几何尺寸这三个基本要素。如果在一个建设项目中,同一类结构构件数量较多,为便于区别,应该分别对结构构件进行命名或编号;如果一个结构构件使用了多种材料,还必须描述这些材料之间的组合关系,即其构造;如果构件被永久安装在固定位置,还必须描述其空间位置。我们将结构构件的材料、形状和尺寸称为描述结构构件的基本要素,将结构构件的名称、构造和空间位置称为描述结构构件的扩展要素。基本要素描述的是任何类型的结构构件都应该具备的要素,缺一不可。而扩展要素是否需要,以及需要几项,则应按结构构件情况的不同而不同;有时只需要表达一项,有时需要表达两项,有时三项都必须具备。基本要素和扩展要素统称为构件表达的六要素。

描述结构系统需要表达结构系统中各结构构件的名称、空间位置和连接方法,将构件名称、空间位置和连接方法称为系统描述三环节。

构件表达六要素和系统描述三环节是两个十分重要的概念。不论是设计师(或绘图员),还是预算员、施工员、监理员等,都应深刻理解这两个概念的含义。掌握了这两个概念,设计人员的设计文件不用校审,就能完整、准确、精炼地表达结构构件和结构系统,不会出现遗漏、重复等问题。读图人员可以按照构件表达六要素和系统描述三环节对图纸中的各结构构件和结构系统逐一进行比对,查找图纸中的技术问题。

下面以一支铅笔为例,来介绍构件表达六要素和系统描述三环节。

例 1-1 一支铅笔是由一个橡皮头和一个铅芯棒两个构件组成的结构系统(见图 1-3)。要描述这个结构系统,首先要分别描述橡皮头和铅芯棒这两个结构构件(见图 1-4),然后再描述二者之间的空间位置关系和连接方法(见图 1-5)。

在构件描述中,首先描述铅芯棒的形状、几何尺寸和制作材料,并且取名"构件一";然后描述橡皮头的形状、几何尺寸和制作材料,并取名"构件二",如图 1-4 所示。

在系统描述中,要标注构件名称和构件之间的位置关系,如图 1-5 所示。在这个系统描述图中,由于两个构件都是类圆柱体,因此,只需要标注"二者中心对齐,首尾连接"即可完整描述二者之间的位置关系。

在系统描述中,还应注意构件连接问题。构件连接方法多种多样,常见的有粘贴、焊接、整体浇筑、卡箍连接、法兰连接、钉接及干挂等。究竟采用哪种连接方法,应根据被连接物的大小、质量、形状、受力情况等因素来确定。本例结构构件体积小、重量轻,两结构构件直径相同且硬度小;同时,铅笔在使用中,两结构构件之间可能发生相对移动。因此,设计者选用了白铁片包绕并压槽嵌固的连接方法。

由此可见,构件表达和系统描述所关注的重点内容不同,所采用的方法也有所不同。

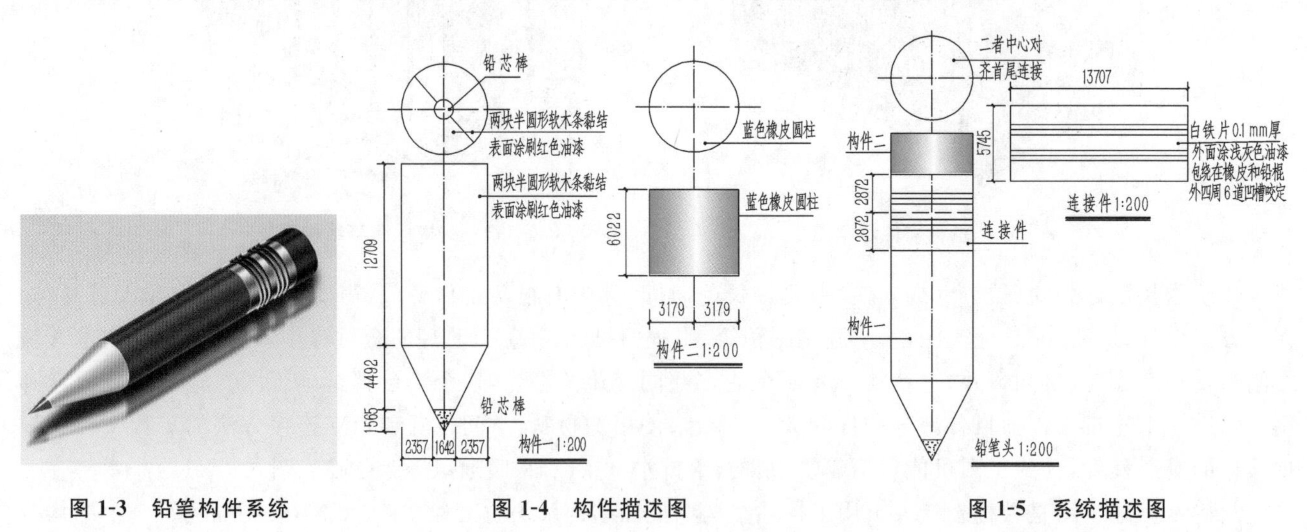

图 1-3 铅笔构件系统

图 1-4 构件描述图

图 1-5 系统描述图

任务2 一般物体(构件)的表达方法

若要完整表达由某一种材料构成的构件,至少应描述构件的形状、尺寸和材料三个基本要素,如图1-6所示。

在这三个基本要素中,材料可以用索引文字加以说明,尺寸可以在图中予以标注,形状则通过轴测图表达,如图1-6所示。

轴测图形象直观,易于理解,但是用轴测图表达复杂形状的构件时,可能存在缺陷。例如,图1-7中所表达的构件,其背面有一个切口,但从该轴测图中却无法判断这个切口是否贯通到底部。可见,轴测图有时不能完整表达复杂构件的形状。

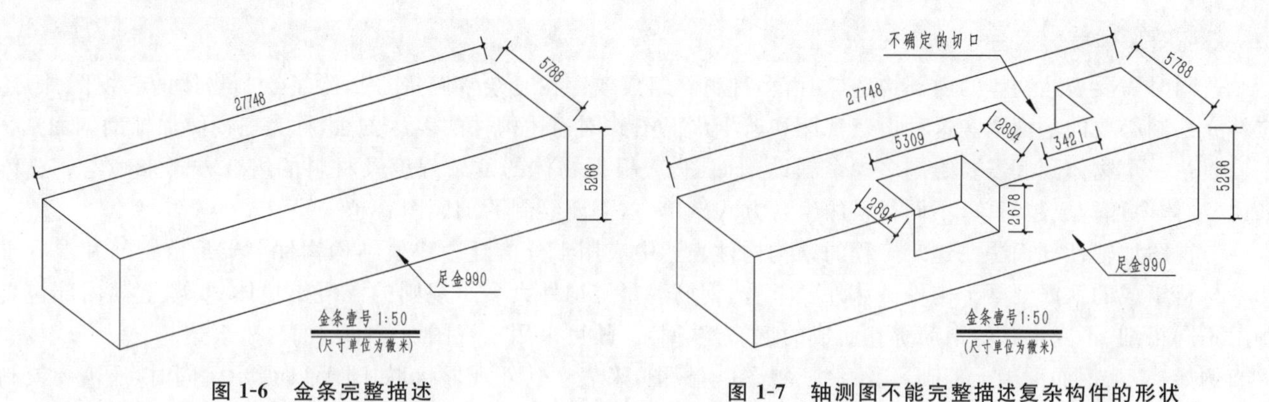

图1-6 金条完整描述

图1-7 轴测图不能完整描述复杂构件的形状

既然轴测图不能完整表达复杂构件的形状,那么就必须寻求更好的表达方法。

在建筑工程中,常用的构件形状的表达方法有三视图表达法、三视图加辅助剖面法、切片表达法等。如果物体形状特别简单,还可以采用文字符号表达法。

1. 三视图表达法

三视图表达法是在物体的底侧、后侧和右侧分别设置一个虚拟的平面,这三个平面相互垂直;然后,分别从上向下、由近及远、从左向右观察该物体(假设观察物体时的视线是相互平行的),并将点和线垂直绘制于虚拟平面上(可见的画实线,不可见的画虚线),最终组成的图形就是该物体的三视图,如图1-8所示。

一般将投射在物体后侧虚拟平面上的图形称为前视图,并将其展开放在左上角;将投射在底部虚拟平面上的图形称为顶视图,将其展开放在左下角;将投射在右侧虚拟平面上所得的图形称为左视图,将其展开放在右上角。将这三个视图拼放在一起,形成的图形就是这个物体的三视图,如图1-9所示。

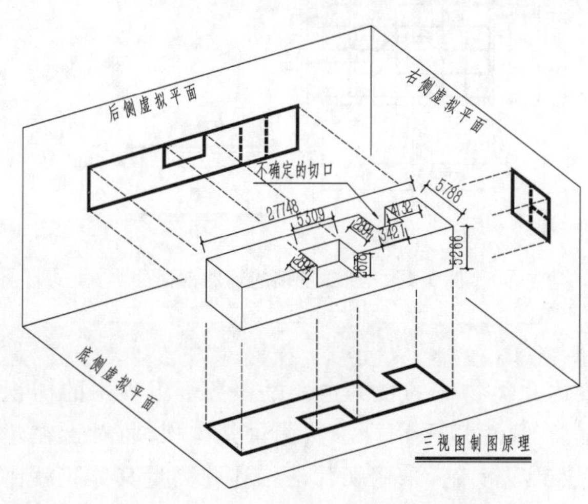

图1-8 物体三视图表达法原理图

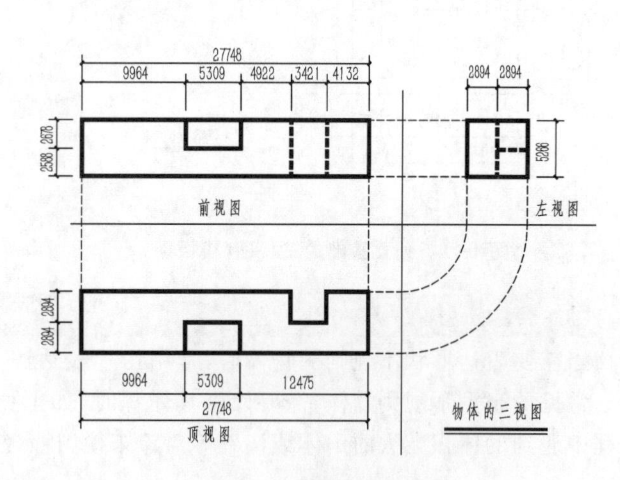

图1-9 物体的三视图

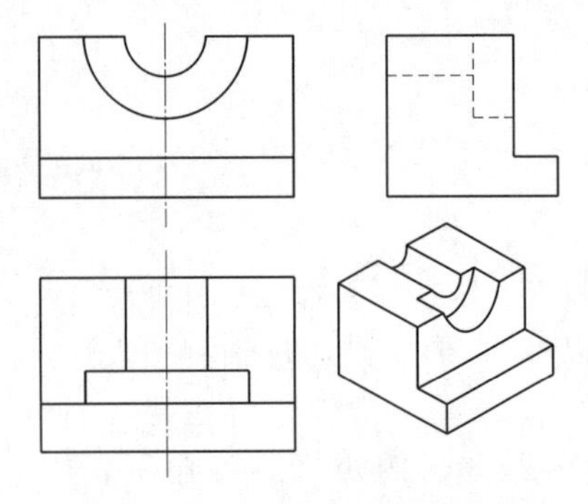

图 1-10 常见机械零件三视图

三视图表达法一般用于表达外观比较简单的物体。这种表达方法广泛应用于建筑、交通、机械等各个工程行业。常见的机械零件三视图如图 1-10 所示。

可以用三视图完整表达的物体一般应具备以下条件:①单一材质;②形体比较规则,表面为平面或规则曲面;③实心物体。实际上,三视图表达物体时主要表达了物体的外观形态,对物体的内部情况未做描述。若构件内部结构复杂,那么仅仅绘制其三视图是不能完整表达该构件的。

课堂练习:请使用 3 m 的钢卷尺丈量一张桌子,并用三视图表达法将其表达出来。

2. 三视图加辅助剖面法

若同时需要表达物体的内部构造(如由多种材料组成或存在复杂空腔等)时,除了绘制物体的三视图外,还应补充绘制必要的剖面图。这种由三视图和若干剖面图共同描述构件的表达方法,称为三视图加辅助剖面法。

表达一个物体到底需要绘制多少个辅助剖面图,应根据物体的复杂程度及材料的组合方式来确定。总体来说,物体内部构成越简单,不同材料的组合方式越单一,需要绘制的剖面图就越少。

三视图加辅助剖面法在建筑工程的结构构件表达中应用十分广泛。建筑结构构件多半是由钢筋和混凝土两种材料组成的钢筋混凝土构件。从外表上看,钢筋混凝土构件大多是规则的混凝土块体;实际上其内部包裹着由不同粗细、不同形状的钢筋绑扎而成的钢筋笼(网)。故可采用三视图加辅助剖面法来表达。

例如:一个钢筋混凝土基础,应绘制三视图(模板图)来表达其外观形状,如图 1-11 所示。同时,还需要绘制三个方向的辅助剖面图来表达其内部配筋方式,如图 1-12 所示。

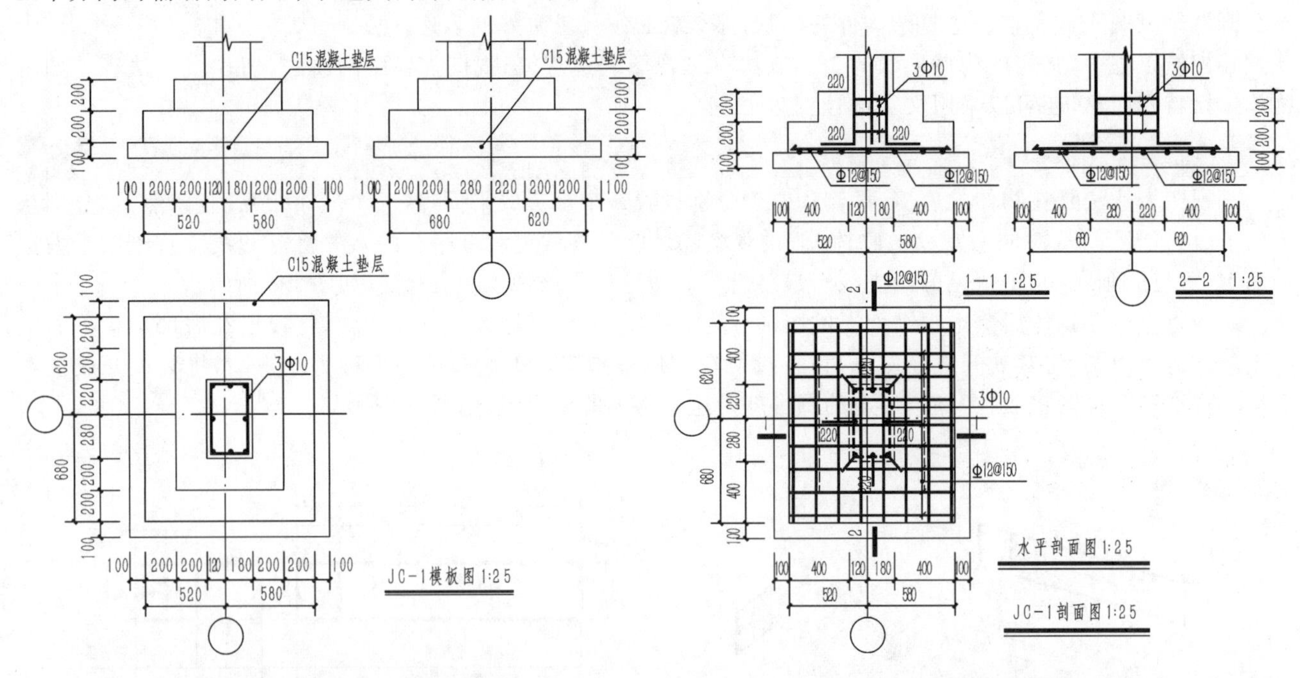

图 1-11 独立基础的三视图(模板图)

图 1-12 独立基础的辅助剖面图

3. 切片表达法(简称切片法)

当需要表达形状不规则的物体时,常用切片表达法。表达此类物体的目的主要是服务于工程中的体积计算。常见的小型不规则物体,需要计算其体积时,如土豆、红薯等,可以采用排水法测量其体积;而对于在建筑工程中遇到的体积庞大的山体或沟谷等对象来说,排水法显然无法实施,采用切片法描述并测量其体积就比较可行。

对于体积庞大的对象，可采用切片法测量其体积，具体方法为：①设置虚拟剖切平面，假定用若干间距相等的虚拟水平面切割对象，将切割面边缘线投影在同一绘图水平面上绘制出来，形成若干互不交叉的闭合曲线；②在闭合曲线上标注出虚拟剖切面与绘图平面的距离，就形成了描述该物体的等高线图。如果这个物体是山体，那么等高线图就是该山体的地形图，如图 1-13 和图 1-14 所示。

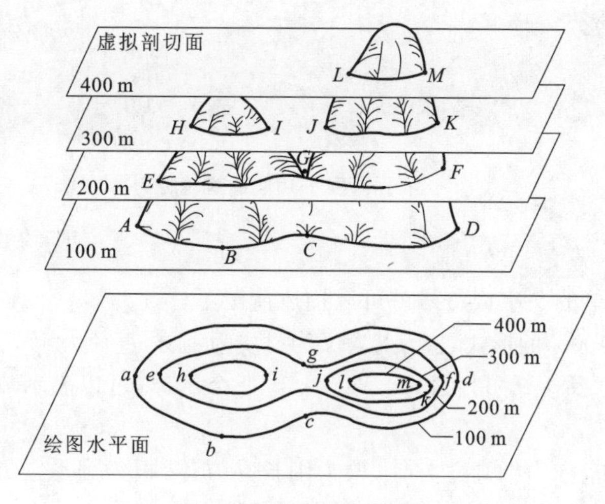

图 1-13　等高线法原理图

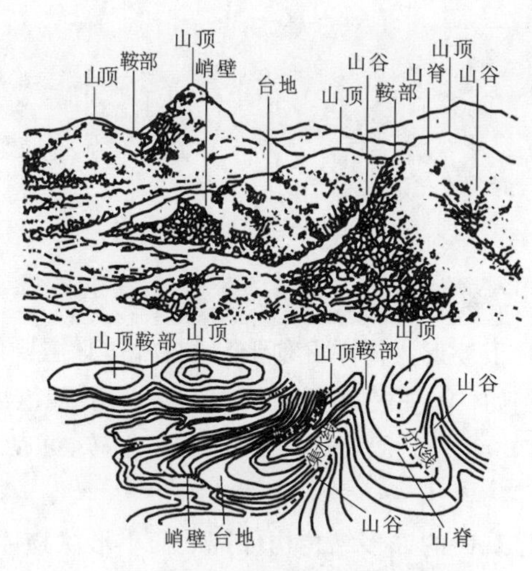

图 1-14　山谷等高线地形图

显然，虚拟剖切平面间距越小，则绘出的等高线图越精确，计算出来的体积也越准确。

例如，要绘制如图 1-15 所示的海岛的地形图并计算其在海平面以上部分的体积，则可以假定有若干个等距离(等高距)的水平面切割该岛，形成若干个切割截面，将各个切割截面的边缘线都垂直投影在海平面上并绘制出来，形成若干互不交叉的闭合曲线(等高线)，同时，将切割截面与海平面之间的距离数值标注在闭合曲线上，就形成了海岛地形图(见图 1-16)。

图 1-15　海岛

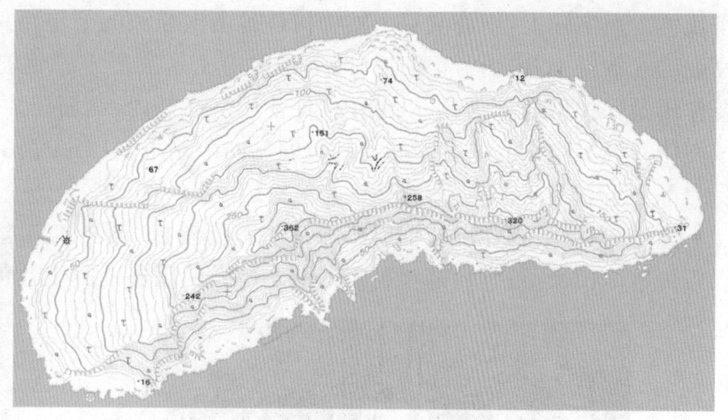

图 1-16　等高线法绘制的海岛地形图

若要计算海岛在海平面以上部分的体积，只需要将各个闭合曲线(等高线)所包围区域的面积测量出来并相加，将所得的和乘以相邻水平面之间的距离(等高距)即可。虚拟剖切平面之间的间距越小，最后计算出来的体积就越精准。

由于同一个水平面上的点距离海平面之间的高度相同，我们把处于同一个水平面上的边缘点组成的闭合曲线称为等高线。相邻等高线之间的垂直距离称为等高距。

在地形图中，相邻等高线之间的垂直距离都相等，但其水平距离可能不相等。相邻等高线的水平距离较大的位置，说明其对应区域的坡度小，较平坦，如图 1-17 所示；反之，则说明坡度大，较陡峭，如图 1-18 所示。

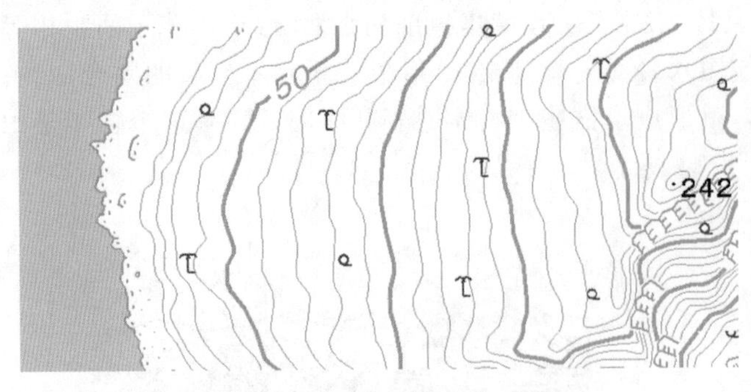

图 1-17 地势较平坦

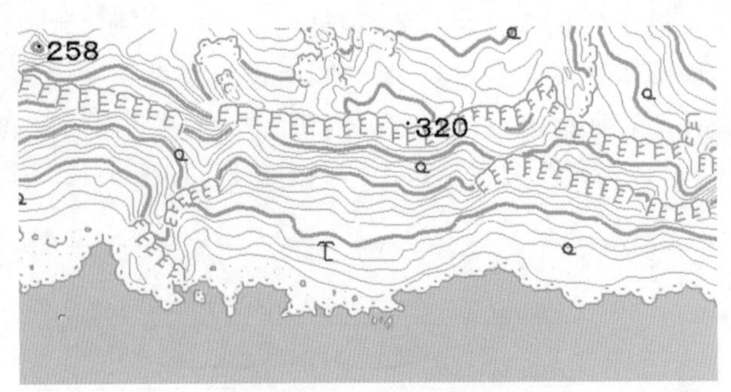

图 1-18 地势较陡峭

4. 文字符号表达法

对于外形为简单几何形状的物体，只需要使用简单的文字或符号就可以描述清楚了。

例如：① 一根圆柱形的钢棍，可以用“钢棍Φ400-L1000”的形式表达，其含义为材质为钢材，直径为400 mm，长度为1 000 mm；② 一块长方体的黏土砖，可以表示为“黏土砖 53×115×240”；③ 一个钢球，可以表示成“钢球Φ600”。

建筑中的许多结构构件都是简单形状物体。例如，柱为细高立方体，梁为细长立方体，板为扁平立方体等。多数混凝土结构构件形状比较简单，为混凝土结构施工图的平法表达创造了有利条件。

任务3 混凝土结构构件和结构系统的表达方法

1. 混凝土结构构件的表达方法

从外形上看，建筑物中的钢筋混凝土结构构件大多是立方体、圆柱体、多级叠置立方体等简单形体的混凝土块体。而实际上，钢筋混凝土结构构件是由钢筋和混凝土两种材料组合而成的。一般来说，构件表面有一定厚度的素混凝土，向内为钢筋笼（网），再向内又是混凝土。钢筋笼（网）以外的混凝土称为混凝土保护层，其主要作用是保护钢筋笼（网），以免在构件使用寿命期内，钢筋锈蚀而损坏。钢筋笼（网）以内的混凝土称为混凝土核心体。混凝土核心体在钢筋笼（网）的三向限制下，具有较高的抗压能力，是钢筋混凝土结构构件主要的承压受力部分。

施工时，一般首先绑扎钢筋笼（网）并搭设模板，再浇筑流态混凝土并进行保温保湿养护，待流态混凝土凝固后再拆除模板，留下的是包裹着钢筋笼（网）的固态混凝土几何体，如图1-19和图1-20所示。

图 1-19 钢筋混凝土基础钢筋笼和模板

图 1-20 成形后的钢筋混凝土基础

描述这类由多种材质组成的结构构件，除了使用三视图（即模板图）表达其外观形态外，还必须附加一个或若干个典型位置的剖面图，用于描述内部钢筋笼（网）的材质、钢筋粗细、间距和位置等。可见，表达钢筋混凝土结构构件的较好的方法是三视图加辅助剖面法。

使用三视图加辅助剖面法表达钢筋混凝土结构构件的优点是严谨、直观、清晰；但是，这种方法表达一个构件一般需要 6 张图样才能表达完善，导致绘图量大，打晒图成本也较高。

2. 混凝土结构系统的表达方法

结构系统是由若干结构构件组成的。结构系统中的构件可以分成若干构件类和构件组，如图 1-21 和图 1-22所示。混凝土结构房屋中常见的构件类有混凝土基础、混凝土柱、混凝土墙、混凝土梁、混凝土板及混凝土楼梯等。为了便于表达，设计人员通常将一类构件又分成若干构件组。例如，混凝土柱是构件类，但处于不同楼层的柱是不一样的，此时，可将混凝土柱按楼层分成若干柱组。

结构系统一般是空间系统，要在一张平面图纸上一次性清楚表达空间结构是很困难的。工程实际中，设计人员一般都是通过依次表达各构件类和构件来最终全面描述结构系统的。也就是说，只有将所有构件类和构件组都表达清楚了，结构系统才有可能表达清楚。如果若干构件组中对应构件的要素相同，则可以一并表达。

基础结构平面图实际上就是构件类的表达(因为这类构件只有一个构件组)，一层柱平法施工图实际上是表达柱这一构件类中的一个构件组，标准层楼板平法施工图是表达混凝土板这一构件类中若干个相同的构件组。可见，大部分施工图都是通过对一个个构件组的表达，最终将结构系统表达清楚的。

表达构件组，首先应该对不同构件进行命名或编号，其次应标注构件偏位尺寸并对各构件进行定位，还应表达构件之间的连接方法，三者缺一不可。这实际上就是系统描述三环节。

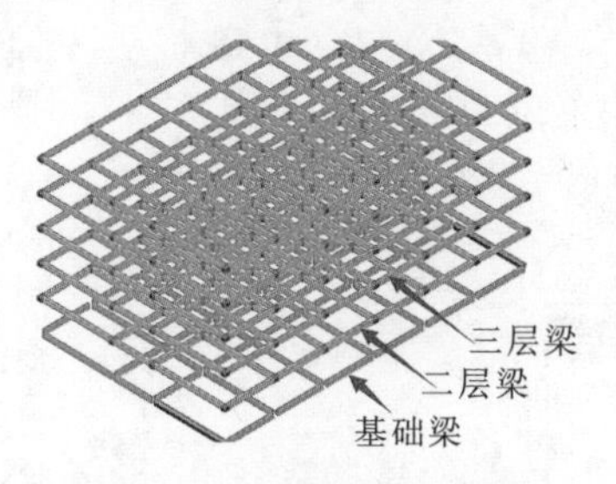

图 1-21 构件类(梁)示意图

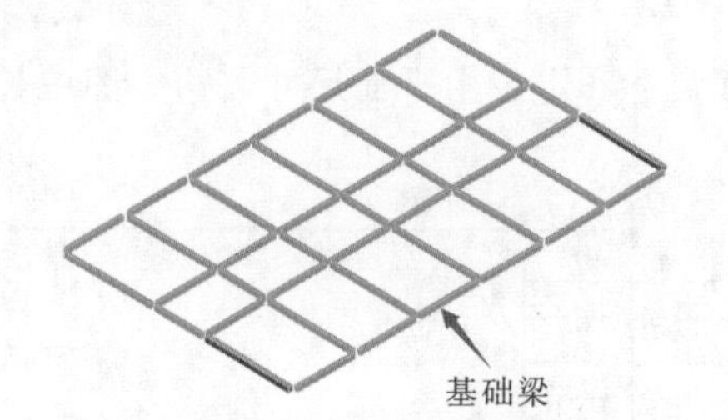

图 1-22 构件组(基础梁)示意图

3. 平法表达的由来

混凝土结构施工图平面整体表示方法(简称平法)由陈青来教授创立。在长期的设计和教学实践中，陈青来教授总结发现，建筑中的钢筋混凝土结构构件其实就那么几类，每一类构件之间的外观形态和内部构造彼此相似。对于建设行业从业人员来说，这些构件的外观形态都很熟悉，其内部钢筋如何安装都有基本共识。在这种情况下，是不是可以制定统一的表述规则，规定通用连接做法，采用更便捷的方法把结构构件的表达放在用于表达结构系统的平面图中一并完成呢？答案是肯定的。

经过研究，人们发现，制定不同构件类的制图规则，绘制构件连接通用构造大样，并编制成标准图集，设计人员按照规则在结构平面图中描述结构构件，识图人员依据图纸，结合图集中的规则和详图理解设计意图，是可以实现“多、快、好、省”这一目标的。这就是《混凝土结构施工图平面整体表示方法制图规则和构造详图》图集的重要意义。结构平面图的任务原本只是表达结构系统关系的，但“平法”却是在结构平面布置图中，在完整表达结构系统关系的前提下，用字符、剖面大样索引或辅助表格等方法一并将结构构件也表达了。

任务 4 混凝土结构平法施工图认知

首先介绍钢筋混凝土结构中材料符号的意义。钢筋混凝土结构中的主要材料有钢筋和混凝土两种。其中，钢筋按照强度分为 HPB300(符号为Φ)，HRB335、HRBF335(符号为Φ)，HRB400、HRBF400、RRB400(符号为Φ)，HRB500、HRBF500(符号为Φ)四类。混凝土按照强度等级由低到高依次为 C15、C20、C25、C30、C35、C40、C45、C50、C55、C60 等。在结构图中，@表示钢筋间距，Φ16 表示钢筋标志直径为 16 mm。

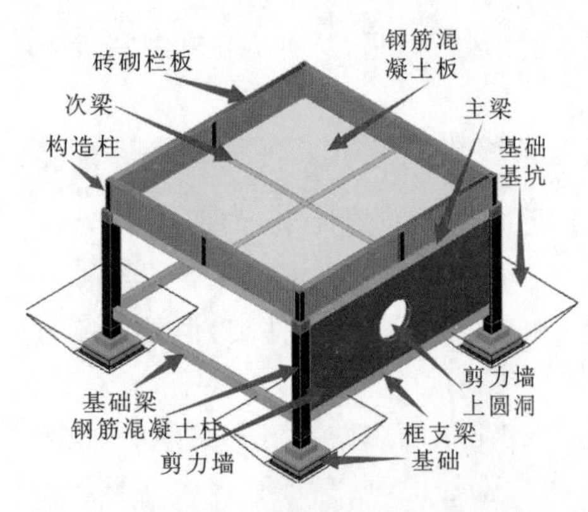

图 1-23　单层物料平台三维图

下面以一个单层钢筋混凝土物料平台为例，来简单介绍结构施工图平法表示方法。

例 1-2　一个物料平台由一个开间、一个进深、四个基础、四根钢筋混凝土柱、四根基础梁、一堵剪力墙、一个剪力墙上圆洞、一根框支梁、四根主梁、两根次梁、一块钢筋混凝土板和八根构造柱等结构构件组成。其三维图如图 1-23 所示。

下面采用平法表达方法依次做出该物料平台的基础平法施工图，基础梁平法施工图，墙柱平法施工图，屋面梁平法施工图和屋面板平法施工图，并在各平法施工图中介绍标注符号的意义，从而初步了解平法施工图的表达方法。具体如图 1-24 到图 1-30 所示。

1. 柱下独立基础平法施工图认知

物料平台基础平法施工图如图 1-24 所示，图 1-24 中符号的意义如下。

(1) "DJ_J03，300/350"：独立基础(DJ)阶形(J)；基础编号 03；阶形基础的最下一层高 300 mm；上一层高 350 mm。阶形基础样式如图 1-25 所示。

(2) "B：X：Φ16@100"：基础底部(B)X 方向分布钢筋Φ16@100。"Y：Φ16@130"：基础底部(B)Y 方向分布钢筋Φ16@130。

(3) 基础平面尺寸和定位由平面尺寸表达。图中长度尺寸单位为"mm"(下同)。

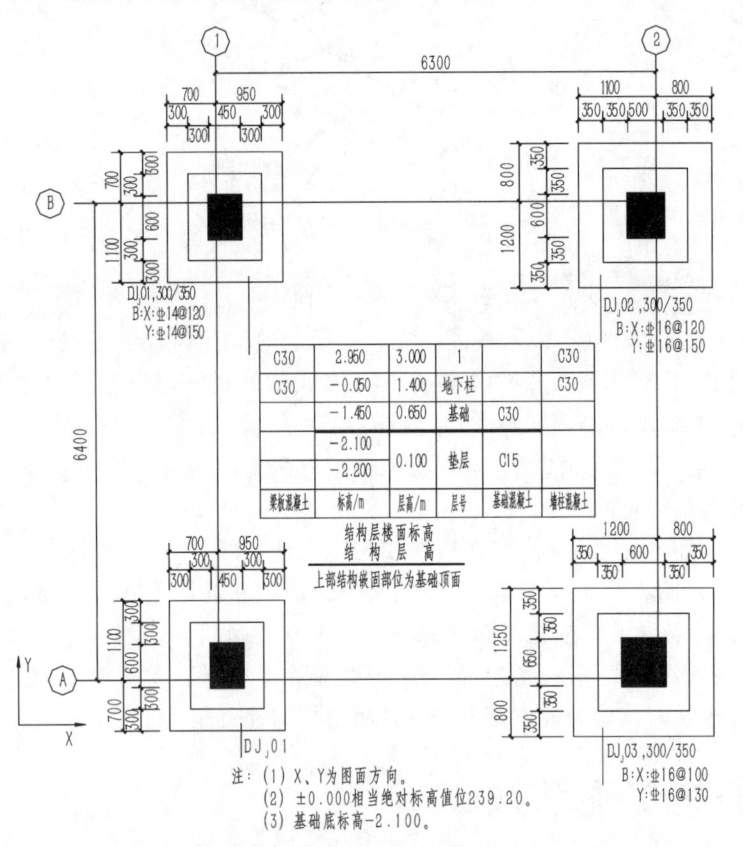

图 1-24　物料平台基础平法施工图

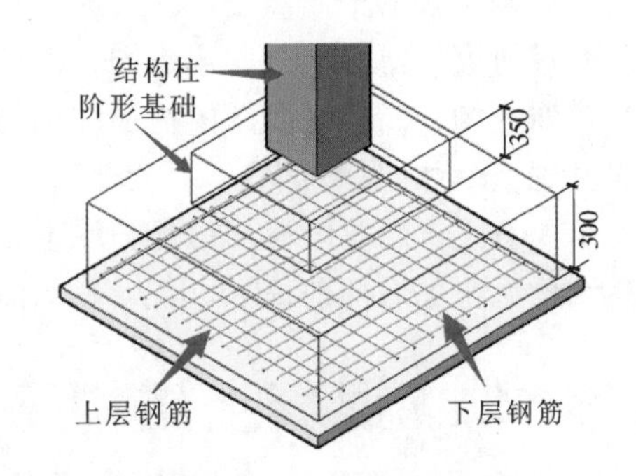

图 1-25　阶形基础样式

2. 基础梁平法施工图认知

物料平台基础梁平法施工图如图 1-26 所示，图 1-26 中符号的意义如下。

(1) "KL1(1)"：框架梁(KL)，编号为 1，1 跨梁。

(2) "250×550"：框架梁截面宽 250 mm，截面高 550 mm。

(3)“φ8@100/200(2)”：梁箍筋采用φ钢筋，直径 8 mm，加密区箍筋间距 100 mm，非加密区箍筋间距 200 mm，均为双肢箍筋。

(4)“3Φ14;3Φ16”：梁上部钢筋为 3Φ14 贯通，梁底部钢筋为 3Φ16 贯通。

(5)“KZL1(1)”：框支梁，编号为 1，跨数为 1。

(6) 层高表中在－0.050 m 标高处画粗线，表示本层梁顶标高为－0.050 m。

一般梁的钢筋构造如图 1-27 所示。

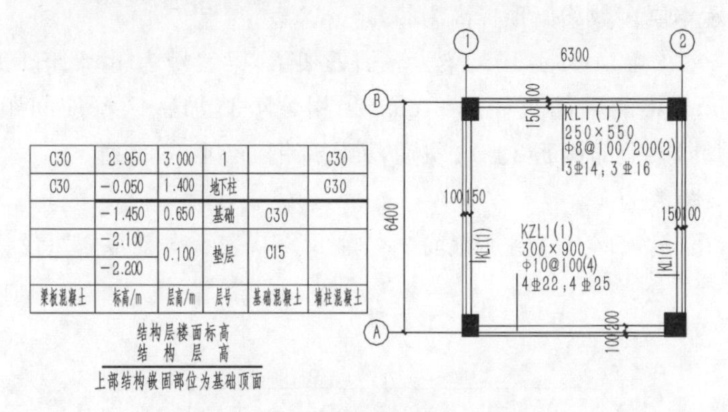

图 1-26　物料平台基础梁平法施工图

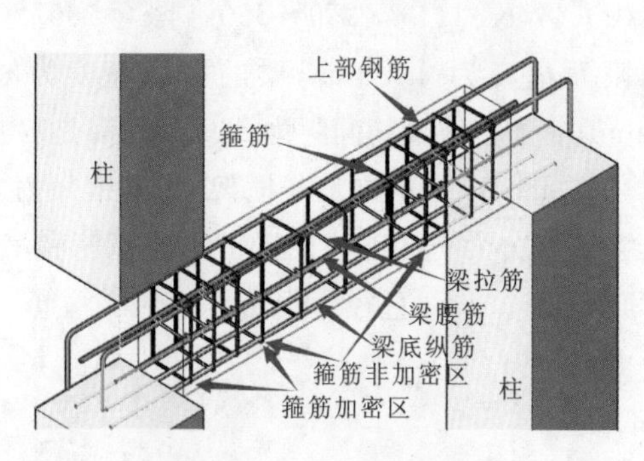

图 1-27　一般梁钢筋构造

3. 墙柱平法施工图认知

物料平台墙柱平法施工图如图 1-28 所示，图 1-28 中符号的意义如下。

(1) 层高表中在－1.450 到 2.950 之间竖向画粗线，表示本图中柱位于标高－1.450 到 2.950 之间。

(2)“KZ-1　450×600　4Φ20　φ8@100/200”：1 号框架柱，截面尺寸为 450 mm×600 mm，柱的四角各一根Φ20 钢筋，柱箍筋直径为 8 mm，钢筋符号为φ，加密区箍筋间距为 100 mm，非加密区箍筋间距为 200 mm。柱大样侧面标注“2Φ18”，表示柱单边侧面中间配置钢筋 2Φ18，另一侧相同。

(3)“YD1　1000　＋1.800　6Φ20　φ8@150　2Φ16”：剪力墙中间开设圆洞，直径为 1 000 mm，洞中心比本层标志标高高 1.8 m，洞口上、下各设置加强暗梁一根，其纵向钢筋为 6Φ20，箍筋为φ8@150，圆洞洞边缘设置 2Φ16 的环形钢筋。其三维效果如图 6-26 所示。

柱的钢筋构造如图 1-29 所示。

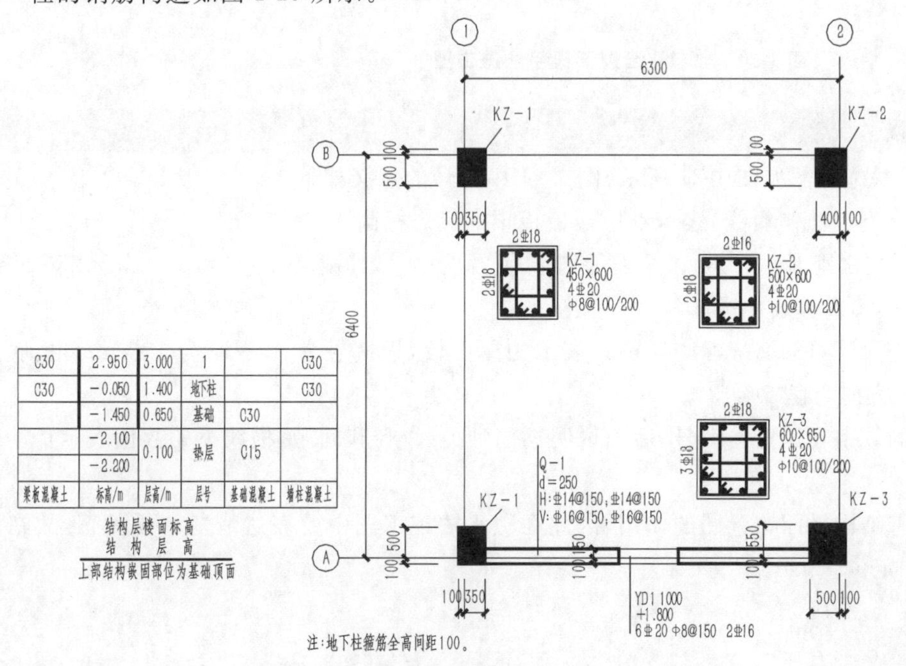

图 1-28　物料平台墙柱平法施工图

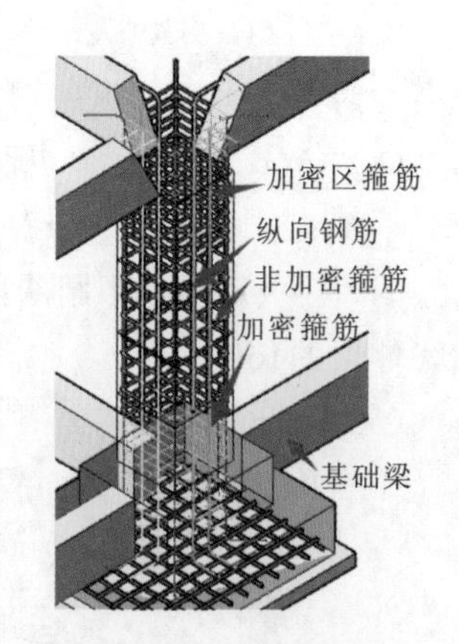

图 1-29　柱钢筋构造

(4)"Q-1　d=250　H:⊈14@150;⊈14@150　V:⊈16@150;⊈16@150":剪力墙编号为1,墙厚为250 mm,剪力墙水平(H)钢筋在标注一侧为⊈14@150,在另一侧为⊈14@150,剪力墙竖向(V)钢筋在标注的一侧为⊈16@150,在另一侧为⊈16@150。

4. 屋面梁平法施工图认知

物料平台屋面梁平法施工图如图1-30所示,图1-30中符号的意义如下。

(1) 层高表中在2.950 m标高上绘制粗线,表示本层多数梁梁顶标高为2.950 m。

(2)"WKL1(1)　250×550　ϕ8@100/200(2)　2⊈14;3⊈16":梁为屋面框架梁,梁编号为1,梁跨1跨,梁的截面宽度为250 mm,梁的截面高度为550 mm,梁的箍筋直径为8 mm,采用ϕ钢材,加密区箍筋间距为100 mm,非加密区箍筋间距为200 mm,都是双肢箍筋,梁上部钢筋2⊈14贯通,梁底部钢筋3⊈16贯通。

(3)"L1(1)":本梁是非框架梁,梁编号为1,梁跨数为1。

(4) 主次梁交接部位设置了附加箍筋和吊筋,吊筋为2⊈16,附加箍筋2×3⊈8@50表示次梁每侧边设置3道,间距为50 mm,直径为8 mm的附加箍筋。

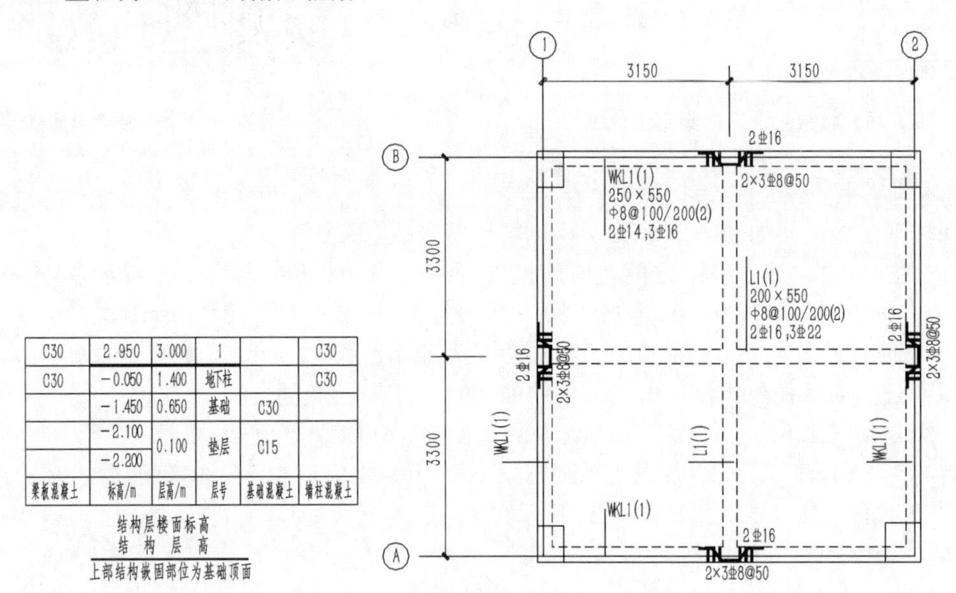

C30	2.950	3.000	1		C30
C30	−0.050	1.400	地下柱		C30
	−1.450	0.650	基础	C30	
	−2.100	0.100	垫层	C15	
	−2.200				
梁板混凝土	标高/m	层高/m	层号	基础混凝土	墙柱混凝土

结构层楼面标高
结构层高
上部结构嵌固部位为基础顶面

图1-30　物料平台屋面梁平法施工图

5. 屋面板、构造柱平法施工图认知

物料平台屋面板、构造柱平法施工图如图1-31所示,图1-31中符号的意义如下。

(1) 层高表中在2.950 m标高处绘制粗线,表示本层楼板板顶的标志标高为2.950 m。

(2)"GZ1　250×250×1200　4⊈12　ϕ8@100"表示构造柱,编号为1,其截面尺寸为250 mm×250 mm,总高度为1 200 mm,纵向钢筋4⊈12,箍筋ϕ8@100。

(3)"WB1　h=120　B:X⊈10@120　Y⊈10@130"表示为屋面板,板编号为1,板厚为120 mm,板底部(B)钢筋X方向为⊈10@120,Y方向为⊈10@130。

(4) 板负筋表达中圆圈内的数字表示负筋编号,后面说明钢筋种类、直径和间距,横线下的数据表示负筋从轴线伸出的长度。

(5) 由于板平法施工图兼有结构平面布置图的作用,因此在板平法施工图中要表达清楚结构关系,故在图1-31中有构造柱GZ1的布置和定位。

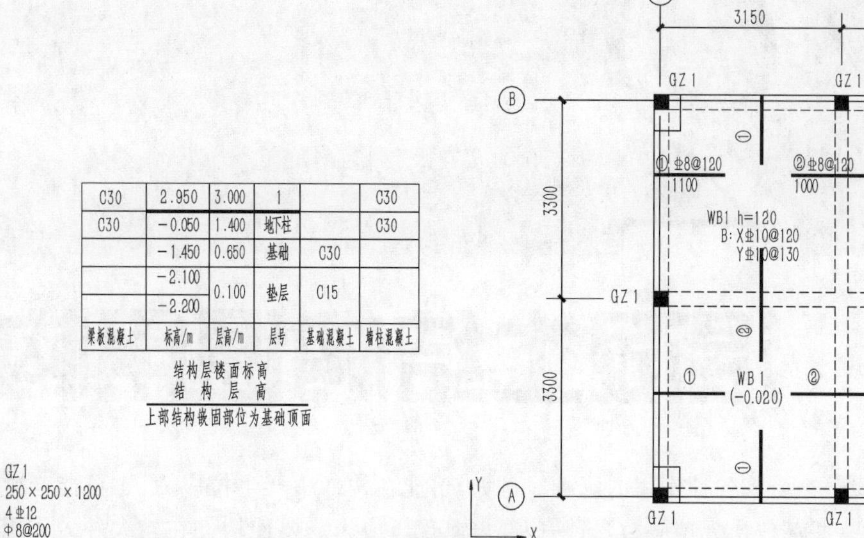

图 1-31　物料平台屋面板、构造柱平法施工图

课后任务

1. 请举例说明课桌系统是由哪些构件组成的。
2. 请用三视图表达法描述组成课桌系统的各个构件。
3. 如果你希望向顾客描述你卖的西瓜，使顾客有一个完整的印象，该使用什么方法呢？
4. 工地上有一个不规则的土堆，要计算它的体积，你会选择哪些方法？
5. 举例说明生活中哪些物体是可以只用文字就可以描述清楚的。

混凝土结构通用构造

结构构件在结构系统中，受到各种作用的影响。例如，可能在构件中产生拉应力，也可能产生压应力，还有可能在同一结构构件的一些部位出现拉应力，另一些部位出现压应力。要使构件在较大外力作用下不被破坏，最简单的方法是使用既能抗压又能抗拉的材料制作构件，如钢材、高强塑料等。但是，生活经验告诉我们，抗压能力和抗拉能力都较强的材料（如钢材）较稀缺，需要冶炼，获取成本很高。仅抗压能力强的材料（如石材、混凝土等）获取成本不太高。抗压能力和抗拉能力都不高的材料（如泥土等）最普遍，容易获得。

结构设计的目标是在满足受力需要的前提下，选用恰当的材料制作结构构件，使得成本最低。因此，结构设计应该遵循"少用抗拉抗压能力都较强的稀有材料，可用高抗压低成本材料，多用易得材料"的原则。基于此，结构设计的理想状态是凡可能产生较大拉应力的部位用抗拉能力较好的材料制作，凡可能产生较大压应力的部位用抗压能力较强的材料制作，其他部位用易得材料制作。这样，一个结构构件可能要用两至三种材料制作。

钢材是一种抗拉强度和抗压强度都较大的材料，但成本高。如果在构件拉应力较大的区域完全使用钢材制作，其他区域使用普通材料制作，就会出现不同材料之间的连接问题。

为了节约使用钢材，工程上常用线性钢材（即钢筋），将其加工成规定的形状，安装在结构构件可能产生较大拉应力的区域，与其周围的混凝土协同工作，避免开裂。混凝土是一种抗压能力较强、抗拉能力较小的材料，可填充在构件的其他部位，起到保护钢筋，避免其生锈的作用，也能起到抗压作用。

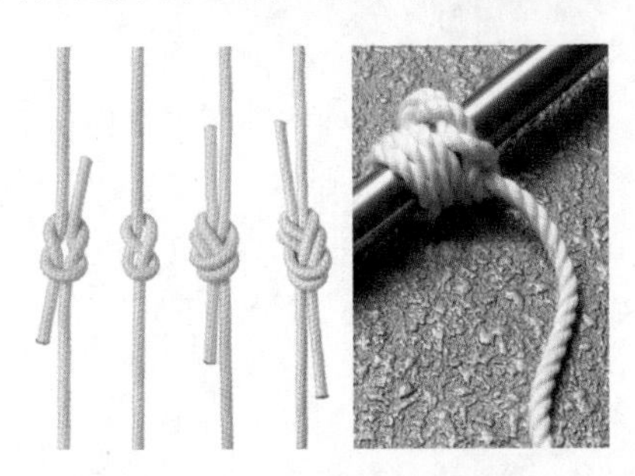
图 2-1　抗拉材料绳索的锚固与连接

钢筋混凝土结构构件是由钢筋和混凝土两种材料组成的。钢筋的主要作用是抵抗可能产生的拉应力。也就是说，凡是可能出现拉应力的部位都应该配置较多的钢筋。

生活中人们使用绳索时，如果绳索长度不够，需要加长，就需要打结连接，如图 2-1 所示。钢筋混凝土结构构件中的受拉钢筋也一样，受拉钢筋的端头必须锚固（拴牢）好才可以受力。购买来的钢筋的长度是固定的，在安装钢筋时，若长度不足需要接长时，应如何连接？下面具体介绍钢筋的锚固、连接、保护及安装间距等要求。

任务 1　纵向钢筋的锚固形式

纵向受拉钢筋的锚固形式有直锚、弯钩锚固和机械锚固三种。在条件许可的情况下，应优先采用直锚。

直锚是指将受拉钢筋伸出构件边界并延长一定长度，嵌固在相邻构件的混凝土中，依靠相邻构件混凝土对钢筋延长段的握裹力达到嵌固作用的锚固方法。根据钢筋锚固段所处混凝土标号、钢筋类别及钢筋直径等因素，可以确定钢筋直锚的基本锚固长度 l_{ab}（见表 2-1）。

弯钩锚固是指将伸入相邻构件混凝土中的受拉钢筋末端设置成 90°或 135°弯钩，依靠相邻构件混凝土对钢筋锚入段和弯钩的握裹力达到嵌固作用的锚固方法，如图 2-2 所示。

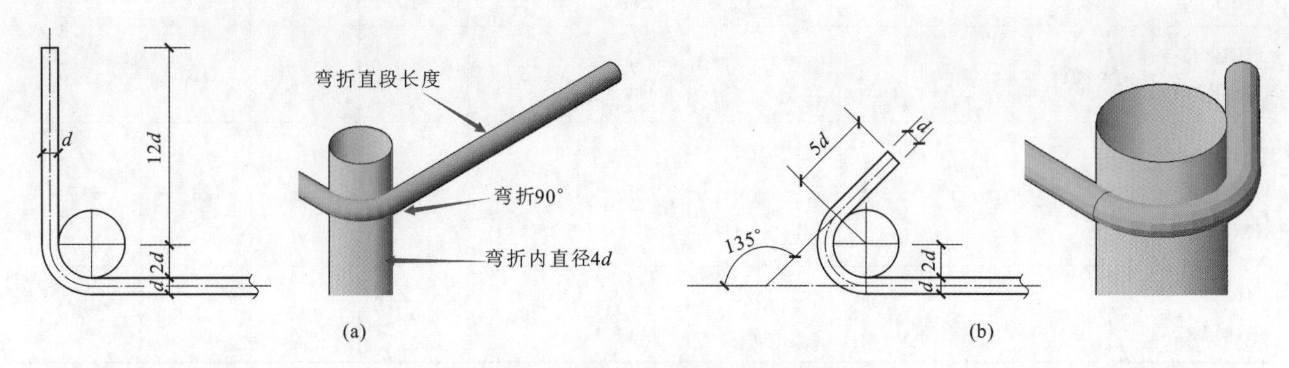

图 2-2　纵向钢筋弯钩锚固的弯钩要求

机械锚固是指在受拉钢筋超出构件边界部分的末端，通过单侧或双侧贴焊钢筋段、钢筋塞焊穿孔小钢板或者加螺栓锚头等方法来扩大钢筋末端面积，提高混凝土对钢筋握裹效果的锚固方法，如图 2-3 所示。

弯钩锚固和机械锚固时，包括弯钩或锚固端头在内的锚固长度（投影长度）只需要取基本锚固长度 l_{ab}（查表 2-1）的 60％即可。

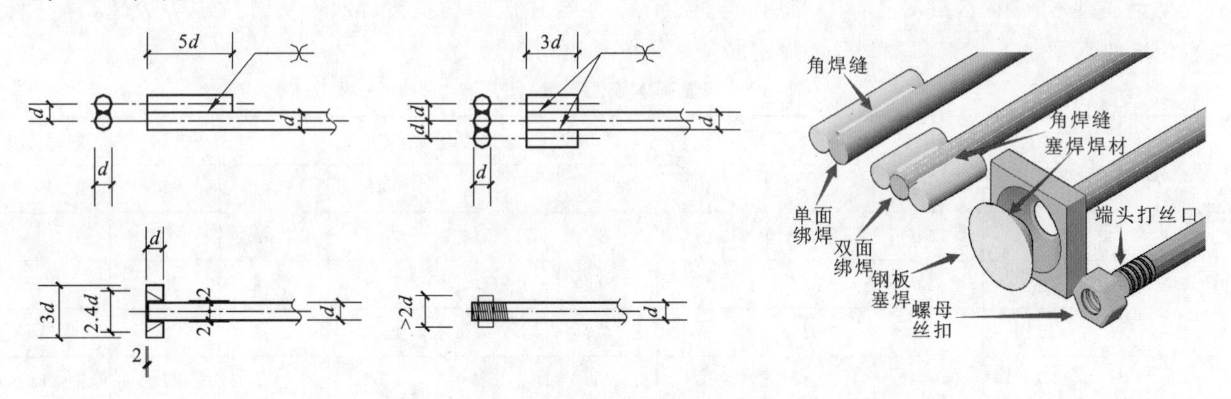

图 2-3　机械锚固的形式和要求

直锚和 90°弯钩锚固是当前工程中应用最广泛的锚固方法，相比之下，其他方法应用较少。

任务 2　纵向钢筋锚固长度

钢筋锚固长度包含基本锚固长度 l_{ab}、基本锚固长度（抗震）l_{abE}、受拉锚固长度 l_a 和抗震锚固长度 l_{aE} 四个概念。

1. 基本锚固长度 l_{ab}

基本锚固长度 l_{ab} 只与钢筋型号、锚固区混凝土标号和钢筋直径有关。一般来说，钢筋材质强度越高，基本锚固长度取值应该越大；锚固区混凝土标号越高，基本锚固长度越短；钢筋直径越大，基本锚固长度越长。查询表 2-1 可得钢筋基本锚固长度。

表 2-1 钢筋基本锚固长度 l_{ab}

钢筋种类	抗震等级	不同混凝土强度等级的 l_{ab}								
		C20	C25	C30	C35	C40	C45	C50	C55	C60
HPB300	非抗震	39d	34d	30d	28d	25d	24d	23d	22d	21d
HRB335 HRBF335	非抗震	38d	33d	29d	27d	25d	23d	22d	21d	21d
HRB400 HRBF400 RRB400	非抗震		40d	35d	32d	29d	28d	27d	26d	25d
HRB500 HRBF500	非抗震		48d	43d	39d	36d	34d	32d	31d	30d

由表 2-1 中可以得出以下结论：①基本锚固长度 l_{ab}处于 21d～48d 之间；②钢筋等级越高，基本锚固长度就越大；③混凝土标号越高，基本锚固长度就越小。

2. 基本锚固长度(抗震)l_{abE}

如果结构构件是抗震设防区建筑物内的，那么其钢筋基本锚固长度应采用基本锚固长度(抗震)l_{abE}。该长度不仅与钢筋型号、锚固区混凝土标号和钢筋直径有关，还与建筑结构抗震等级有关。抗震等级越高(一级为最高)，长度要求就越大。查询表 2-2 可得钢筋基本锚固长度(抗震)。

表 2-2 钢筋基本锚固长度(抗震)l_{abE}

钢筋种类	抗震等级	不同混凝土强度等级的 l_{abE}								
		C20	C25	C30	C35	C40	C45	C50	C55	C60
HPB300	四级	39d	34d	30d	28d	25d	24d	23d	22d	21d
	三级	41d	36d	32d	29d	26d	25d	24d	23d	22d
	一、二级	45d	39d	35d	32d	29d	28d	26d	25d	24d
HRB335 HRBF335	四级	38d	33d	29d	27d	25d	23d	22d	21d	21d
	三级	40d	35d	31d	28d	26d	24d	23d	22d	22d
	一、二级	44d	38d	33d	31d	29d	26d	25d	24d	24d
HRB400 HRBF400 RRB400	四级		40d	35d	32d	29d	28d	27d	26d	25d
	三级		42d	37d	34d	30d	29d	28d	27d	26d
	一、二级		46d	40d	37d	33d	32d	31d	30d	29d
HRB500 HRBF500	四级		48d	43d	39d	36d	34d	32d	31d	30d
	三级		50d	45d	41d	38d	36d	34d	33d	32d
	一、二级		55d	49d	45d	41d	39d	37d	36d	35d

由表 2-2 中可以得出以下结论：①基本锚固长度(抗震)l_{abE}处于 21d～55d 之间；②钢筋等级越高，基本锚固长度就越大；③混凝土标号越高，基本锚固长度就越小；④抗震等级越高，基本锚固长度就越大。

3. 受拉钢筋锚固长度 l_a

受拉钢筋锚固长度取基本锚固长度与受拉钢筋锚固长度修正系数的乘积，即

$$l_a = l_{ab} \times \zeta_a \tag{2-1}$$

式中：l_{ab}——基本锚固长度，查表 2-1；

ζ_a——受拉钢筋锚固长度修正系数，ζ_a通常取 1.0，特殊情况按表 2-3 取值。

表 2-3 受拉钢筋锚固长度修正系数表

锚固条件		ζ_a	
带肋钢筋的公称直径大于 25		1.10	
环氧树脂涂层带肋钢筋		1.25	
施工过程中易受扰动的钢筋		1.10	
锚固区保护层厚度	$3d$	0.80	注：中间时按内插值。d 为锚固钢筋直径。
	$5d$	0.70	

注：①不管何种途径计算出的 l_a若小于 200 mm 的就取 200 mm；②同时满足多个修正系数条件的，可以连乘，但连乘结果不应小于 0.6。

4. 受拉钢筋抗震锚固长度 l_{aE}

$$l_{aE}=l_a\times\zeta_{aE} \tag{2-2}$$

式中：l_a——受拉钢筋锚固长度，由式(2-1)计算得出；

ζ_{aE}——抗震锚固长度修正系数。

当房屋抗震等级为四级时，该系数取 1.0；为三级时，该系数取 1.05；为一、二级时，该系数取 1.15。

可见，房屋抗震等级为四级时，受拉钢筋的抗震锚固长度 l_{aE}与非抗震的锚固长度 l_a相同。

5. 有关钢筋锚固长度的说明

(1) HPB300 级钢筋末端应做 180°弯钩，弯后平直段长度不应小于 $3d$(d 为钢筋直径)，但做受压钢筋时可不做弯钩。

(2) 当锚固钢筋的保护层厚度不大于 $5d$(d 为钢筋直径)时，锚固钢筋长度范围内应设置横向构造钢筋，其直径不应小于 $d/4$(d 为锚固钢筋的最大直径)；对梁、柱等构件间距不应大于 $5d$，对板、墙等构件间距不应大于 $10d$，且均不应大于 100(d 为锚固钢筋的最小直径)。

例 2-1 建筑公司经理安排小李负责钢筋下料工作。图纸上有一根屋面梁，梁顶在柱两侧的高度不同，如图 2-4 所示。已知，两侧梁顶高差 Δh=300 mm，柱截面高度 h_c=500 mm，梁柱混凝土标号均为 C35，梁顶纵向钢筋 HRB400 直径为 22 mm，该建筑的抗震等级为三级，由于该建筑位于海边，设计要求钢筋表面涂刷环氧树脂涂层。计算钢筋抗震锚固长度 l_{aE}。

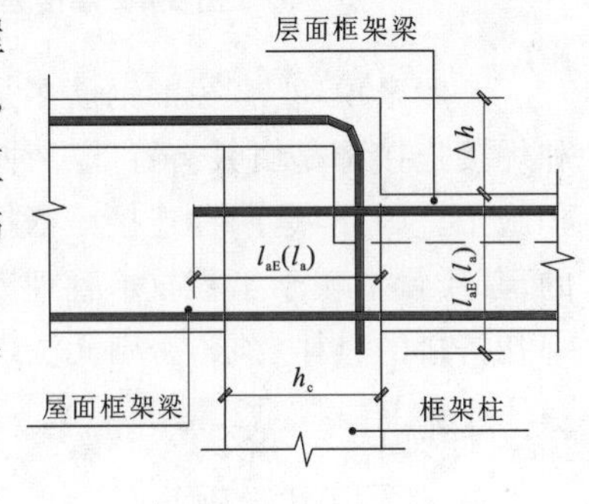

图 2-4 例 2-1 图

【解】 根据已知条件，通过查表 2-1 可以得到 $l_{ab}=34d=34\times22$ mm$=$748 mm。

$$l_a=l_{ab}\times\zeta_a$$

钢筋表面涂刷环氧树脂涂层，同时，锚固区混凝土保护层厚度大于 $5d=$110 mm。查表 2-3 得到 ζ_a。

$$\zeta_a=1.25\times0.7=0.875>0.6$$

$$l_a=l_{ab}\times\zeta_a=748\text{ mm}\times0.875=654.5\text{ mm}$$

三级抗震等级，ζ_{aE}取 1.05，故

$$l_{aE}=l_a\times\zeta_{aE}=654.5\times1.05=687.2\text{ mm}$$

【答】 梁顶钢筋 l_{aE}值取 688 mm。

注：l_{ab}、l_{abE}、l_a、l_{aE}是四个特别重要的指标，在后续各项目的学习中都会看到这些符号，要注意区别，切勿混淆。

任务3　纵向钢筋的连接

我们在市场上购买的钢筋有两种，一种是线材钢筋，长度为 8 m 至 12 m 不等，这种钢筋的直径一般较大，多用于构件中的纵向钢筋，如图 2-5 所示；另一种为卷材钢筋，其直径一般较小，下料前需要调直，多用于构件中的箍筋、拉筋等，如图 2-6 所示。

建筑中的各结构构件的长、宽、高各不相同，需要使用的钢筋长度也千差万别。因此，钢筋的裁切和连接不可避免。钢筋的连接方法常见的有绑扎搭接(见图 2-7)、焊接连接(见图 2-8)和机械连接(见图 2-9)三类。

图 2-5　线材钢筋

图 2-6　卷材钢筋

图 2-7　绑扎搭接

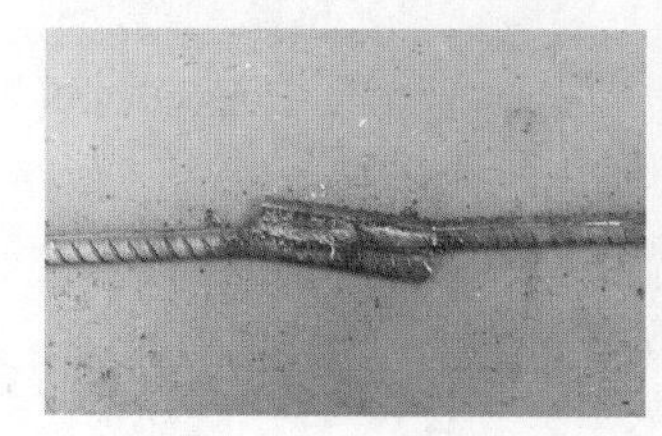

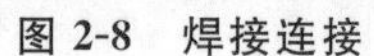

图 2-8　焊接连接

图 2-9　机械连接

一般来说，小直径的钢筋多采用绑扎搭接，较大直径的钢筋多采用焊接连接或机械连接。钢筋的机械连接和焊接连接都是由具有特殊工种操作技能的持证人员实施的，并要求抽样做抗拉、抗拔检验，合格后方可大面积施工。因此，这两种连接是依据检验报告保证连接质量的。而钢筋的绑扎搭接是由钢筋工在工程现场实施的，其质量依赖于工程技术管理人员目测、尺量检查验收。因此，施工现场的工程技术管理人员应该十分熟悉绑扎搭接的具体要求，否则无法保证连接质量。下面重点介绍绑扎搭接连接的构造要求。

1. 绑扎搭接接头长度 l_l(l_{lE})

1) 非抗震情况下的 l_l

纵向受拉钢筋的绑扎搭接长度 l_l 等于在同条件下受拉钢筋锚固长度 l_a 乘以修正系数 ζ_l 的值。公式如下：

$$l_l = l_a \times \zeta_l \tag{2-3}$$

式中：l_a——受拉钢筋锚固长度，由公式(2-1)计算得出；

ζ_l——搭接长度修正系数。

搭接长度修正系数 ζ_l 的取值与钢筋搭接接头面积百分率有关。

首先，我们来了解一下钢筋搭接接头面积百分率的概念。例如：一根柱内纵向钢筋为 8Φ16，在标高 1.100 处有 4Φ16 与上部钢筋连接，另外 4Φ16 在标高 1.700 处与上部钢筋连接。这种情况下，我们可以说，该柱纵向钢筋在两个截面上的搭接接头面积百分率均为 50%。

其次，我们来分析钢筋搭接接头面积百分率与搭接长度修正系数 ζ_l 的关系。钢筋搭接接头面积百分率越大，搭接长度修正系数 ζ_l 应该越大。因为接头位置是相对薄弱部位，钢筋搭接接头面积百分率越大，说明接头越集中，安全性越差。因此，应该增大搭接长度，以增强安全性。

当钢筋搭接接头面积百分率小于等于25%时，ζ_l取1.2；为50%时，ζ_l取1.4；为100%时，ζ_l取1.6。

计算出了受拉钢筋锚固长度l_a，又确定了搭接长度修正系数ζ_l，我们就可以计算出纵向受拉钢筋的绑扎搭接长度l_l。

2）抗震情况下的l_{lE}

抗震条件下，纵向受拉钢筋的绑扎搭接长度l_{lE}等于在同条件下钢筋锚固长度l_{aE}乘以修正系数ζ_l的值。公式如下：

$$l_{lE}=l_{aE}\times\zeta_l \quad (2\text{-}4)$$

钢筋锚固长度l_{aE}由公式(2-2)计算得出。

修正系数ζ_l的取值方法已介绍，在此不再赘述。

例2-2 计算钢筋绑扎搭接接头长度（抗震）l_{lE}。

一根框架柱内配置了12⌀16纵向钢筋，现在拟在两个截面进行绑扎搭接连接，柱混凝土标号为C40，该柱所属建筑为框架结构，框架抗震等级为二级。试计算该柱纵向钢筋绑扎搭接接头长度。

【解】 根据给定的条件，查表2-1得钢筋基本锚固长度$l_{ab}=33d=33\times16$ mm$=528$ mm。

$$l_a=l_{ab}\times\zeta_a=528\text{ mm}$$

其中，$\zeta_a=1.0$。

$$l_{aE}=l_a\times\zeta_{aE}=528\text{ mm}\times1.15=607.2\text{ mm}$$

其中，$\zeta_{aE}=1.15$，此时为二级抗震等级。

$$l_{lE}=l_{aE}\times\zeta_l=607.2\text{ mm}\times1.4=850\text{ mm}$$

其中，$\zeta_l=1.4$，此时纵向钢筋在两个截面搭接，接头面积百分率为50%。

【答】 该柱纵向钢筋绑扎搭接接头长度取850 mm。

例2-3 计算非抗震钢筋绑扎搭接接头长度l_l。

一根框架柱内配置了12⌀16纵向钢筋，现在拟在两个截面进行绑扎搭接连接，柱混凝土标号为C40，该柱所属建筑处于非抗震设防区。试计算该柱纵向钢筋绑扎搭接接头长度。

【解】 根据给定的条件，查表2-1得钢筋基本锚固长度$l_{ab}=33d=33\times16$ mm$=528$ mm。

$$l_a=l_{ab}\times\zeta_a=528\text{ mm}$$

其中，$\zeta_a=1.0$。

$$l_l=l_a\times\zeta_l=528\text{ mm}\times1.4=739.2\text{ mm}$$

其中，$\zeta_l=1.4$，此时纵向钢筋在两个截面搭接，接头面积百分率为50%。

【答】 该柱纵向钢筋绑扎搭接接头长度取740 mm。

2. 纵向钢筋接头的分布

1）接头位置

同一结构构件中，相邻纵向钢筋的连接接头位置宜错开布置，错开的距离应大于一个连接区段长度。

2）连接区段长度

连接区段长度规定如下：绑扎搭接的连接区段长度等于$1.3l_{lE}(l_l)$，机械连接的连接区段长度为$35d$，焊接的连接区段长度等于$35d$和500 mm中的较大值。

也就是说，同一构件中的若干纵向钢筋需要连接时，可以在两个截面上连接，也可以在三个或四个截面上连接，相邻连接截面之间的距离应不小于一个连接区段长度。否则，只能算作仍在一个连接截面中。

受拉钢筋搭接连接时，对梁、板和墙等构件，宜在四个及四个以上截面连接，对柱宜在两个截面连接。特殊情况下，梁应在两个或两个以上截面连接。受拉钢筋机械连接或焊接连接时，应在两个或两个以上截面连接。

纵向受拉钢筋接头位置应避开构件受力较大的区域，避开梁支座和跨中，避开柱上、下端部等。

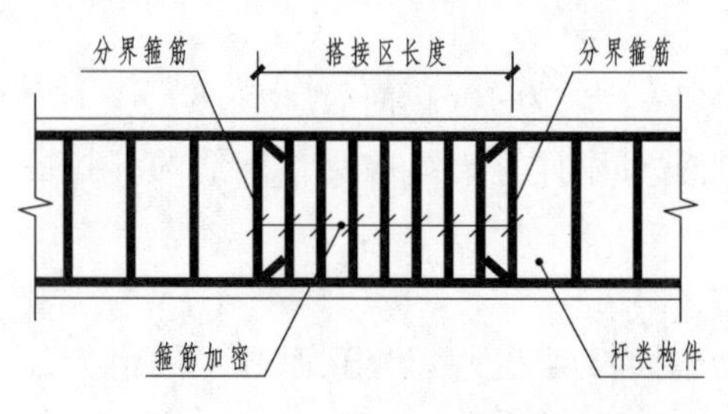

图 2-10 纵向钢筋搭接区箍筋构造

3）接头数量

接头数量在各连接截面上的分布应均衡。

3. 绑扎搭接区箍筋加强

纵向受拉钢筋的搭接区是较薄弱的部位。不管是梁、柱，还是支撑，只要是杆类构件，在搭接区域都应加密箍筋以提高连接效果。需要注意的是：如果采用机械连接或焊接连接，则没有箍筋加密的要求。具体要求如图 2-10 所示。

注：(1) 搭接区内箍筋直径不小于 $d/4$（d 为搭接钢筋最大直径），间距不应大于 100 mm 及 $5d$（d 为搭接钢筋最小直径）。
(2) 当受压钢筋直径大于 25 mm 时，应在搭接接头两个端面外 100 mm 的范围内各增加设置两道箍筋。

任务 4 混凝土保护层

一般建筑设计使用寿命为 50 年，这么长的时间，如果结构构件中的钢筋笼（网）没有得到很好的保护，就容易生锈。若生锈的范围不断扩大，最终将使钢筋失去抗拉能力。因此，应该在其外面包裹一层不易被氧化腐蚀的混凝土，这层混凝土称为混凝土保护层。

显然，这层混凝土越厚，其保护作用会越好。但是，混凝土构件表面受室外温度、湿度影响比较明显，且差异性较大。因此，不同区域保护层混凝土伸缩也不一致，可能在局部产生不均匀拉应力。保护层厚度过大，缺少钢筋限制，可能在保护层表面产生微裂缝，造成水分侵入。因此，应合理确定混凝土保护层厚度。

结构构件位于不同的使用环境，其耐久年限将会不同。位于室内干燥环境中的构件可使用时间较长。反之，若位于强腐蚀性环境中，构件表面混凝土以及其内部钢筋将在短期内粉化或锈蚀，使用寿命将缩短。为了保证构件在不同环境中都能达到设计使用年限（一般为 50 年），规范要求对处于不同环境中的结构构件选用不同的混凝土保护层厚度。

1. 混凝土结构的环境类别

规范对环境恶劣程度进行了类别划分，如表 2-4 所示。

表 2-4 混凝土结构的环境类别

环境类别	条件
一	室内干燥环境； 无侵蚀性静水浸没环境
二 a	室内潮湿环境； 非严寒和非寒冷地区的露天环境； 非严寒和非寒冷地区与无侵蚀性的水或土壤直接接触的环境； 严寒和寒冷地区的冰冻线以下与无侵蚀性的水或土壤直接接触的环境
二 b	干湿交替环境； 水位频繁变动环境； 严寒和寒冷地区的露天环境； 严寒和寒冷地区冰冻线以上与无侵蚀性的水或土壤直接接触的环境
三 a	严寒和寒冷地区冬季水位变动区环境； 受除冰盐影响的环境； 海风环境

续表

环境类别	条件
三 b	盐渍土环境； 受除冰盐作用的环境； 海岸环境
四	海水环境
五	受人为或自然的侵蚀性物质影响的环境

注：① 室内潮湿环境是指构件表面经常处于结露或湿润状态的环境。

② 严寒和寒冷地区的划分应符合现行国家标准《民用建筑热工设计规范》(GB 50176—1993)的有关规定。

③ 海岸环境和海风环境宜根据当地情况，考虑主导风向及结构所处迎风、背风部位等因素的影响，由调查研究和工程经验确定。

④ 受除冰盐影响的环境是指受到除冰盐雾影响的环境；受除冰盐作用的环境是指被除冰盐溶液溅射的环境以及使用除冰盐地区的洗车房、停车楼等建筑。

⑤ 暴露的环境是指混凝土结构表面所处的环境。

2. 构件混凝土保护层厚度

确定了结构构件的环境类别及构件类型，就可以依据表 2-5 来确定该构件混凝土保护层厚度。

特别需要说明的是，一个结构构件的不同侧面可能处于不同类别的环境中，这时建议区别确定构件混凝土保护层厚度。

表 2-5 混凝土保护层的最小厚度(单位：mm)

环境类别	板、墙	梁、柱
一	15	20
二 a	20	25
二 b	25	35
三 a	30	40
三 b	40	50

注：① 表中混凝土保护层厚度指最外层钢筋外边缘至混凝土表面的距离，适用于设计使用年限为 50 年的混凝土结构。

② 构件中受力钢筋的保护层厚度不应小于钢筋的公称直径。

③ 设计使用年限为 100 年的混凝土结构，在一类环境中，最外层钢筋的保护层厚度不应小于表中数值的 1.4 倍；在二、三类环境中，应采取专门的有效措施。

④ 混凝土强度等级不大于 C25 时，表中保护层厚度数值应增加 5 mm。

⑤ 基础底面钢筋的保护层厚度，有混凝土垫层时应从垫层顶面算起，且不应小于 40 mm。

任务 5 封闭箍筋的封闭方法

钢筋混凝土结构中，凡是杆类构件(如柱、梁及支撑等)，都需要配置箍筋。箍筋的作用除了可以抵抗剪切应力外，还可以与纵向钢筋形成钢筋笼骨架，从三个方向约束核心区混凝土，以增强其抗压能力。既然有约束和限制核心区混凝土的作用，那么，应使箍筋封闭。

箍筋封闭方法有三种，如图 2-11 所示。

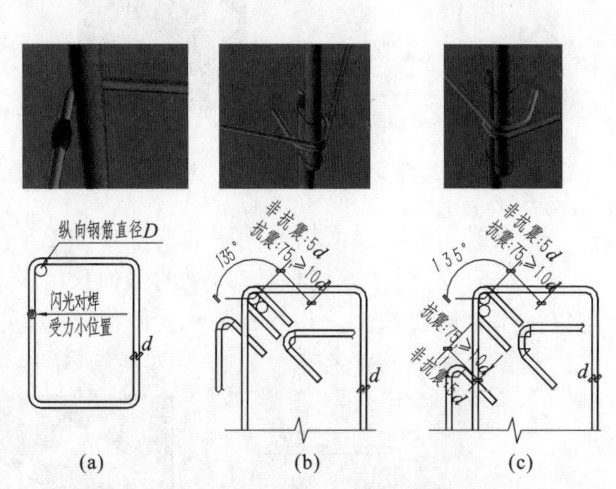

图 2-11 封闭箍筋的封闭方法

任务 6 拉筋构造

当梁或柱的截面尺寸较大，纵向钢筋配置的根数较多时，除了设置箍筋外，还需要设置拉筋。拉筋应设置弯钩，用于钩住箍筋、纵向钢筋或者同时把箍筋和纵向钢筋都钩住。这三种情况下，弯钩做法也不尽相同，如图 2-12 所示。

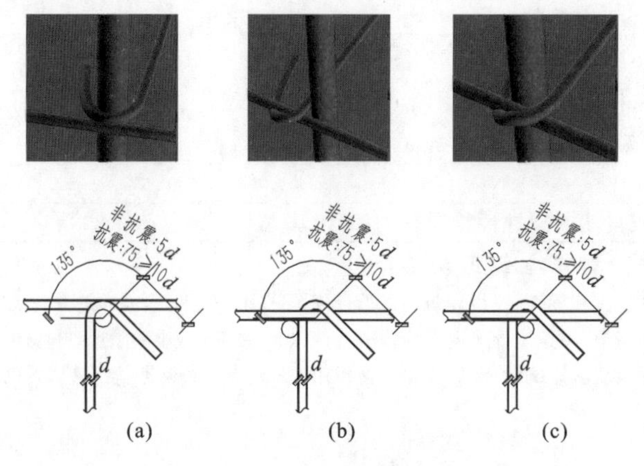

图 2-12 拉筋的弯钩样式

任务 7 纵向钢筋间距

1. 柱纵向钢筋间距要求

柱内纵向钢筋之间的间距不能过大，不宜超过 200 mm；也不能过小，不应小于 50 mm。间距过大时，钢筋笼对混凝土约束不均匀，抗力降低；间距过小时，施工操作不便，应符合图 2-13 所示的要求。

2. 梁纵向钢筋间距要求

梁中纵向钢筋布置时，应优先考虑分离式布置。这样，钢筋四周均有足够厚度的混凝土包裹，其协同工作、锚固效果都较好。这时，要求钢筋间距不能太小，避免浇筑混凝土时，出现大石子不能进入、振捣棒无法插入等问题。梁顶纵筋分离式布置要求如图 2-14 所示。

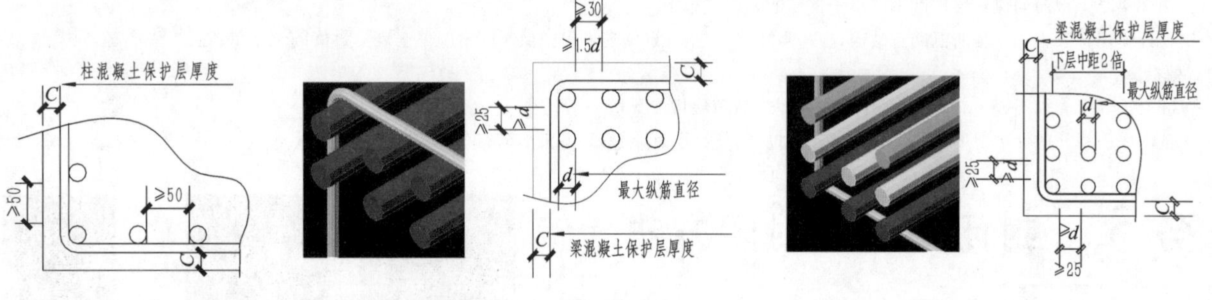

图2-13 柱纵筋间距要求　　图 2-14 梁顶纵筋分离式布置要求　　图 2-15 梁底纵筋分离式布置要求

分离式布筋对梁底纵筋间距的要求要宽松一些，因为其中不需要振捣棒伸入，如图 2-15 所示。

有的时候，梁中钢筋根数多，梁的截面尺寸又不太大，如果采用分离式布置，难以保证以上间距要求，这时可以采用并筋布筋法。并筋布筋一般两根一并，可以水平并筋，也可以竖向并筋。

梁顶纵向钢筋并筋要求如图 2-16 所示，梁底纵向钢筋并筋要求如图 2-17 所示。

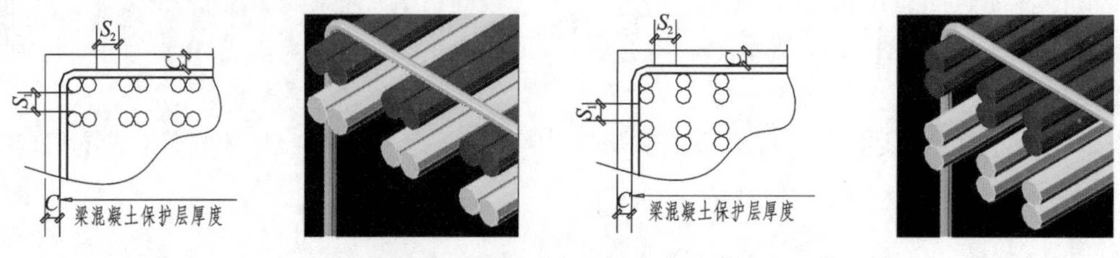

图 2-16 梁顶纵向钢筋并筋要求

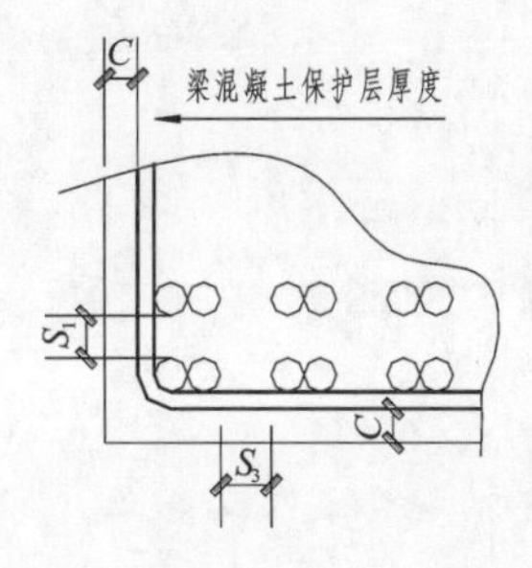

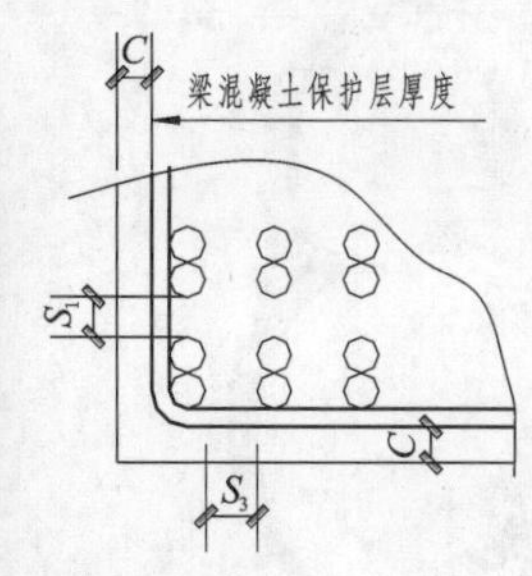

图 2-17 梁底纵向钢筋并筋要求

并筋下的梁纵向钢筋，由于是在混凝土不完全包裹状态下受力，因此，其效果没有分离式布置下的效果好。设计人员在要求采用并筋时，设计计算都会适当折减其抗力。由表 2-6 可知，2 根 25 mm 的钢筋并筋布置，才相当于 1 根 35 mm 的钢筋抗力；2 根 28 mm 的钢筋并筋布置，才相当于 1 根 39 mm 的钢筋抗力。

特别提醒：由于并筋会降低钢筋抗力，因此，在设计文件没有要求采用并筋布置时，非原设计的工程技术人员不得随意将梁纵向钢筋改设为并筋。

表 2-6 梁并筋等效直径、最小净距表

单筋直径 d/mm	25	28	32
并筋根数	2	2	2
等效直径 d_{eq}/mm	35	39	45
层净距 S_1/mm	35	39	45
上部钢筋净距 S_2/mm	53	59	68
下部钢筋净距 S_3/mm	35	39	45

课后任务

1. 纵向钢筋有哪几种锚固形式？
2. 纵向钢筋锚固长度有哪几种，区别是什么？
3. 纵向钢筋连接可以采用哪几种方法，分别适用于什么情况？
4. 纵向钢筋接头布置有哪些要求？
5. 混凝土构件环境类别有哪几种，都有哪些要求？
6. 混凝土保护层厚度与哪些因素有关？
7. 封闭箍筋的封闭方法有哪些？
8. 在什么情况下，钢筋混凝土构件需要设置拉筋？
9. 钢筋混凝土构件中纵向钢筋之间的间距有哪些要求？

混凝土柱平法施工图识读

任务 1 钢筋混凝土柱的形态与构造

知识点 1 钢筋混凝土柱的外观形态

钢筋混凝土柱通常为等截面的竖向细长构件，其截面形状有矩形、圆形、L 形、T 形、十字形和一字形等，其中以矩形和圆形居多。也就是说，大部分的钢筋混凝土柱都是竖向细长立方体或竖向细长圆柱体，如图 3-1 所示。

在混凝土结构房屋中，柱的上、下端一般与钢筋混凝土梁或基础相连。与基础相连时，由于基础体积较大，截面尺度也大，柱等同于被牢固嵌固在基础中。与钢筋混凝土梁相连时，因梁截面相对较小，多数情况是柱包裹梁，如图 3-2 所示。

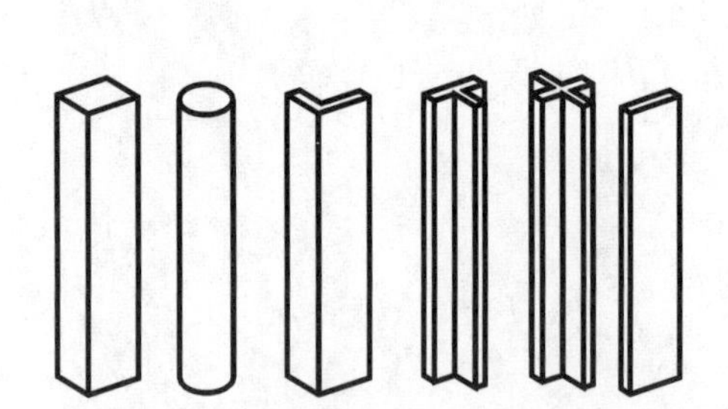

图 3-1 常见钢筋混凝土柱的外观形态

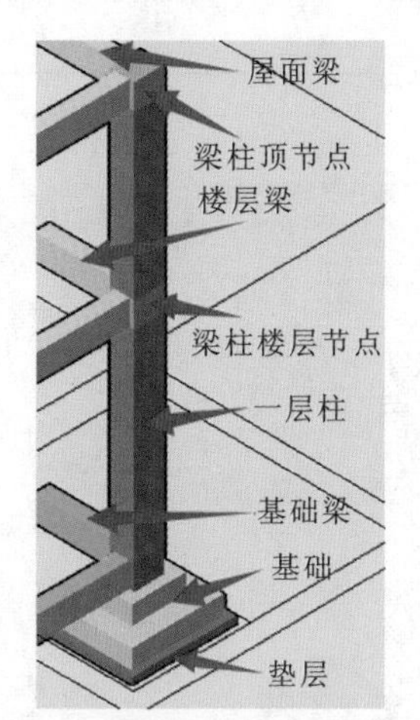

图 3-2 柱与两端其他结构构件的关系

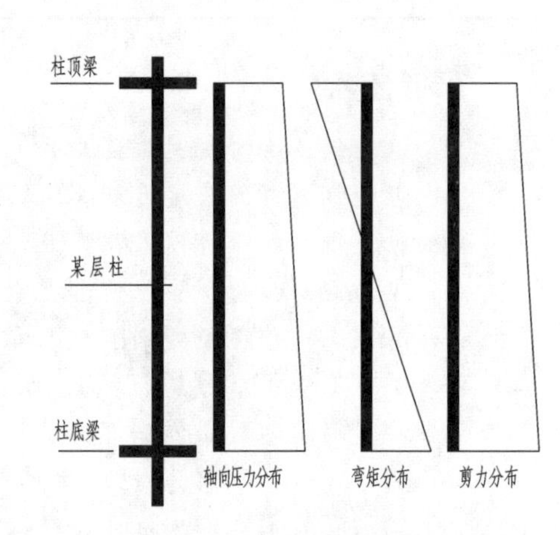

图 3-3 柱内力分布状况

知识点 2 钢筋混凝土柱内部构造

混凝土柱是一种竖向传力构件，主要承受和传递上部结构传来的压力。同时，在柱上、下端也会分担与其相连的梁分配来的部分弯矩和剪力。在柱的上、下端部的弯矩较中间大，柱的底部轴向压力和剪力都会较大，如图 3-3 所示。

柱中的混凝土是主要的承压材料，钢筋则主要用于抵抗由剪力和弯矩作用产生的局部拉应力。依据柱的内力分布状况和材料的作用，理想状态下柱应该设计成下大上小的变截面细长杆，钢筋的配置应该是上、下配筋多，中间配筋少。

考虑到美观和施工方便等因素，在实际工程中，在一个楼层内一根柱上、下截面大小相同，同层柱上、下端纵向钢筋配置一样，柱箍筋在同一层内上、下端部配置较密，中间则较稀疏，如图 3-4 所示。

柱钢筋在顶层时，多将纵向钢筋伸到柱顶，并向屋面梁、屋面板内弯曲 90°锚固。柱箍筋应在顶端一定长度范围内加密，在梁柱节点区，柱箍筋应加密布置到顶，如图 3-5 所示。

柱钢筋在楼层梁柱节点附近，要求柱纵向钢筋贯通到楼层上面一定高度后再考虑连接。柱箍筋在楼层梁底面以下一定长度区域应加密，在梁柱节点区域应加密，在楼面梁顶以上也必须有一定高度范围柱箍筋应加密，如图 3-6 所示。

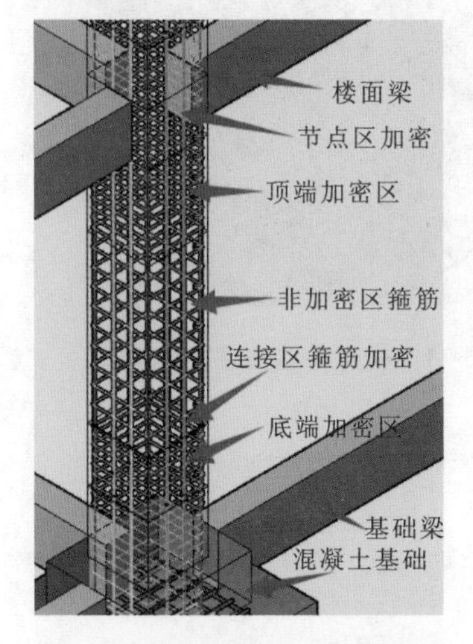

图 3-4　同层柱内钢筋配置状况

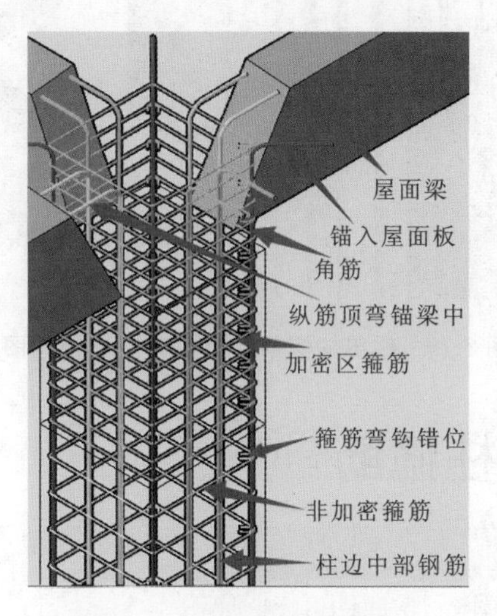

图 3-5　柱顶钢筋配置状况

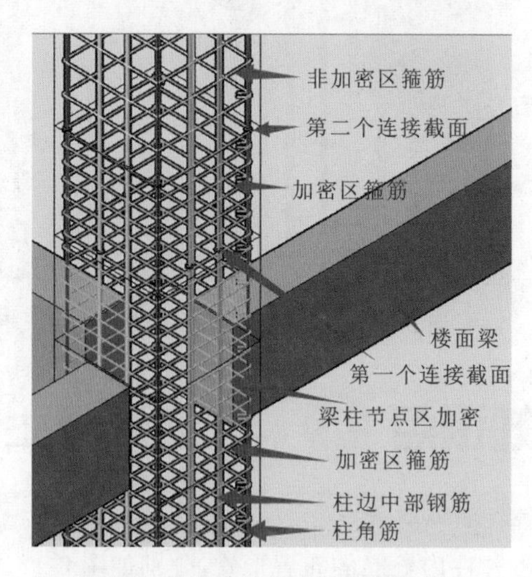

图 3-6　柱在楼层附近钢筋配置状况

柱底在基础中固定(见图 3-7)，要求柱纵向钢筋伸到基础底面钢筋网的上方做 90°弯钩锚固。柱箍筋在基础顶面以下应至少有 3 道，便于基础施工时固定柱纵向钢筋。基础顶面以上一定高度范围的柱箍筋应该加密。若基础梁高于基础顶面许多，二者之间还有一段一定长度的柱，则该段柱箍筋也应该加密，基础梁顶面以上一定高度的柱段箍筋必须加密。如果建筑物的室内地面采用了刚度较大的钢筋混凝土地面时，柱在室内地坪上、下各 500 mm 范围内的柱箍筋也应该加密。

柱的纵向钢筋每一层都需要连接，如图 3-8 所示。连接纵向钢筋时，应该将纵向钢筋伸到本层楼面以上一定高度处后再连接，以避开柱受力较大的区域。一般柱纵向钢筋在同一个楼层中分两个截面连接，并且相邻钢筋应该错开。柱纵向钢筋连接一般采用电渣压力焊。

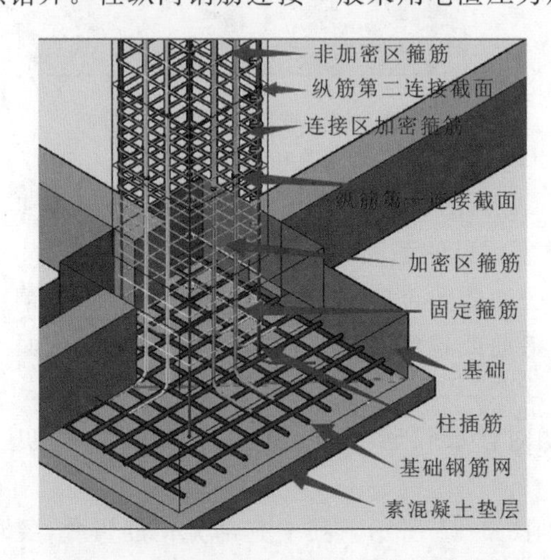

图 3-7　柱底与基础相连处钢筋配置状况

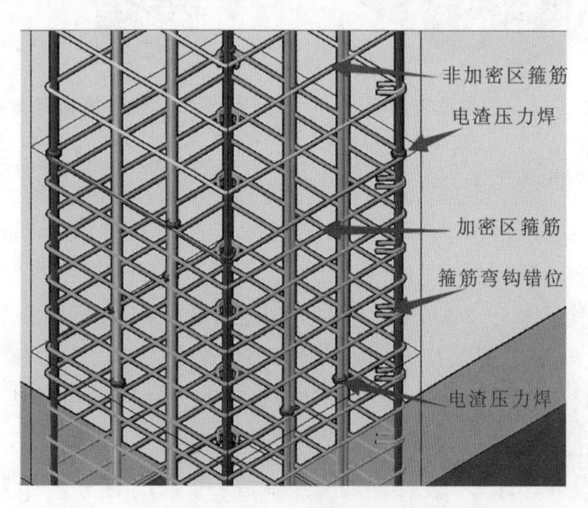

图 3-8　柱纵向钢筋的连接

知识点 3 钢筋混凝土柱纵向钢筋

柱纵向钢筋的布置、锚固和连接形式，分别如图 3-9、图 3-10 和图 3-11 所示。

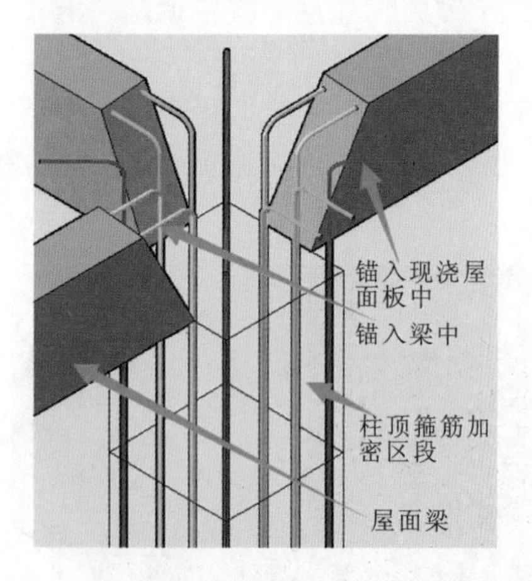

图 3-9 柱纵向钢筋顶部构造

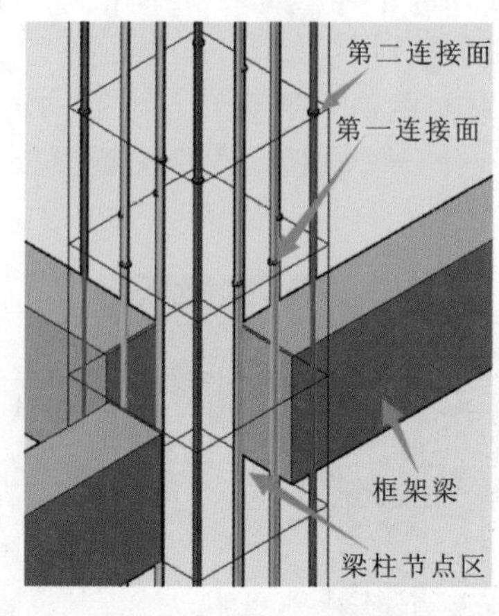

图 3-10 柱纵向钢筋楼层构造

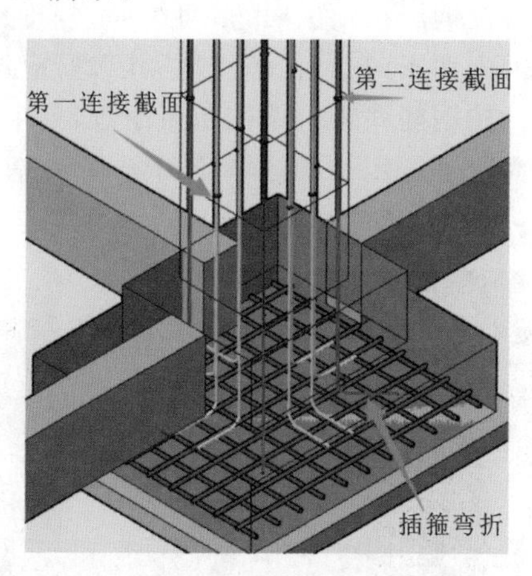

图 3-11 柱纵向钢筋基础处构造

知识点 4 钢筋混凝土柱箍筋

1. 箍筋的分布

柱内箍筋的布置形式，分别如图 3-12、图 3-13 和图 3-14 所示。

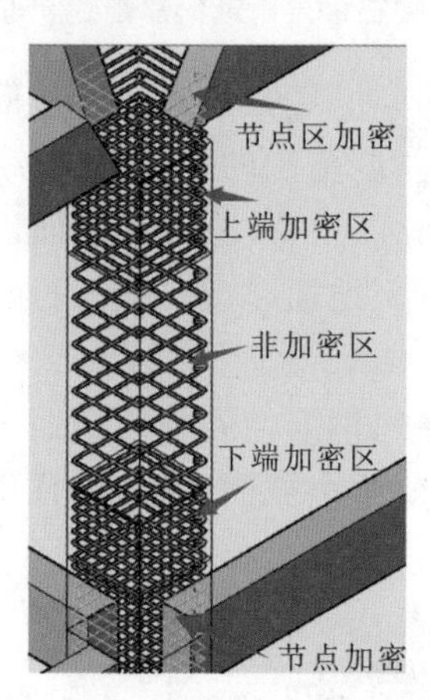

图 3-12 柱箍筋整层分布

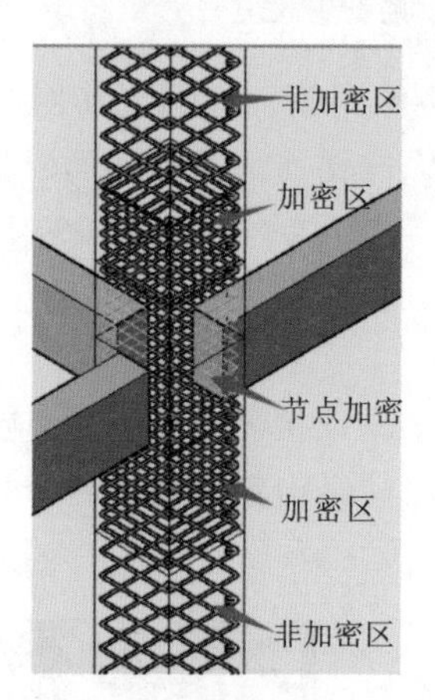

图 3-13 柱箍筋楼层分布

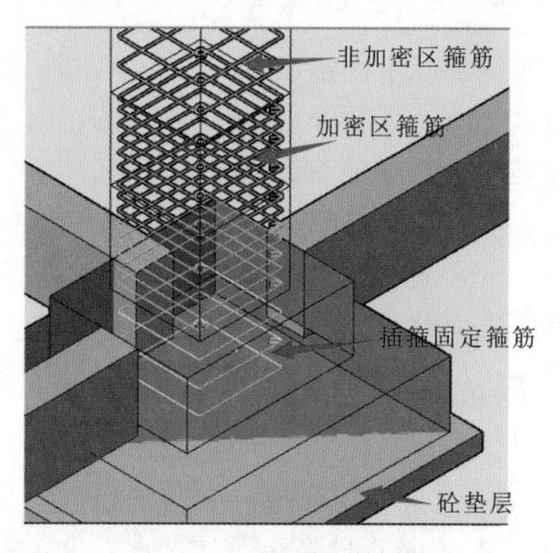

图 3-14 柱箍筋基础附近分布

2. 箍筋的形式

柱单道箍筋形式取决于柱截面尺寸大小和纵向钢筋的根数。当柱截面尺寸较小时，可采用 2×2 矩形环箍。随着柱截面尺寸的增加，柱纵向钢筋的根数也会增加，箍筋的肢数也应增多。规范规定：柱纵向钢筋之间的间距不宜大于 200 mm，同时，每隔一根纵向钢筋都必须有箍筋或拉筋拉住纵向钢筋。所以，柱截面尺寸增大，柱纵向钢筋根数会增加，柱箍筋肢数应该增加。

柱截面尺寸的大小取决于其上部荷载，由结构设计人员通过计算确定。楼层高了，柱截面尺寸也应增大，以避免柱因为过分细高造成的稳定性问题。

在设计图纸中，复合箍筋都绘制在一起，没有分离绘制，如图 3-15 所示。其中有部分钢筋重叠，要求读图人员能自行理解其关系。

由图 3-15 中可以看出，各种形式的复合箍中有部分是重叠的，在实际工作中做预算或者施工下料时，必须

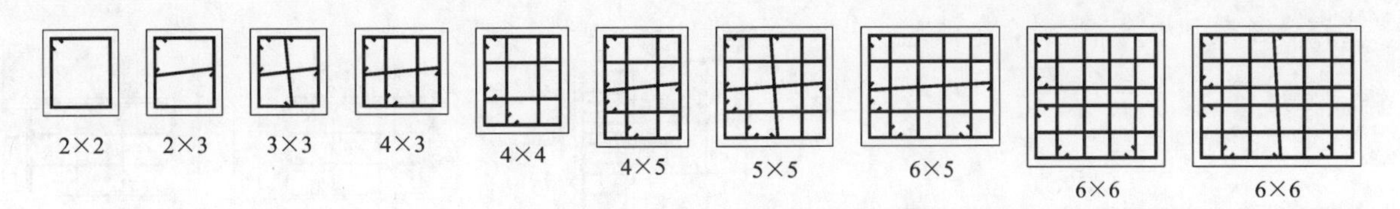

图 3-15 设计图纸中柱箍筋的表达形式

知道复合箍筋是怎样复合起来的。其实，这些箍筋复合的基本原则是“大箍套小箍，单肢加拉筋”。其具体做法如图 3-16 所示。

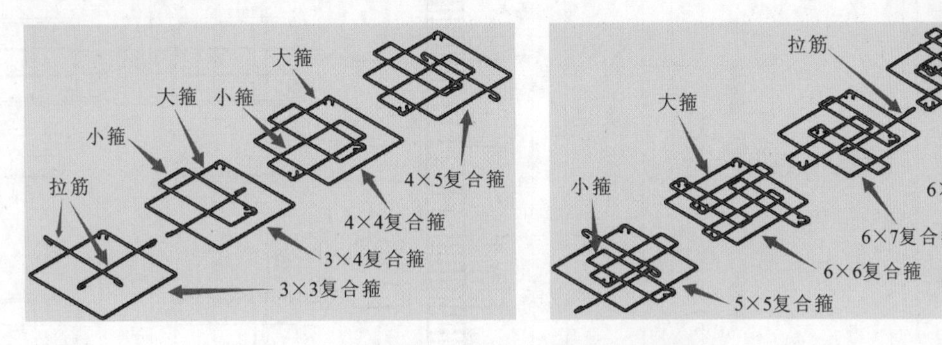

图 3-16 复合箍的复合方法解析图

课后任务

1. 描述一般钢筋混凝土柱的外观形态。
2. 描述矩形截面钢筋混凝土柱纵向钢筋的锚固、连接方式。
3. 描述钢筋混凝土柱箍筋在高度上的分布规律。
4. 画出 7×7 以内各种复合箍的复合方式。

任务 2 钢筋混凝土柱传统表达方法

在学习柱平法表达方法之前，应先了解传统的三视图加辅助剖面法是如何表达一根钢筋混凝土结构柱的。

知识点 1 钢筋混凝土柱模板图

实际工程中，结构设计人员通常选择几个有代表性的柱侧面表达出它的视图，也称为模板图。柱模板图主要表达柱表面情况。当柱表面有预埋件、牛腿或凹槽等特殊情况时，必须绘制柱模板图。否则，可省略。如图 3-17 所示。

知识点 2 钢筋混凝土柱剖面图

绘制柱剖面图的主要目的是表达柱内部钢筋配置情况。有的时候，一根柱可能需要三到七个剖面图才能表达清楚，如图 3-18 所示。可见，使用传统方法表达结构柱，绘图工作量大，需要纸张数量多。一栋建筑，其结构柱少则十几根，多则几十根、上百根，其层数也可能有几十层，需要绘制的模板图、剖面图的数量可想而知。其实，这些剖面图之间的形状十分类似，仅个别地方稍有变化。

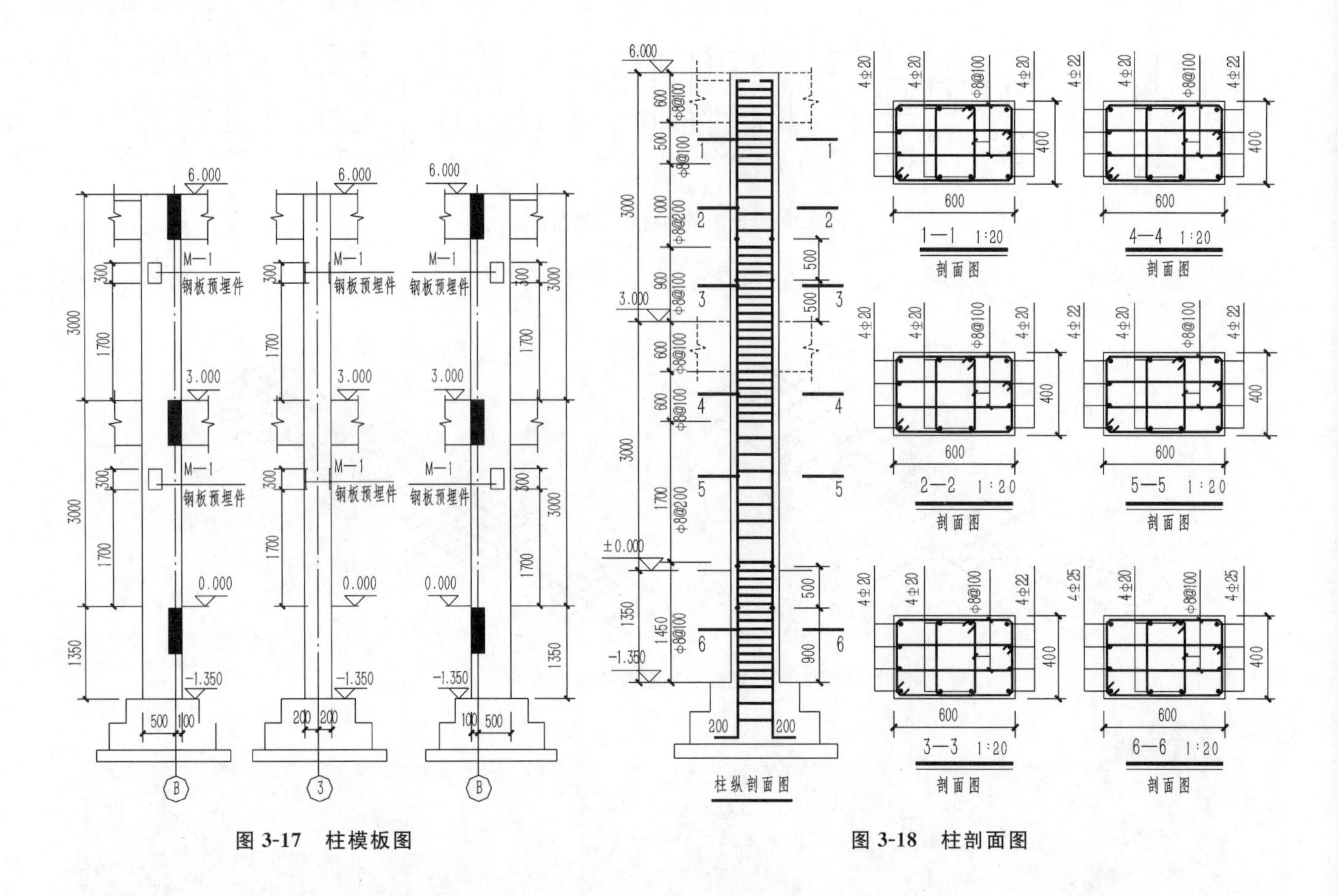

图 3-17 柱模板图

图 3-18 柱剖面图

任务3 钢筋混凝土柱平法制图规则

知识点 1 钢筋混凝土柱平法施工图制图规则

1. 柱平法施工图表示方法

(1) 柱平法施工图是在柱平面布置图上采用列表注写法或截面注写法来表达的施工图纸。

(2) 柱平面布置图可采用适当比例单独绘制,也可以与剪力墙平面布置图合并绘制。

(3) 在柱平法施工图中,应注明各结构层的楼面标高、结构层高及相应的结构层号,还应注明上部结构嵌固部位的位置。

2. 列表注写方式

列表注写方式是在柱平面布置图上(一般只需采用适当比例绘制一张柱平面布置图,包括框架柱、框支柱、梁上柱和剪力墙上柱),分别在同一编号的柱中选择一个(有时需要选择几个)截面标注几何参数代号;在柱表中注写柱编号、柱段起止标高、几何尺寸(含柱截面对轴线的偏心情况)与配筋的具体数值,并配以各种柱截面形状及其箍筋类型图的柱平法施工图表达方式。

柱表注写内容规定如下。

1) 注写柱编号

柱编号由类型代号和序号组成,应按表 3-1 中的要求编写。

表 3-1　柱类型编号

柱 类 型	代 号	序 号	柱类型意义
框架柱	KZ	××	普通钢筋混凝土结构柱
框支柱	KZZ	××	支撑上层剪力墙或框支梁的结构柱
芯柱	XZ	××	柱中心配置的类似柱的钢筋笼
梁上柱	LZ	××	在梁上生根的柱
剪力墙上柱	QZ	××	在剪力墙上生根的柱

注：①编号时，当柱的总高、分段截面尺寸和配筋均对应相同，仅截面与轴线的关系不同时，仍可将其编为同一柱号，但应在图中注明截面与轴线的关系；②代号意义如图 3-19 所示。

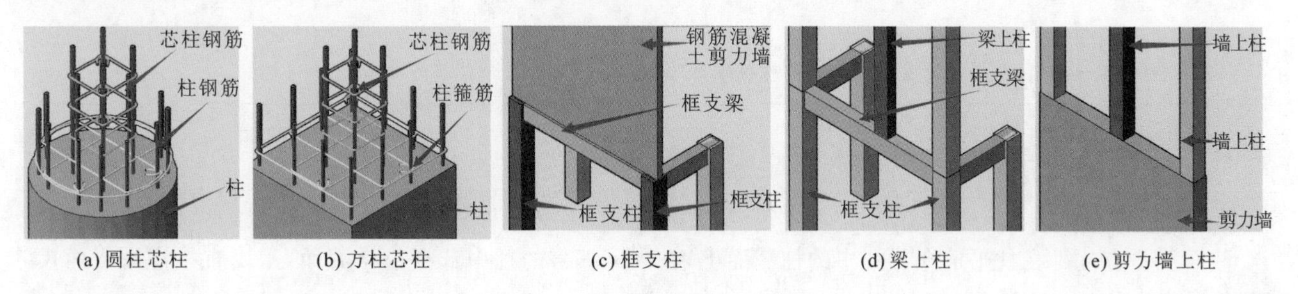

(a) 圆柱芯柱　(b) 方柱芯柱　(c) 框支柱　(d) 梁上柱　(e) 剪力墙上柱

图 3-19　各种特殊柱编号意义图示

2) 注写各段柱的起止标高

自柱根部往上以变截面位置或以截面未变但配筋改变处为界分段注写。框架柱和框支柱的根部标高是指基础顶面标高；芯柱的根部标高是指根据结构实际需要而定的起始位置标高；梁上柱的根部标高是指梁顶面标高；剪力墙上柱的根部标高为墙顶面标高。

3) 柱截面尺寸和定位

对于矩形柱来说，应注写柱截面尺寸 $b\times h$ 及与轴线关系的几何参数代号 b_1、b_2 和 h_1、h_2 的具体数值，并需对应于各段柱分别注写。其中 $b=b_1+b_2$，$h=h_1+h_2$。当截面的某一边收缩变化至与轴线重合或偏移到轴线的另一侧时，b_1、b_2、h_1、h_2 中的某项为零或负值。对于圆柱，表中 $b\times h$ 一栏改为在圆柱直径数字前加 d 表示。为了使表达简单，圆柱截面与轴线的关系也用 b_1、b_2 和 h_1、h_2 表示，并使 $d=b_1+b_2=h_1+h_2$。对于芯柱，根据结构需要，可以在某些框架柱的一定高度范围内，在其内部的中心位置设置(分别引注其柱编号)。芯柱截面尺寸按构造确定，并按图集构造详图施工，设计时不需要特别注写；当设计者采用与图集构造详图不同的做法时，应另行注明。芯柱定位随框架柱，不需要注写其与轴线的偏位关系。

4) 注写柱纵向钢筋

当柱纵向钢筋(简称柱纵筋)直径相同，各边根数也相同时(包括矩形柱、圆柱和芯柱)，将纵筋注写在“全部纵筋”一栏中；除此之外，柱纵筋分为角筋、截面 b 边中部筋和 h 边中部筋三项分别注写(对于采用对称配筋的矩形截面柱，可仅注写一侧中部钢筋，对称边省略不注)。

5) 注写柱箍筋类型号及箍筋肢数

在箍筋类型栏中注写按规则规定的箍筋类型号和肢数。

6) 注写柱箍筋

注写柱箍筋时应包括钢筋级别、直径与间距。

当为抗震设计时，用斜线“/”区分柱端箍筋加密区与柱身非加密区长度范围内箍筋的不同间距。施工人员应根据标准构造详图的规定，在规定的几种长度值中取其最大者作为加密区长度。当框架节点核心区内箍筋与柱端箍筋设置不同时，应在括号中注明核心区箍筋直径及间距。

例如：Φ10@100/250，表示箍筋为 HPB300 级钢筋，直径为 10 mm，加密区箍筋间距为 100 mm，非加密区间距为 250 mm。

Φ10@100/250(Φ12@100)，表示箍筋为 HPB300 级钢筋，直径为 10 mm，加密区箍筋间距为 100 mm，非加密区间距为 250 mm，框架节点(梁柱重叠部分)核心区箍筋为 HPB300 级钢筋，直径为 12 mm，间距为 100 mm。

当箍筋沿柱全高为一种间距时，可不使用"/"线分隔。

例如：Φ10@100，表示沿柱全高范围内箍筋均为 HPB300 级钢筋，直径为 10 mm，箍筋间距为 100 mm。

当圆柱采用螺旋箍筋时，需在箍筋前加"L"。

例如：LΦ10@100/200，表示采用螺旋箍筋，HPB300 级钢筋，直径为 10 mm，加密区箍筋间距为 100 mm，非加密区间距为 200 mm。

具体工程所涉及的各种箍筋类型图以及箍筋复合的具体方式，需画在表的上部或图中的适当位置，并在其上标注与表中相应的 b、h 和类型号。

注：当为抗震设计时，确定箍筋肢数时要满足对柱纵筋"隔一拉一"以及箍筋肢距的要求。

柱列表注写方式示例见图 3-21。

3. 截面注写方式

截面注写方式是在柱平面布置图中的柱截面上，在同一编号的柱中选择一个截面，采用直接注写截面尺寸和配筋具体数值的柱平法施工图表达方式。

对除芯柱之外的所有柱截面按列表注写方式中的规定进行编号，从相同编号的柱中选择一个截面，按另一种比例原位放大绘制柱截面配筋图，并在各配筋图中在柱截面编号后再注写截面尺寸 $b\times h$、角筋或全部纵筋(当纵筋采用一种直径且能够表示清楚时)、箍筋的具体数值(箍筋的注写按列表注写方式中所要求的一样)，以及在柱截面配筋图上标注柱截面与轴线关系 b_1、b_2、h_1、h_2 的具体数值。

当纵筋采用两种直径时，需再注写截面各边中部筋的具体数值；对于采用对称配筋的矩形截面柱，可仅在一侧注写中部筋，对称边则省略不注。

当在某些框架柱的一定高度范围内，在其内部的中心位设置芯柱时，首先按规定进行编号，继其编号之后注写芯柱的起止标高、全部纵筋及箍筋的具体数值(箍筋的注写按列表注写方式中所要求的一样)，芯柱截面尺寸按构造确定，并按标准构造详图施工，设计不注；当设计者采用与本构造详图不同的做法时，应另行注明。芯柱定位随框架柱，不需要注写其与轴线的几何关系。

在截面注写方式中，若柱的分段截面尺寸和配筋均相同，仅截面与轴线的关系不同时，可将其编为同一柱号。但此时应在未画配筋的柱截面上注写该柱截面与轴线关系的具体尺寸。

4. 其他

当绘制柱平面布置图时局部区域发生重叠、过密集等现象时，可以在该区域采用另外一种比例绘制予以消除这种现象。

柱截面注写方式示例见图 3-20。

知识点 2 钢筋混凝土柱截面注写法

该方法使用小比例(一般为 1：100)绘制柱定位图，图中只表达柱定位和柱编号，简单清楚，也符合一般平面图的绘图比例；使用大比例(一般为 1：50)绘制柱大样图，表达构件自身名称、材料、尺寸、形状、构造等相关信息，并将大样图放置在相应柱平面图旁。其他相同配置的柱，不论其与轴线的偏位关系是否一样，都可以编为同一柱号，如图 3-20 所示。

使用这种方法时，平面图中每一个柱的定位尺寸都是具体数据，直观明了，易于查阅。柱大样图放在相应编号柱旁边，便于查阅比对。由于这种表达方法较直观、易读，故在工程实践中使用较普遍。

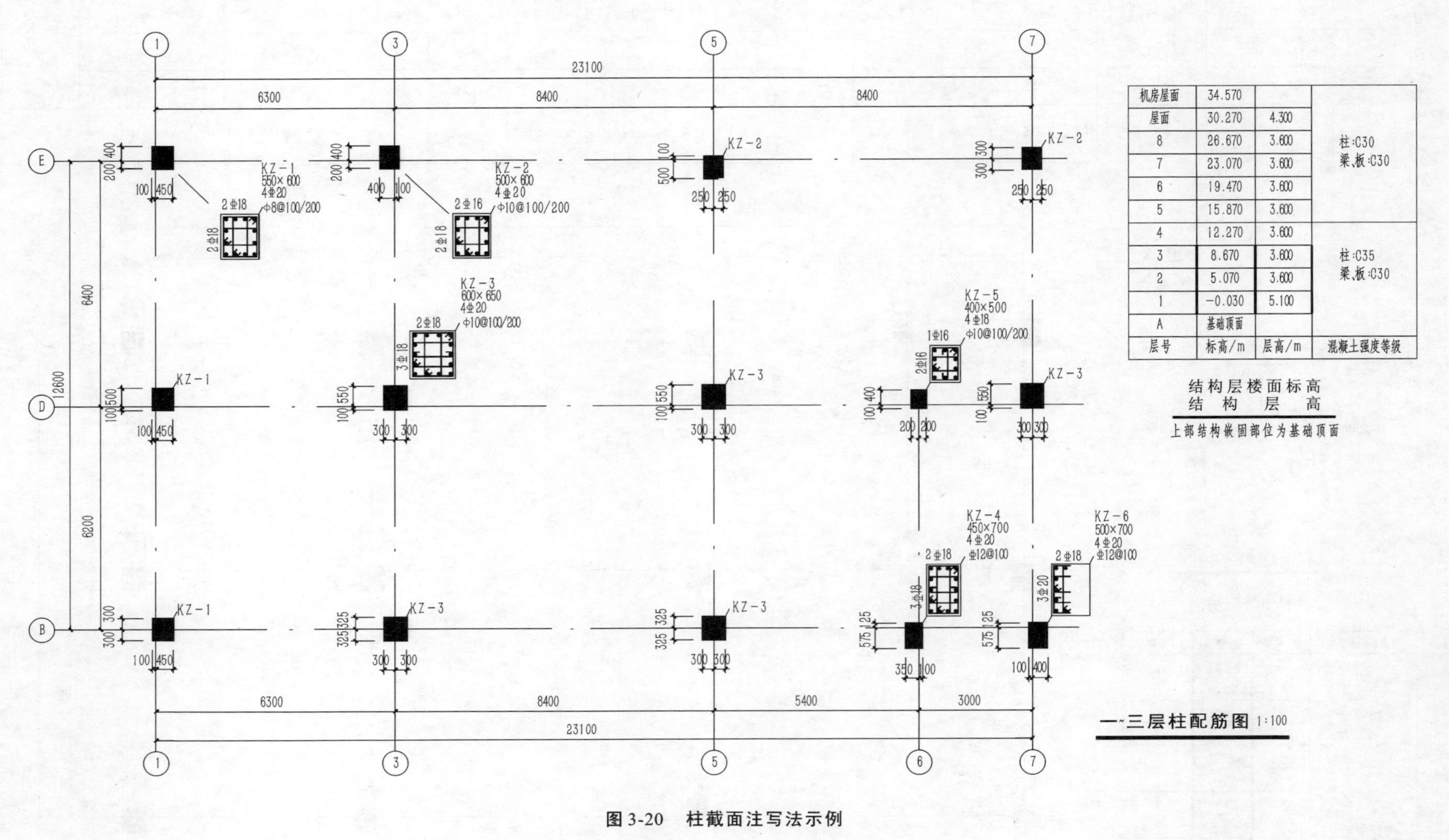

层号	标高/m	层高/m	混凝土强度等级
机房屋面	34.570		
屋面	30.270	4.300	
8	26.670	3.600	柱:C30 梁、板:C30
7	23.070	3.600	
6	19.470	3.600	
5	15.870	3.600	
4	12.270	3.600	
3	8.670	3.600	柱:C35 梁、板:C30
2	5.070	3.600	
1	-0.030	5.100	
A	基础顶面		

结构层楼面标高
结构层高
上部结构嵌固部位为基础顶面

图 3-20　柱截面注写法示例

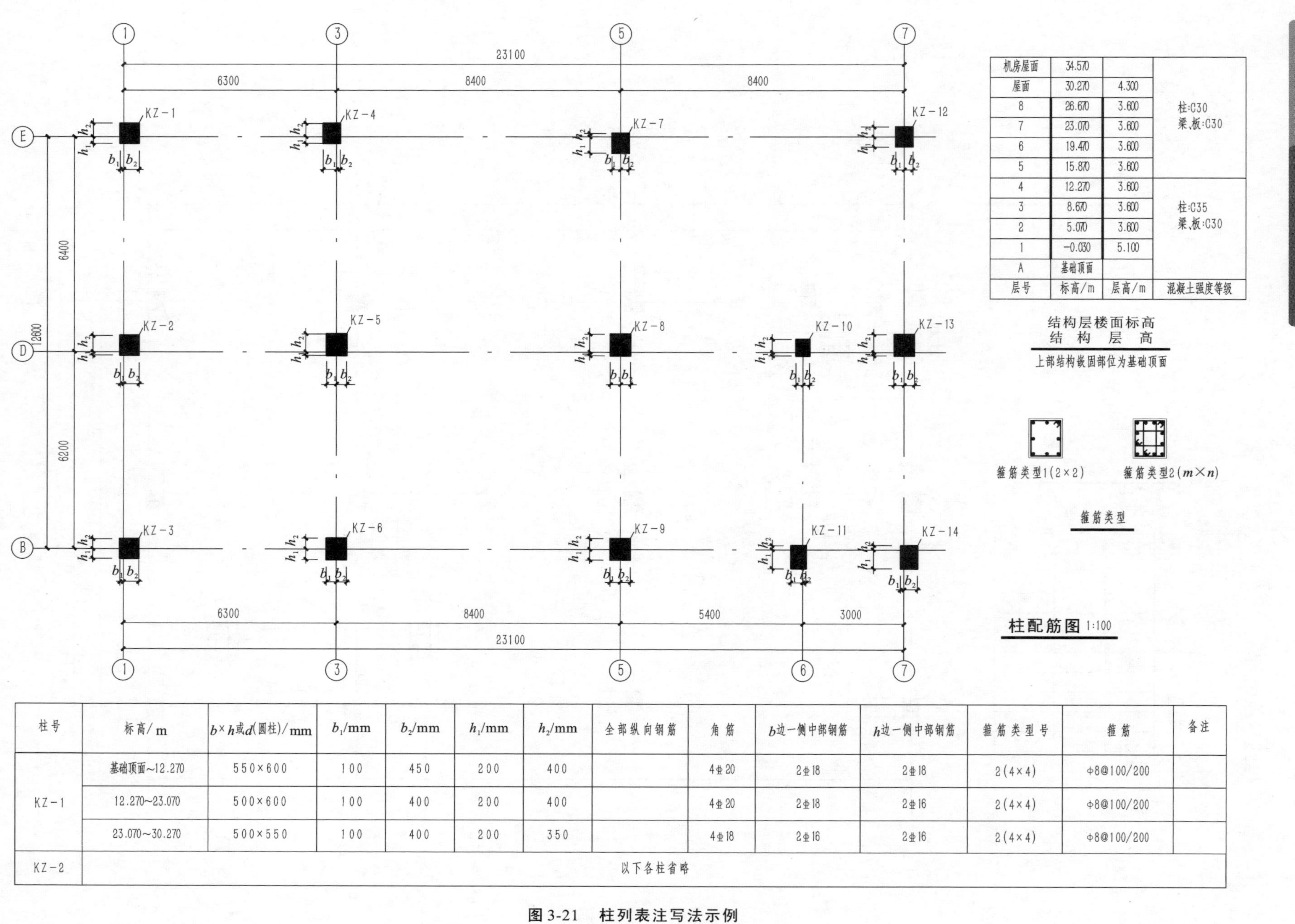

层号	标高/m	层高/m	混凝土强度等级
机房屋面	34.570		柱:C30 梁、板:C30
屋面	30.270	4.300	
8	26.670	3.600	
7	23.070	3.600	
6	19.470	3.600	
5	15.870	3.600	
4	12.270	3.600	柱:C35 梁、板:C30
3	8.670	3.600	
2	5.070	3.600	
1	-0.030	5.100	
A	基础顶面		

柱号	标高/m	$b\times h$或d(圆柱)/mm	b_1/mm	b_2/mm	h_1/mm	h_2/mm	全部纵向钢筋	角筋	b边一侧中部钢筋	h边一侧中部钢筋	箍筋类型号	箍筋	备注
KZ-1	基础顶面~12.270	550×600	100	450	200	400		4⌀20	2⌀18	2⌀18	2(4×4)	Φ8@100/200	
	12.270~23.070	500×600	100	400	200	400		4⌀20	2⌀18	2⌀16	2(4×4)	Φ8@100/200	
	23.070~30.270	500×550	100	400	200	350		4⌀18	2⌀16	2⌀16	2(4×4)	Φ8@100/200	
KZ-2	以下各柱省略												

图 3-21 柱列表注写法示例

但当柱截面大小或配筋发生变化时，哪怕只有一根柱需要变化，都必须重新绘制一张柱配筋图。对于柱在竖向变化比较频繁的高层建筑来说，可能需要绘制相当多的柱配筋图才能表达清楚。这给设计人员带来较大的绘图工作量，也增加了设计单位打印底图、晒制蓝图的成本。

知识点 3　钢筋混凝土柱列表注写法

该方法用一张柱平面定位图和一张柱配筋表就可以将一栋建筑的所有结构柱表达清楚。在柱平面定位图中，使用通配符（如 b、b_1、b_2、h、h_1、h_2 等）标注柱定位尺寸，同时标注柱编号。在柱配筋表中明确各柱各层通配符的具体数据、纵向钢筋、箍筋类型、箍筋等要素，如图 3-21 所示。

这种方法需要绘制的图纸量小，打印底图、晒制蓝图的成本也有所降低。但这种方法绘制的平面图柱定位使用了通配符号而不是具体数据，查阅和比对时需要对照柱配筋表，比较麻烦。如果两根柱自身完全相同，仅与轴线之间的定位关系不同，按照这种表示方法，设计时还不能编为同一个柱号。这势必大大增加柱编号的数量，容易造成理解上的混乱。

因此，在实际工程设计中，设计人员较少采用这种方法。

上述两种方法都有各自的缺点，可见，柱平法表达方法还有改进的空间。

知识点 4　钢筋混凝土柱叠层注写法

采用“平法”制图的目的是要降低设计人员的绘图工作量，降低设计成本，同时达到便于理解、容易识读的目标。基于此，下面介绍另一种表达方法——叠层注写法。

柱叠层注写法就是在同一张柱平法施工图中，将同一位置的各层柱按照 1∶50 的比例叠绘在一起。使用 1∶50的比例标注柱定位尺寸，柱截面有几次变化，就要绘制几道尺寸线，尺寸线之间的间距为 400 mm。同时，标注出柱编号以及柱底、柱顶标高。如果柱底起于基础顶面，可以省略不注，如图 3-22 所示。

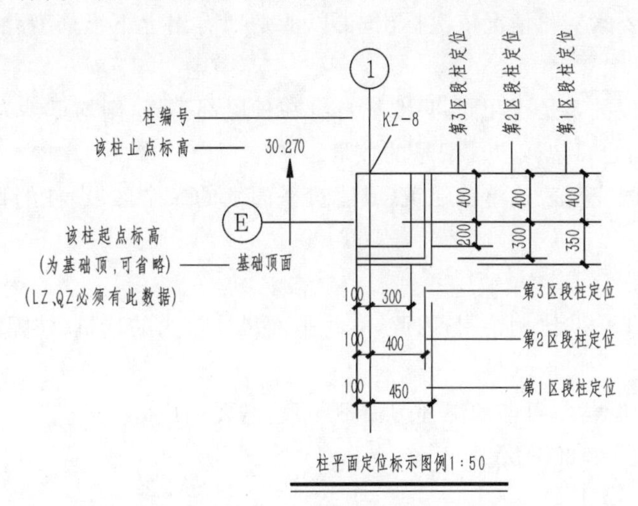

图 3-22　叠层注写法柱平面图标注示例

无论柱与轴线偏位关系是否相同，都应将同类型、同截面、同配筋的柱编为同一个柱号。选择其中一个柱，在其旁边空白位置按照 1∶25 的比例绘制柱大样图，并按照由中心向四周的规律按低到高的顺序依次标注出各不同柱段的截面尺寸、角筋、箍筋以及单边中部钢筋的配置情况。如果部分内容在柱通高各层均不变，可仅注写一次。只要有变化，就应该按照柱段数依次注写，如图 3-23 所示。

在层高表中增加两栏，分别表达柱沿高度变化的分段情况和构件混凝土标号沿标高变化情况，应由下向上依次对柱段进行分段编号，如图 3-24 所示。

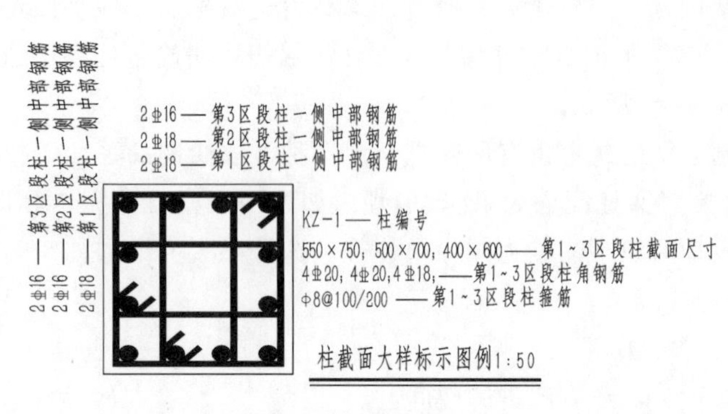

图 3-23　叠层注写法柱截面大样图示例

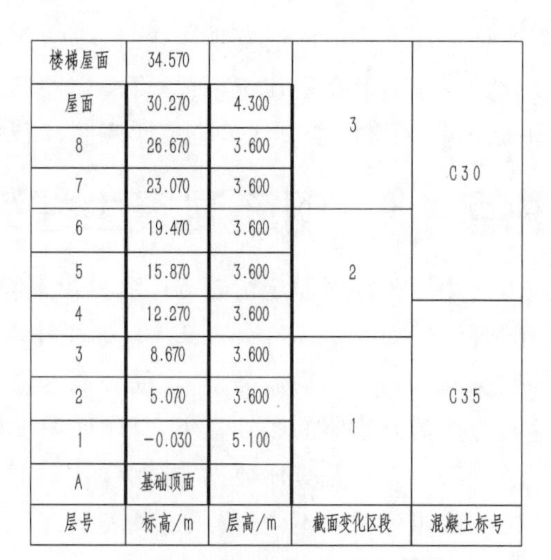

楼梯屋面	34.570		3	C30
屋面	30.270	4.300		
8	26.670	3.600		
7	23.070	3.600		
6	19.470	3.600	2	
5	15.870	3.600		
4	12.270	3.600		C35
3	8.670	3.600	1	
2	5.070	3.600		
1	-0.030	5.100		
A	基础顶面			
层号	标高/m	层高/m	截面变化区段	混凝土标号

结构层楼面标高
结构层高
上部结构嵌固部位为基础顶面

图 3-24　叠层注写法柱层高表图

1）柱叠层注写法的优点

（1）柱平面定位图的绘制使用 1∶50 比例，可以使定位尺寸标注大小适宜；同时使柱之间的空隙较大，从而方便定位尺寸的标注和大样图的放置。

（2）每一根柱的每一层定位都使用具体数字标注出来，直观明了。

（3）将上、下各层柱叠绘在一起，可以快速检查上、下层柱偏位关系是否合理。

（4）层高表中表达柱在竖向上的变化分段，对照平面定位尺寸，在大样图中顺序标注，一目了然。

（5）大样图中将各柱段要素变化情况依次标出，可以清楚地看出上下纵筋变化情况、截面变化情况和箍筋变化情况。

（6）不管柱与轴线的偏位关系是否相同，只要柱自身在各层都一样，则均可编为同一个柱号，这样可大大降低柱编号时需要考虑的因素，也可以减少柱编号的数量。

（7）该法可以达到一张图完整表达整栋建筑（或建筑平面上的一个区域）柱的目的，既直观明了，又经济适用，降低了制图成本。

2）柱叠层注写法的缺点

（1）由于平面定位图用 1∶50 比例绘制，因此，有些平面尺寸较大的建筑，柱配筋平面图需要分为若干区域分别绘制。

（2）柱平面图中柱绘制细线，与目前的工程习惯不一致，需要适应。

柱叠层注写法的示例如图 3-25 所示。

课后任务

1. 请将以下叠层注写法表示的柱配筋图（见图 3-26）分别用列表注写法和截面注写法完整表达出来。

2. 请对照柱配筋图（见图 3-26）列表分别填写出各层各柱构件表达六要素。（可使用附录 E 中工作页附表 E-1。）

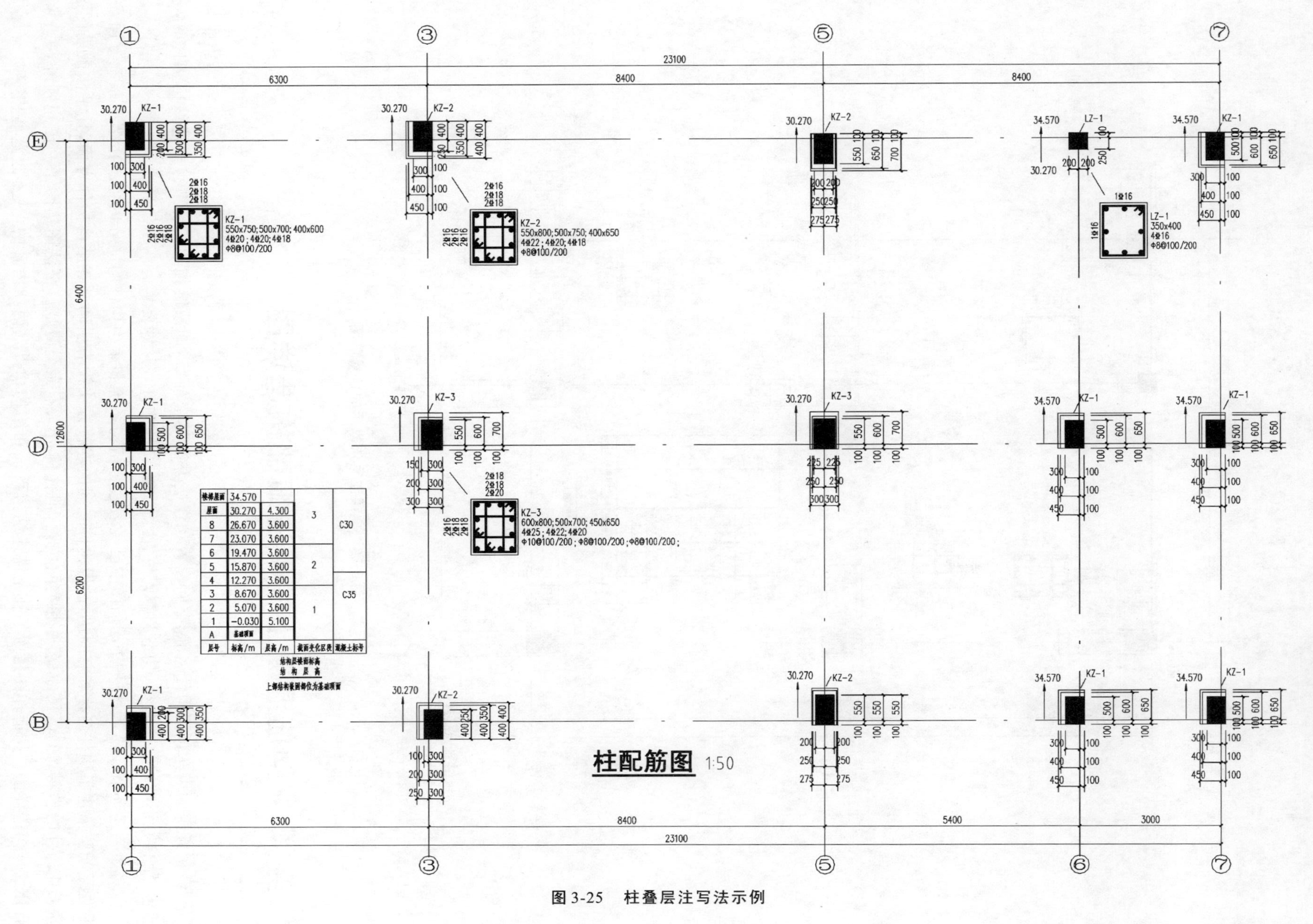

楼梯屋面	34.570		3	C30
屋面	30.270	4.300		
8	26.670	3.600		
7	23.070	3.600		
6	19.470	3.600	2	
5	15.870	3.600		
4	12.270	3.600		C35
3	8.670	3.600	1	
2	5.070	3.600		
1	−0.030	5.100		
A	基础顶面			
层号	标高/m	层高/m	截面变化区段	混凝土标号

结构层楼面标高
结构层高
上部结构嵌固部位为基础顶面

图 3-25　柱叠层注写法示例

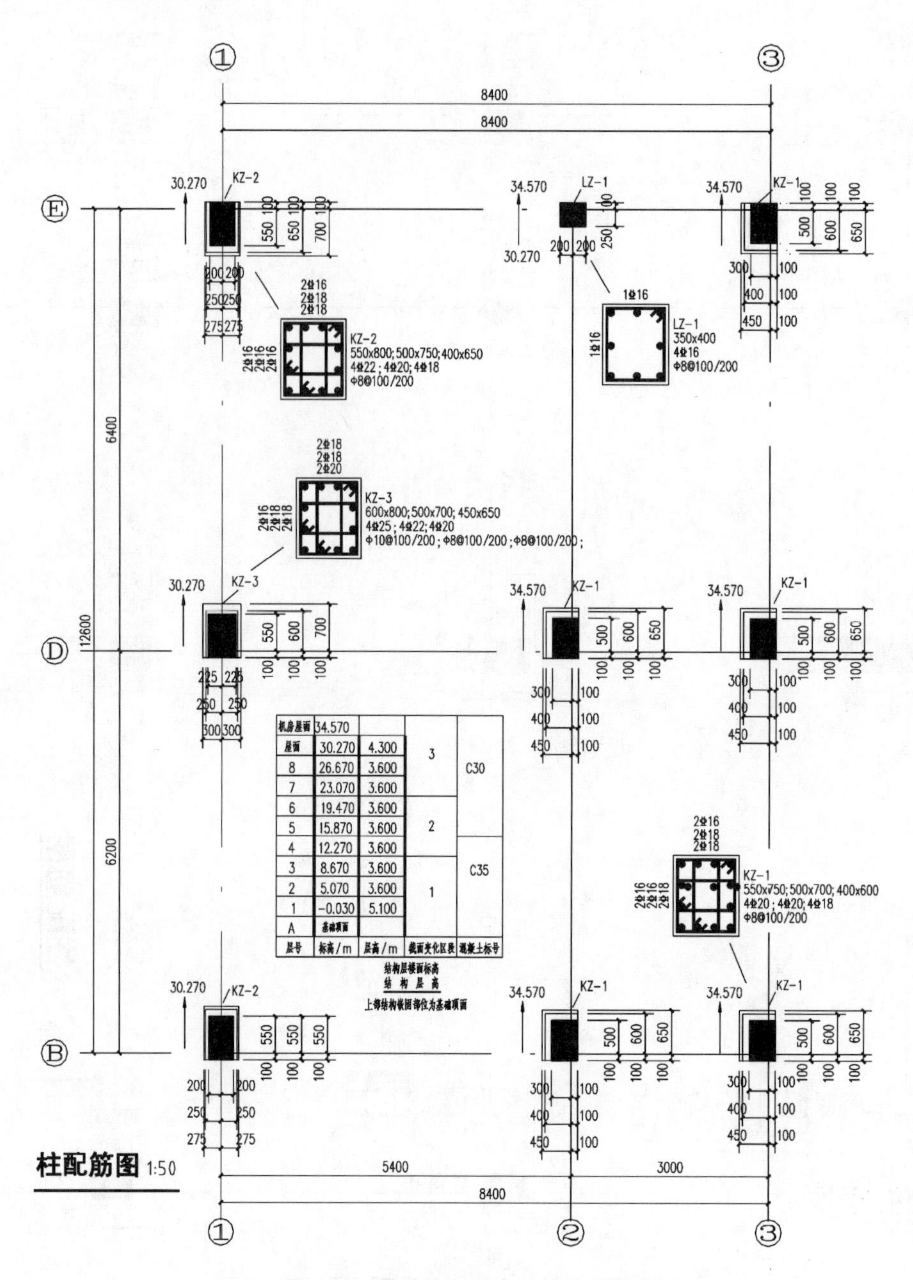

图 3-26　叠层注写法表示的柱配筋图

任务 4　钢筋混凝土柱平法细部构造详图

结构系统的表达包括构件名称、空间位置和连接方法三个环节，即系统描述三环节。描述结构构件时，一般包括材料、形状、尺寸、名称、构造和空间位置六个要素，即构件表达六要素。

对照上述环节和要素，柱平法配筋图中已经表达了结构系统和结构构件的部分内容。在结构系统方面，柱平法配筋图描述了构件名称和空间位置，但构件之间的连接方法没有明确。在结构构件方面，柱平法配筋图描述了柱构件的材料、形状、尺寸、名称和空间位置，但柱构造尚不完全清楚。平法图集除了制图规则外，另一个部分就是构造详图。构造详图是为了补充描述结构系统和结构构件这两项内容的，只不过这些内容具有通用性，故而进行统一规定。

知识点 1 柱纵向钢筋构造详图

1. 纵向钢筋的弯折要求

在柱中，纵向钢筋的弯折一般有两种，一种是90°弯折，另一种是小于1/6的小角度弯折。前者多用于柱纵向钢筋底部直钩、中间楼层柱截面变小直钩和柱顶纵向钢筋直钩，后者多用于柱楼层截面缩小不大时的纵向钢筋弯折。弯折要求如图3-27所示。

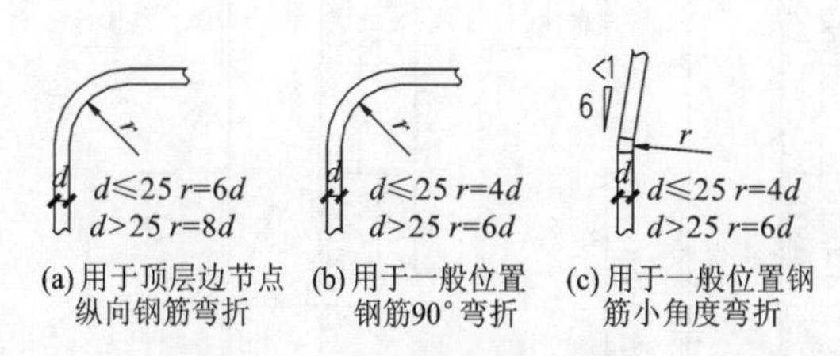

图3-27 柱纵向钢筋弯折要求

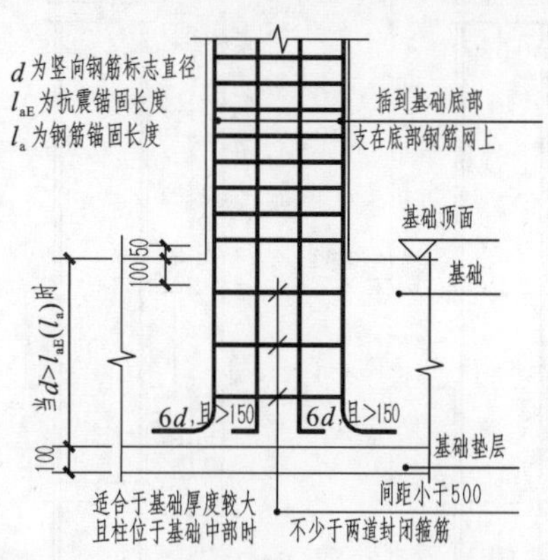

图3-28 当柱位于较厚基础中部时的构造

2. 柱纵向钢筋在基础中的锚固

柱的下端纵向钢筋应锚入基础混凝土中。锚入构造视情况不同也稍有不同，如图3-28至图3-31所示。

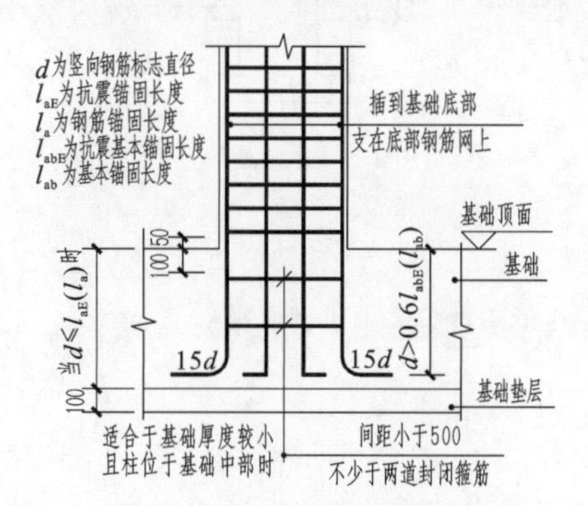

图3-29 当柱位于较薄基础中部时的构造

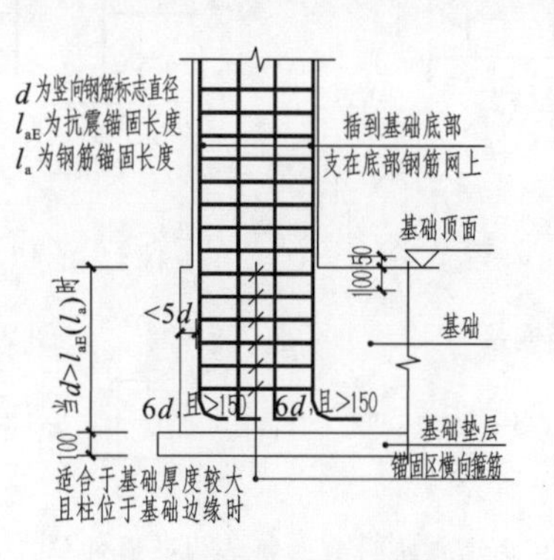

图3-30 当柱位于较厚基础边缘时的构造

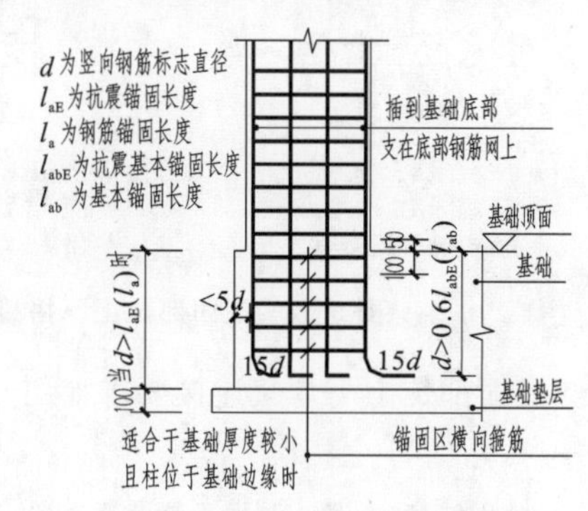

图3-31 当柱位于较薄基础边缘时的构造

注：① 图中基础底面至顶面的高度对于带基础梁的基础来说为基础梁顶面至基础梁底面的高度。当柱两侧基础梁标高不同时，取较低标高。

② 锚固区横向箍筋应满足直径≥$d/4$（d为插筋最大直径），间距≤$10d$（d为插筋最小直径）且≤100mm的要求。

③ 若插筋保护层厚度不一致，那么厚度小于$5d$的部位应设置锚固区横向箍筋。

④ 当柱为轴心受压或小偏心受压，且独立基础、条形基础高度不小于1 200 mm时，或当柱为大偏心受压，且独立基础、条形基础高度不小于1 400 mm时，可仅将柱四角插筋伸至底板钢筋网上（伸至底板钢筋网上的柱插筋的间距不应大于1 000 mm），其他钢筋满足锚固长度l_{aE}（或l_a）即可。

⑤ 图中d为插筋直径。

3. 柱纵向钢筋的连接

嵌固部位上下搭接连接要求如图3-32所示。

嵌固部位上下机械连接要求如图3-33所示。

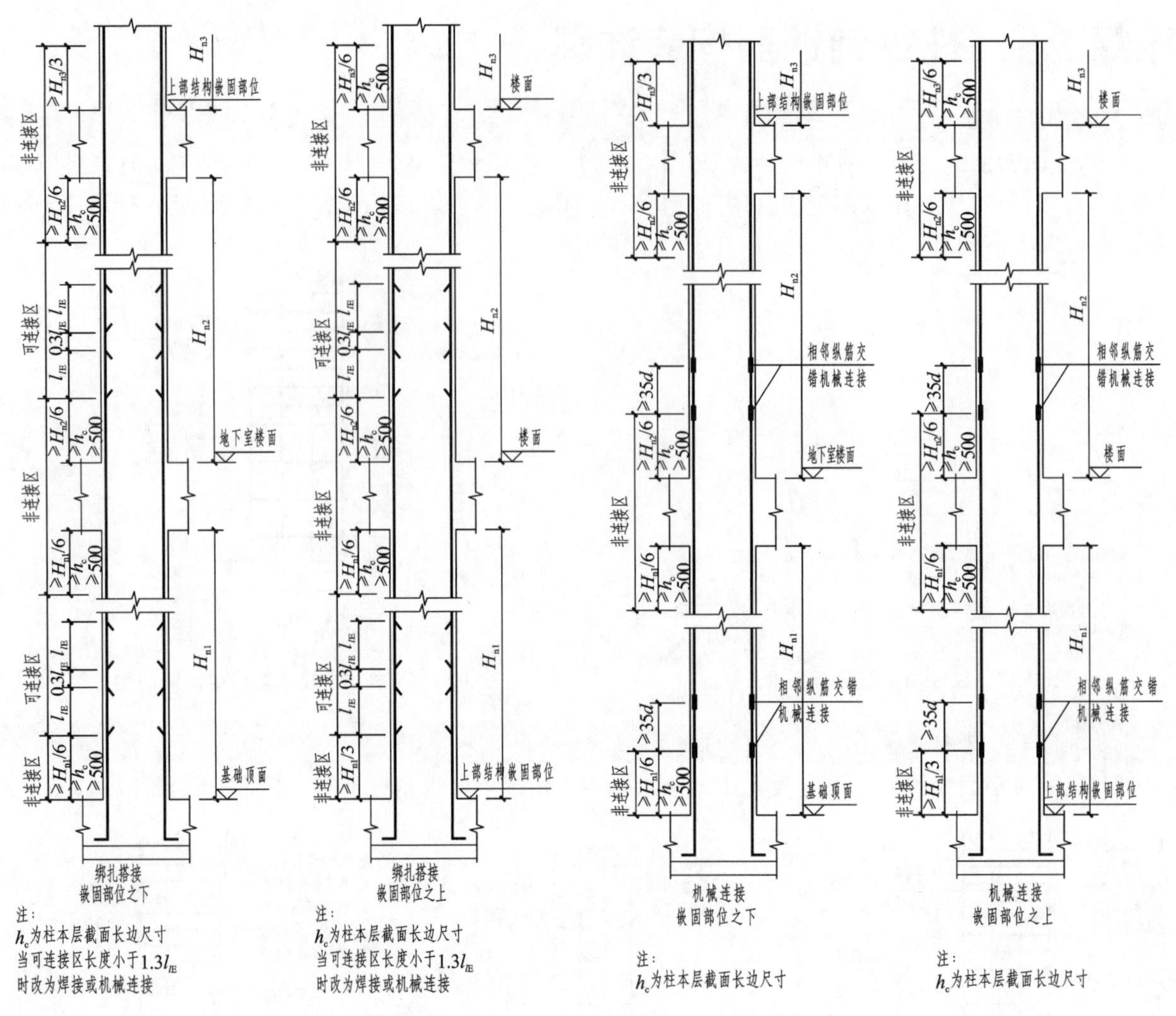

图 3-32　嵌固部位上下搭接连接　　　　图 3-33　嵌固部位上下机械连接

嵌固部位上下焊接连接要求如图 3-34 所示。

特别注意：如果一栋建筑设有地下室，但设计文件明确上部结构嵌固部位在基础顶面，而不是地下室顶面，那么，基础顶面以上地下室柱下端非连接区高度应取 $H_{n1}/3$，而不是 $H_{n1}/6$、h_c和 500 mm 中的较大值。这时，位于地下室顶的一楼柱下端非连接区高度可以按照一般楼层取值。

4. 柱纵向钢筋在顶端的锚固

1）中柱柱顶

中柱柱顶纵向钢筋锚固，如图 3-35 所示。

2）边柱或角柱柱顶

(1) 当设计要求用柱纵向钢筋作为梁上部钢筋时，其构造如图 3-36 所示。

(2) 当梁柱截面高度较大，锚固不用伸到梁内时，其构造如图 3-37 所示。

(3) 当梁柱截面高度都较小，柱钢筋锚固需要伸入梁内时，其构造如图 3-38 所示。

(4) 当仅让梁负筋伸入柱内时，其构造如图 3-39 所示。

(5) 梁支座两排负筋均锚入柱时的构造，如图 3-40 所示。

(6) 无法锚入梁且无厚度大于 100 mm 的现浇屋面板时的柱外侧钢筋构造，如图 3-41 所示。

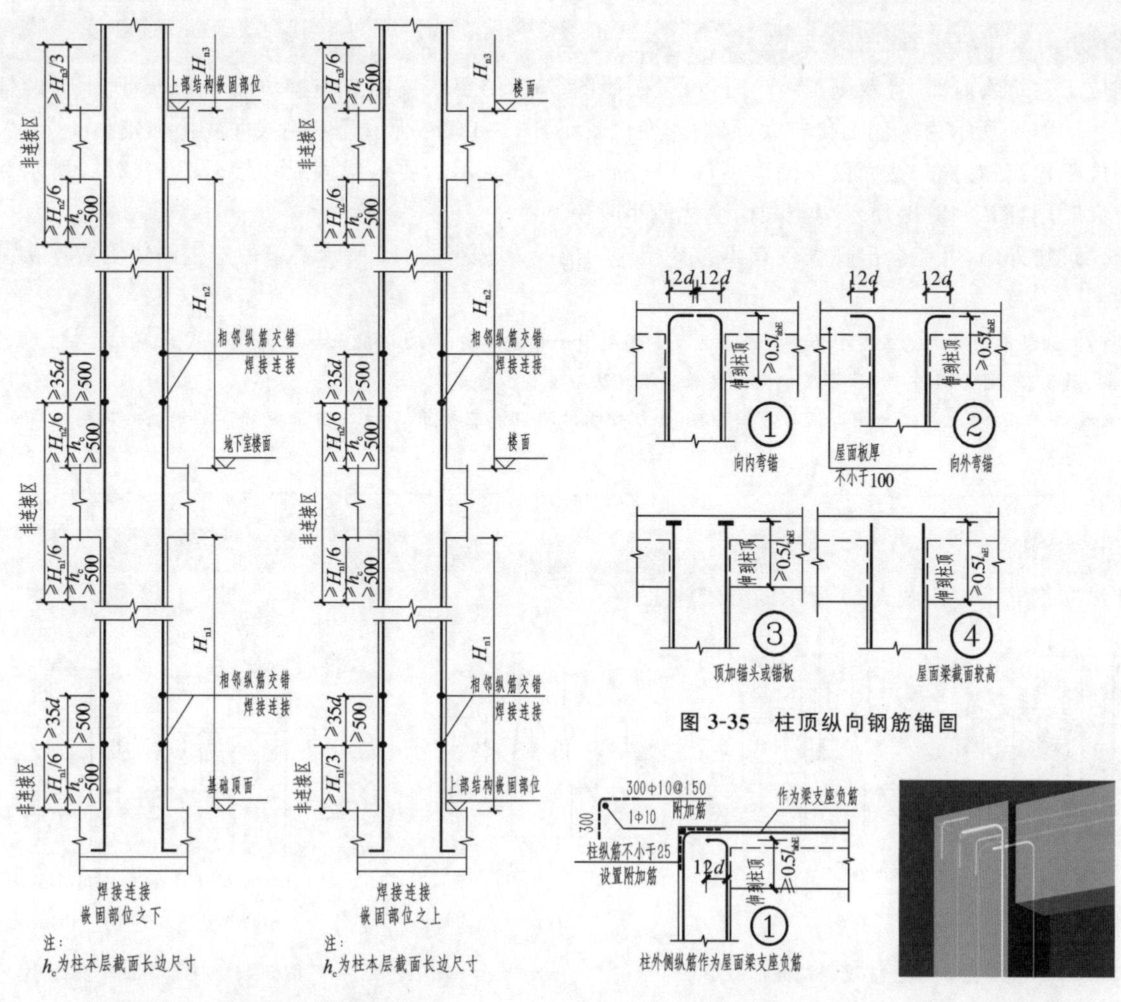

图 3-34　嵌固部位上下焊接连接

图 3-35　柱顶纵向钢筋锚固

图 3-36　当用柱纵向钢筋作为梁上部钢筋时

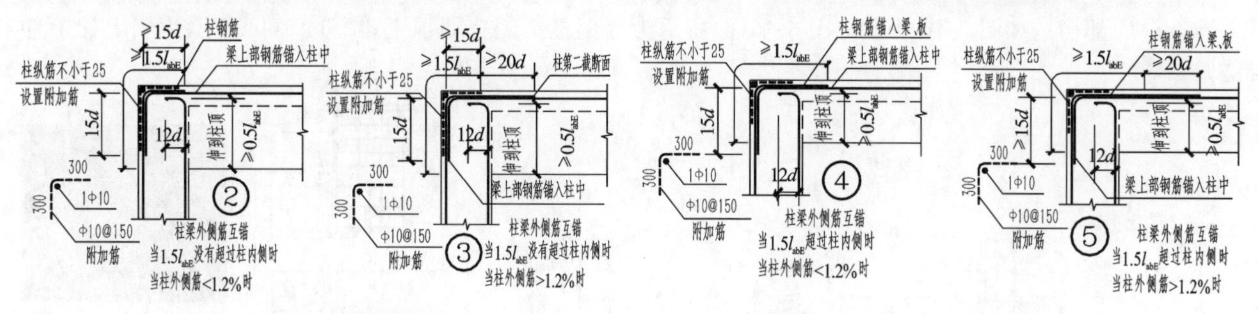

图 3-37　当梁、柱截面高度较大时

图 3-38　当梁、柱截面高度都较小时

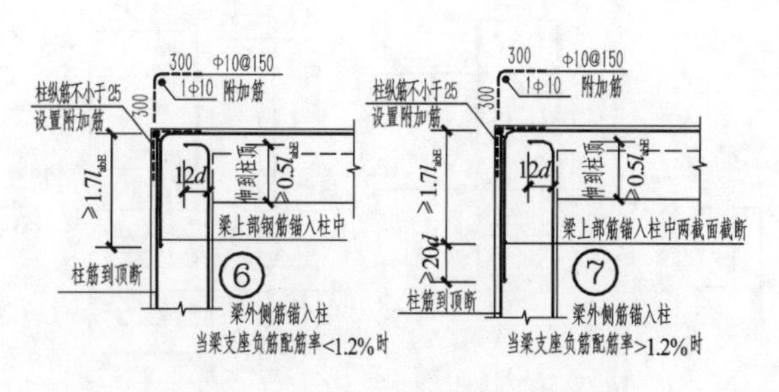

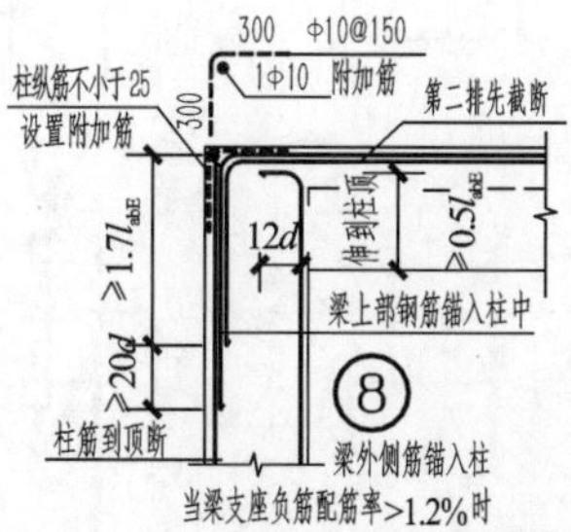

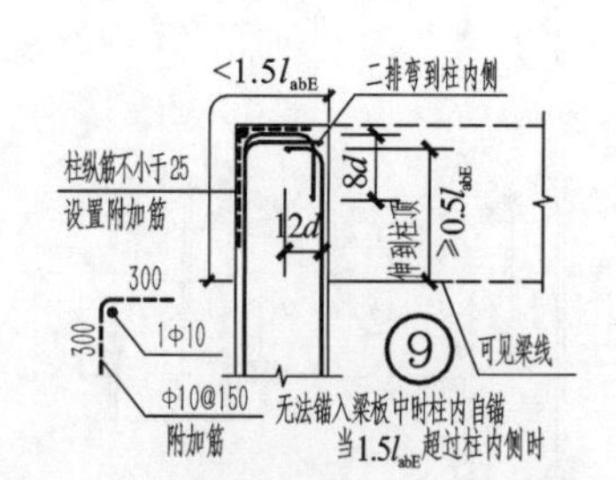

图 3-39　当仅让梁负筋伸入柱内时

图 3-40　梁支座两排负筋均锚入柱时

图 3-41　无法锚入梁内的柱外侧钢筋构造

5. 柱截面变小时纵向钢筋的锚固或连接

柱双侧位于建筑物内部，且双侧都缩小时，可以按照图 3-42 的要求锚固或连接。图 3-42(a)所示为两侧变化都较大；图 3-42(b)所示为一侧变化较大，而一侧变化较小；图 3-42(c)所示为双侧截面变化都较小。

柱双侧位于建筑物内部，截面仅单侧缩小，可以按照图 3-43 所示的要求锚固或连接。图 3-43(a)所示为当截面变化较大时用，图 3-43(b)所示为当截面变化较小时用。

柱位于建筑物外墙，可能会出现仅仅有梁与其相连的情况，应按图 3-44 所示要求做好钢筋锚固或连接。

特别说明：在《混凝土结构施工图平面整体表示方法制图规则和构造详图(现浇混凝土框架、剪力墙、梁、板)》中，相关大样没有对图3-42、图 3-43、图 3-44 中"?"位置尺寸提出要求。笔者认为至少应要求">0"。

当柱截面需要缩小，可是柱仅一侧有梁与其相连接(如柱处于外墙)时，应按图 3-44 的要求做好下层钢筋的顶端锚固和上层钢筋的下端锚固。

6. 梁上柱的底部构造

梁上柱纵向钢筋下端按图 3-45 所示的要求施工。

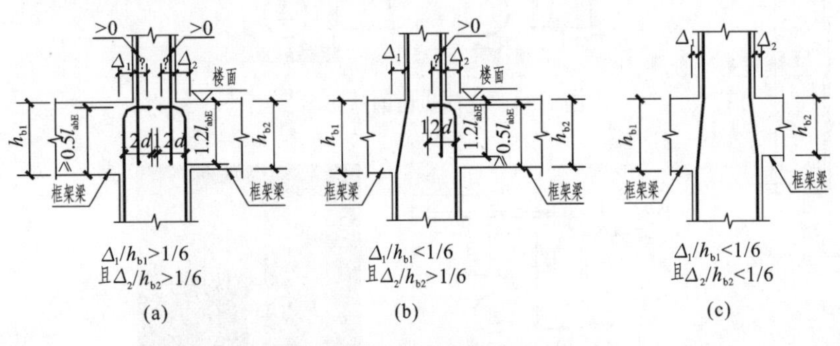

图 3-42 柱双侧截面都缩小

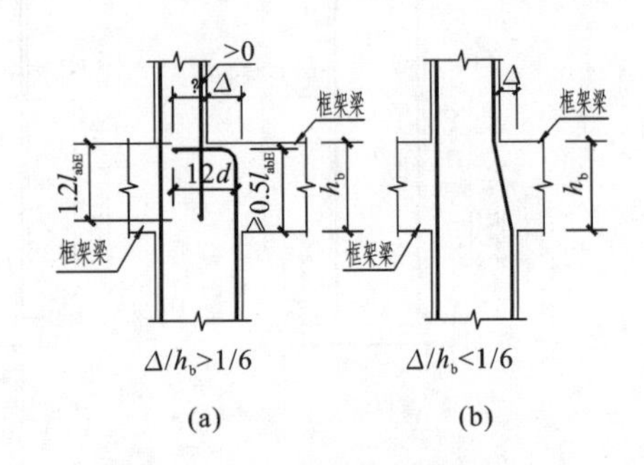

图 3-43 柱截面仅单侧缩小

7. 钢筋混凝土墙上柱底部构造

墙上柱底部构造如图 3-46 所示。图 3-46(a)所示为墙上柱锚固在墙顶部；图 3-46(b)所示为墙上柱下伸一层锚固。

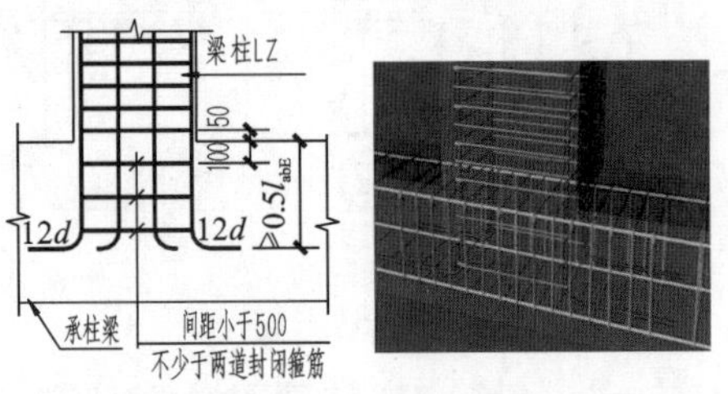

图 3-45 梁上柱纵向钢筋底部构造

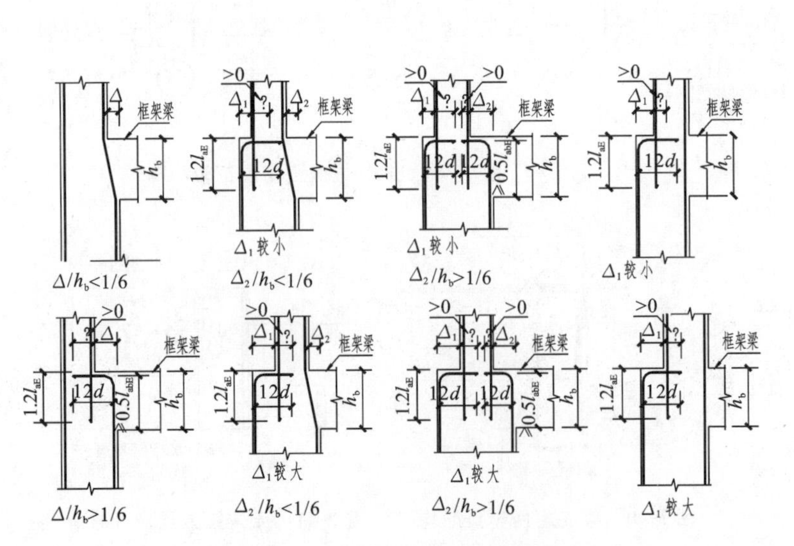

图 3-44 仅一侧有梁与其相连接

墙上柱QZ　楼面　板　15d　15d　1.2l_{aE}　梁　下层剪力墙Q　(a)

楼面　墙上柱QZ　剪力墙Q　柱向下伸一层　楼面　剪力墙Q　(b)

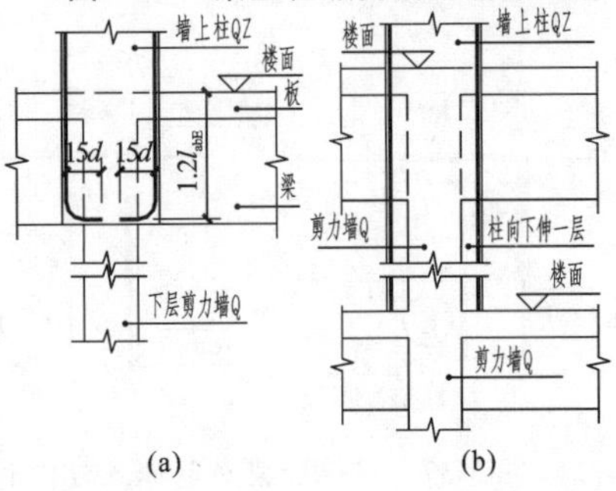

图 3-46 剪力墙上柱(QZ)纵筋构造

注意：对剪力墙上柱QZ，设计人员应注明选用哪种做法。当选用“柱纵筋锚固在墙顶部”做法时，剪力墙平面外方向应设梁。

知识点 2 柱箍筋构造详图

1. 柱箍筋的复合方式

对于矩形截面柱来说，复合箍筋的基本复合方式有以下三种。

(1) 沿复合箍周边，箍筋局部重叠不宜多于两层。以复合箍筋最外围的封闭箍筋为基准，柱内的横向箍筋紧贴其设置在下(或在上)，柱内纵向箍筋紧贴其设置在上(或在下)。

(2) 若在同一组内复合箍筋各肢位置不能满足对称性要求时，沿柱竖向相邻两组箍筋应交错放置。

(3) 矩形箍筋复合方式同样适用于芯柱。

矩形柱箍筋复合方法如图3-47所示。

对于圆形截面柱，其箍筋通常采用螺旋箍筋，螺旋箍筋的直径和间距在设计图纸中会明确说明。螺旋箍筋起止构造要求如图3-48所示。螺旋箍筋端部和搭接构造如图3-49所示。

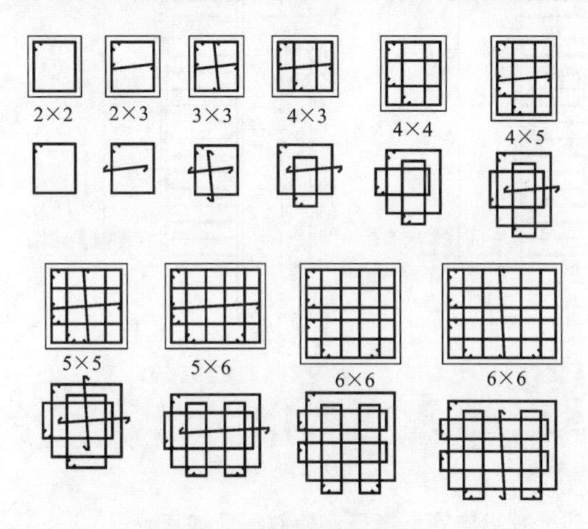

图3-47 柱箍筋复合方法

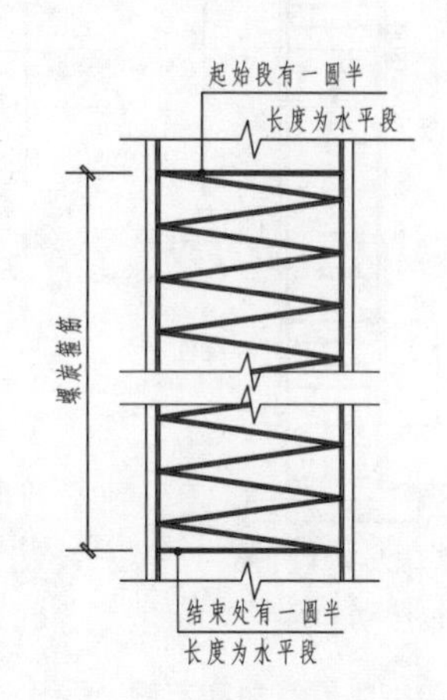

图3-48 螺旋箍筋起止构造

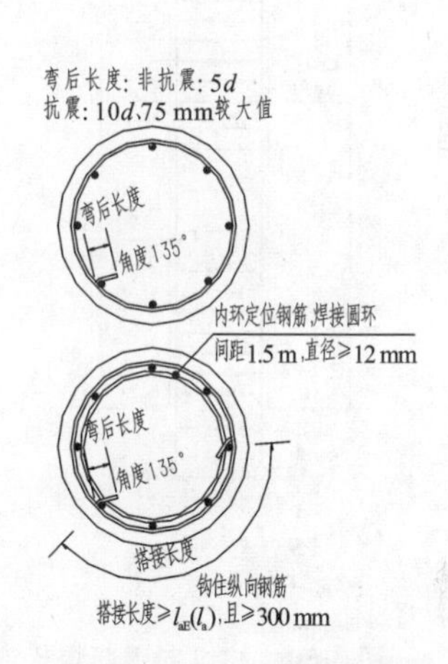

图3-49 螺旋箍筋端部和搭接构造

2. 箍筋的大小

要确定柱箍筋大小必须首先确定其混凝土保护层厚度。有了混凝土保护层厚度，就可以确定箍筋大小。

柱箍筋外围宽度(或高度)＝柱截面宽度(或高度)－2×保护层厚度

确定混凝土保护层厚度的方法在项目2的任务4中已介绍过。

对于复合箍，一般采用大小箍组合而成。其外围大箍的大小可以依据混凝土保护层厚度计算。其内部小箍或拉筋，必须根据柱纵向钢筋根数和排布方式综合计算确定。请见项目9训练准备2中的介绍。

3. 箍筋在柱上的分布

抗震结构柱每个结构层顶部和底部都有一段箍筋加密区。加密区高度的确定与柱截面尺寸、柱净高、柱纵向钢筋连接方法以及是否为嵌固部位上层有关。具体确定方法如图3-50和图3-51所示。

在不同净高、不同截面尺寸的情况下，柱箍筋加密区高度可从柱箍筋加密区高度速查表(附录D)中查得，无须计算。

如果建筑首层地面为刚性地面(比如混凝土或钢筋混凝土地坪)，那么，在刚性地面顶以上、底以下各500 mm范围内箍筋也应该加密。有时基础梁高于基础顶面，那么，嵌固部位上层下端加密区高度取值方法应分为两种情况，如图3-52所示。

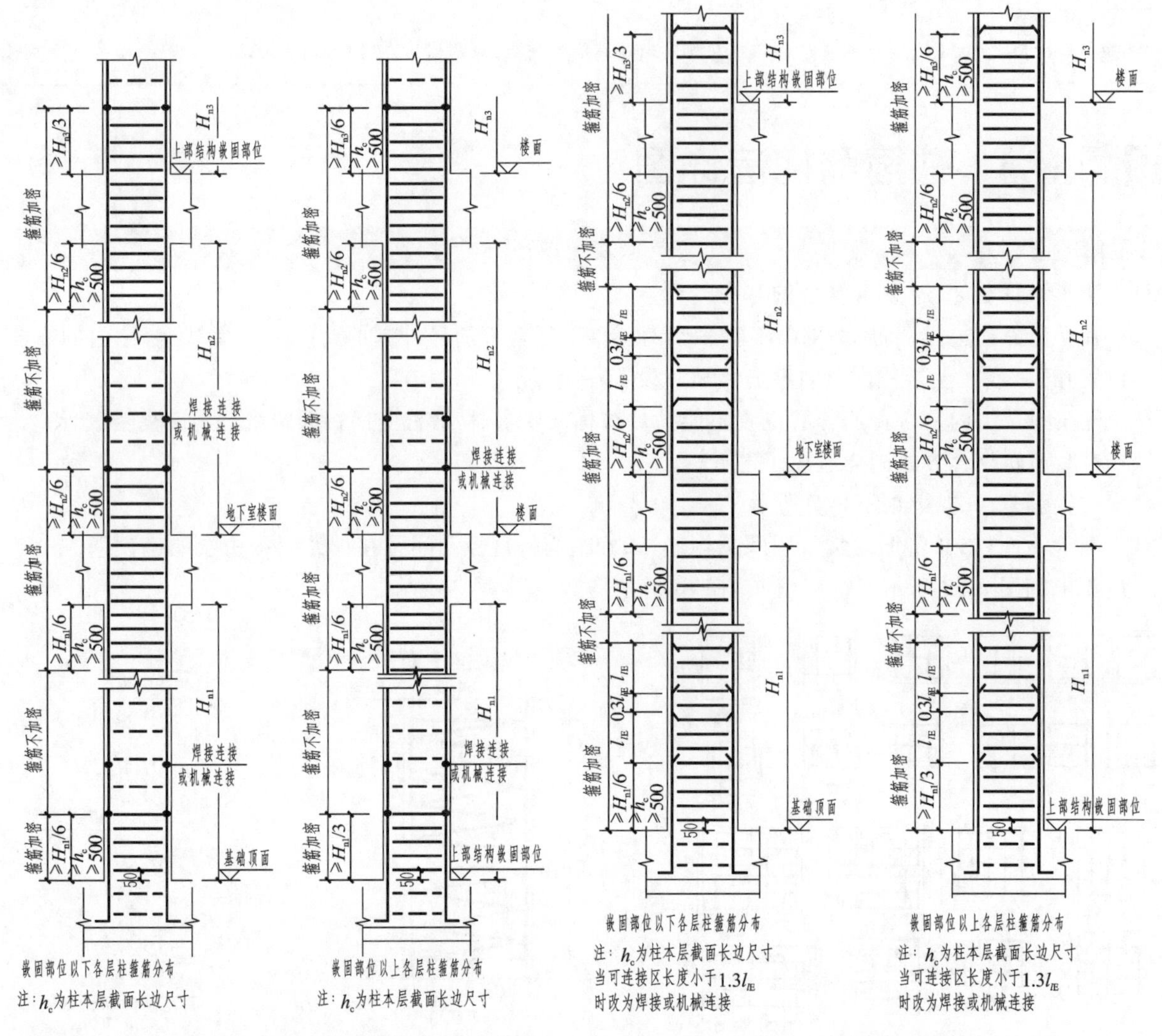

图 3-50　柱纵向钢筋焊接或机械连接时箍筋加密范围

图 3-51　柱纵向钢筋搭接连接时箍筋加密范围

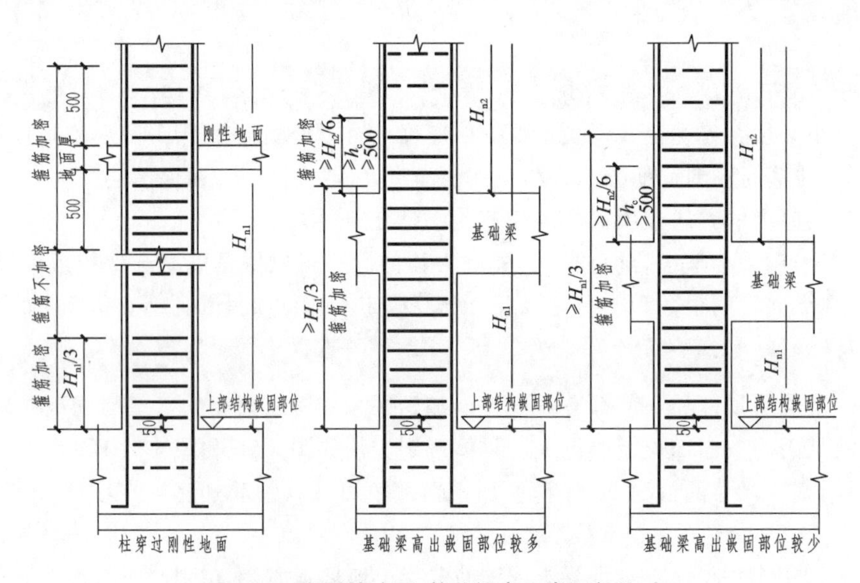

图 3-52　有刚性地面、基础梁高于嵌固部位时

课后任务

1. 请写出一般钢筋混凝土柱纵向钢筋从底到顶的安装情况。

2. 请写出一般钢筋混凝土柱箍筋从底到顶的安装情况。

3. 假定柱下独立基础顶面标高为−1.350 m，独立基础厚度550 mm，C15混凝土垫层厚100 mm。请计算图3-53中①交Ⓔ柱混凝土体积、纵向钢筋和箍筋用量。

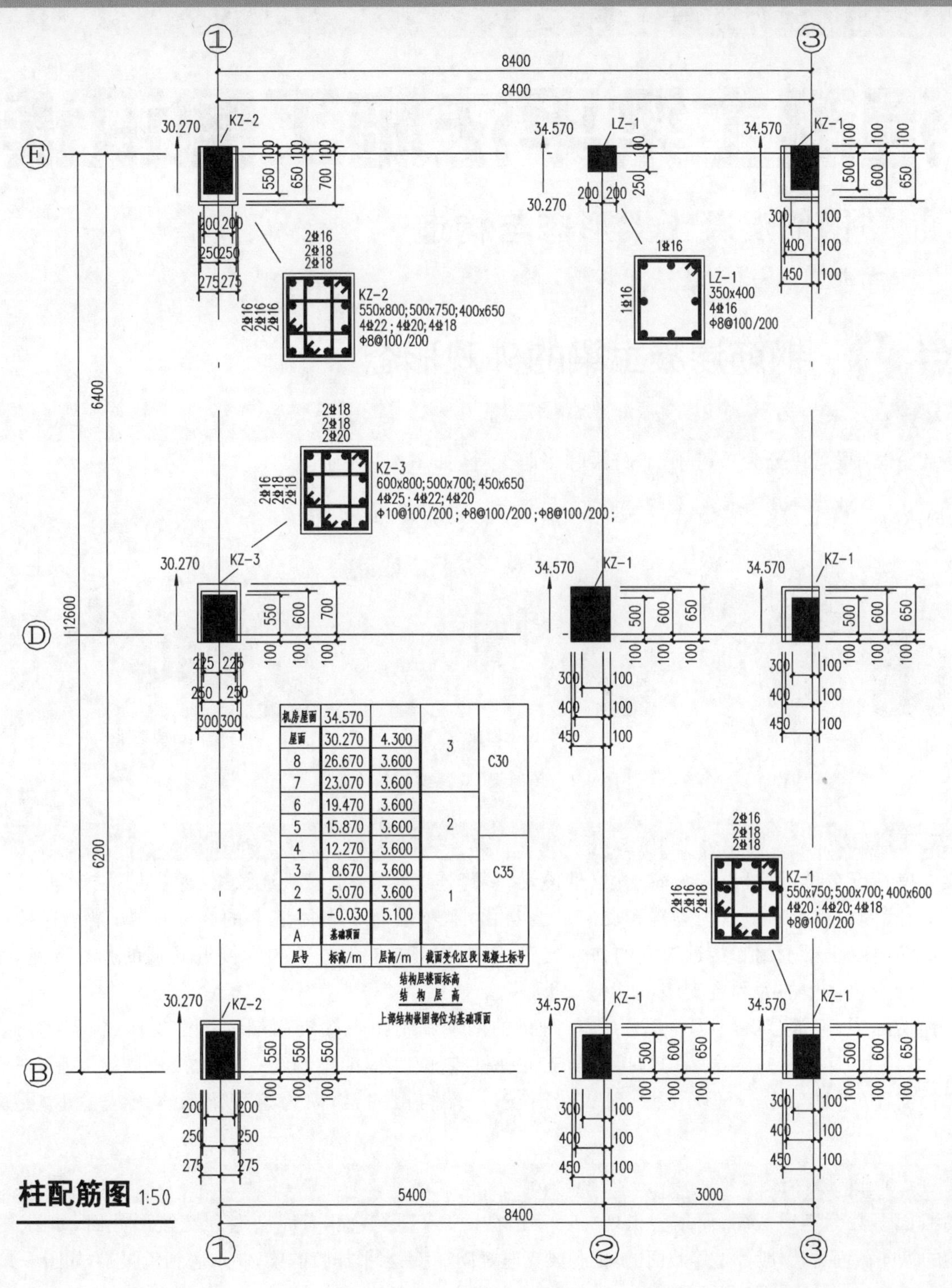

机房屋面	34.570			
屋面	30.270	4.300	3	C30
8	26.670	3.600		
7	23.070	3.600		
6	19.470	3.600		
5	15.870	3.600	2	
4	12.270	3.600		C35
3	8.670	3.600		
2	5.070	3.600	1	
1	-0.030	5.100		
A	基础顶面			
层号	标高/m	层高/m	截面变化区段	混凝土标号

结构层楼面标高
结构层高
上部结构嵌固部位为基础顶面

图3-53 课后任务附图

混凝土梁平法施工图识读

任务1 钢筋混凝土梁形态与构造

知识点1 钢筋混凝土梁的外观形态

1. 按梁的跨数分类

按跨数分类，梁可以分为单跨梁、双跨梁和多跨梁等，如图 4-1 所示。

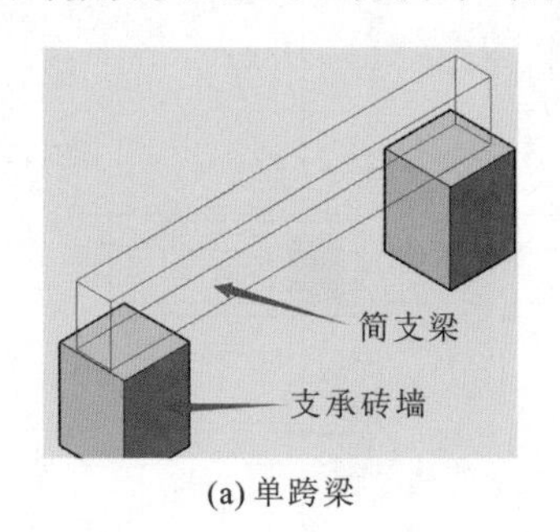

(a) 单跨梁

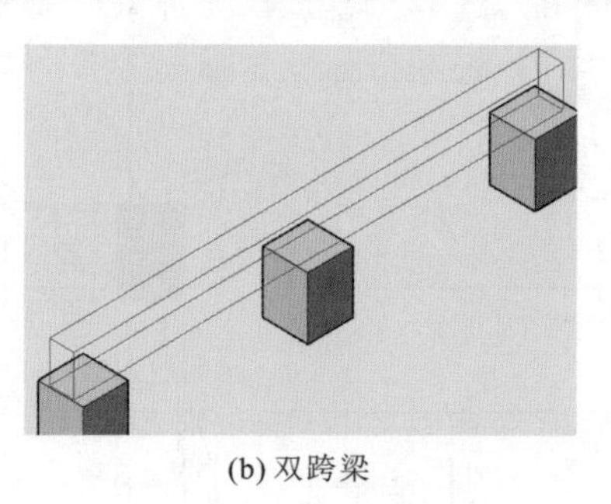

(b) 双跨梁

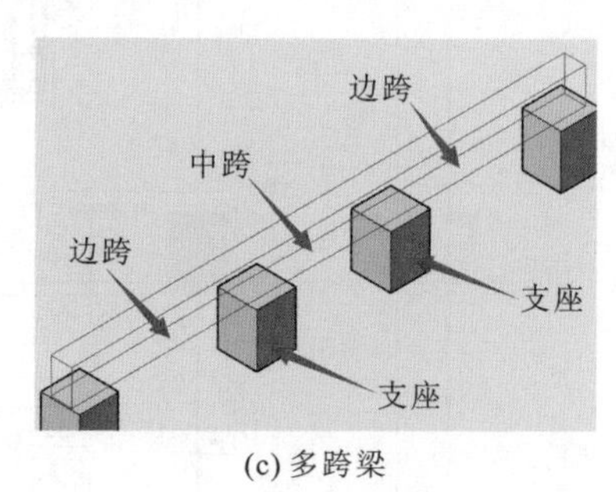

(c) 多跨梁

图 4-1 单跨梁、双跨梁和多跨梁

2. 按梁支座情况分类

按梁支座情况分类，梁可以分为简支梁、悬挑梁、多跨连续梁、一端悬挑连续梁、两端悬挑连续梁等。

工程上，我们可以近似地认为梁端无支座的为自由端，梁端置于砌体墙上的为简支端，梁端连接在另一与其垂直的钢筋混凝土梁上的为接近简支的弹性支座，梁端连接在框架柱中的为接近固端的弹性支座，梁端伸入大体积的混凝土块体中的为固定支座，如图 4-2 所示。

在工程实际中，经常会出现以下情况：①单跨梁的两端经常出现接近固端的弹性支座(框架梁)；②一端接近固端，一端自由(悬挑梁)；③两端均为接近简支的弹性支座(非框架梁)；④一端为接近固端支座，一端为接近简支的弹性支座(半框架梁)。但不会出现一端简支，一端自由的梁，因为这种梁根本无法稳定，更别说承受外力。

3. 按梁的截面形状分类

梁的截面多数为矩形截面，偶尔会出现“工”字形截面、“T”形截面，有时会遇到花篮形截面，如图 4-3 所示。

从梁的纵向截面看，一般都是等截面的，也有梁支座竖向加腋、水平加腋的梁，偶尔遇到鱼腹梁，如图 4-4 所示。

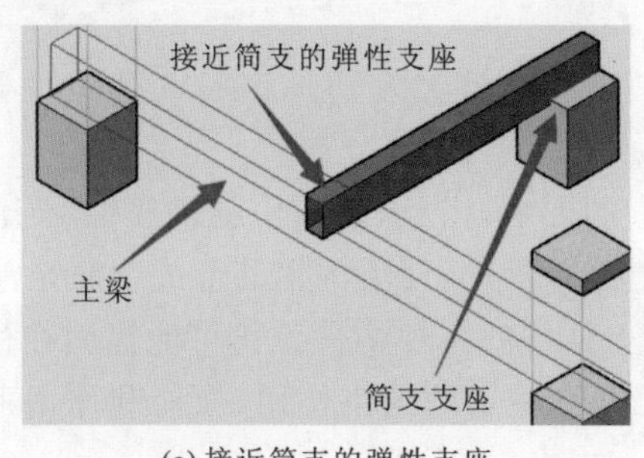

(a) 接近简支的弹性支座　　(b) 接近固端的弹性支座

图 4-2　工程上常见梁支座情况

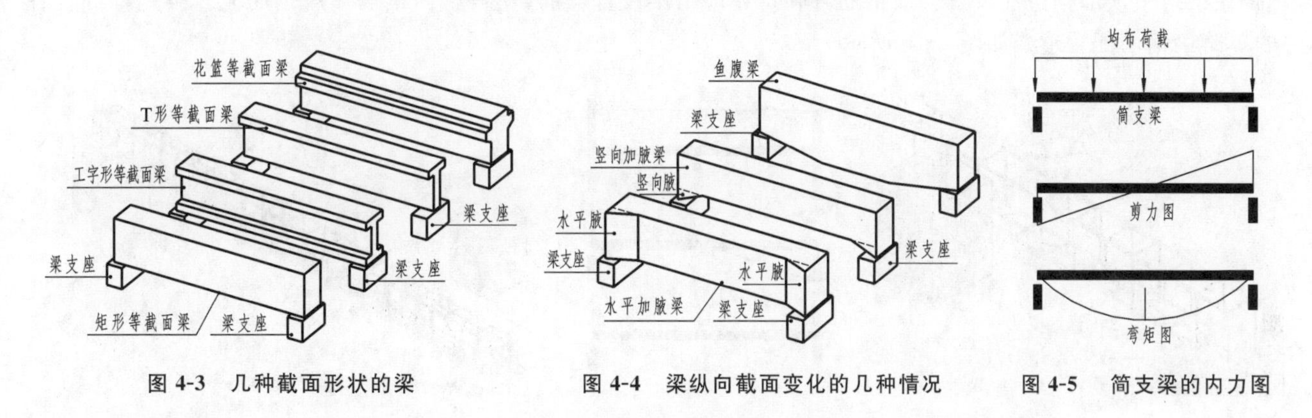

图 4-3　几种截面形状的梁　　**图 4-4　梁纵向截面变化的几种情况**　　**图 4-5　简支梁的内力图**

在工程实际中，矩形等截面梁仍为较常见的梁形态。挑梁偶尔会设计成矩形变截面形式。

知识点 2　钢筋混凝土梁的纵向钢筋

若梁的两端均支承在砌体墙上，因砌体对梁端的约束作用有限，我们可以近似地认为梁端可以自由转动，这种梁可以认定为简支梁。

简支梁在上部荷载作用下，在梁跨中底部会产生较大弯矩，出现较大的拉应力，在支座会产生较大剪力，出现较大的剪力应力，如图 4-5 所示。

如果荷载继续增大，梁跨中底部拉应力也会继续加大。如果梁为素混凝土梁，当拉应力大于混凝土极限抗拉强度时，梁跨中底部会出现裂缝，并且会快速发展，最终导致梁断裂，如图 4-6 所示。

为防止梁断裂，我们应该在梁底配置抗拉能力较强的材料，如钢筋等。配置了纵向受力钢筋后，将大大提高梁的承载能力。这种只在梁底配置了纵向钢筋的梁，称为单筋梁，如图 4-7 所示。

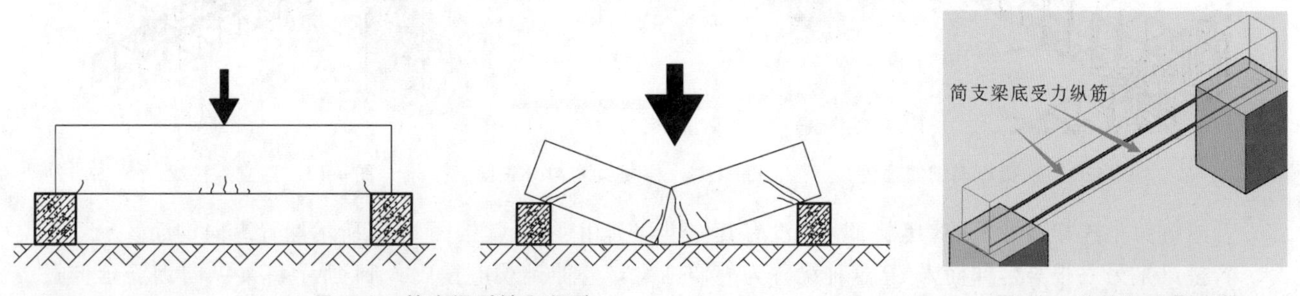

图 4-6　简支梁裂缝和断裂　　**图 4-7　单筋矩形截面梁**

单筋矩形截面梁仅在梁底配置了纵向受力钢筋，其他部位均为素混凝土。但实际上，建筑工程在其生命周期内可能会遇到各种无规律复杂的外部作用，如台风、地震等。在这种情况下，梁不再是简单的上部荷载作用，可能出现各种意想不到的内力分布形式。混凝土是一种抗拉能力较弱的脆性材料，它不能应对复杂作用下的内力变化,缺乏一定的安全储备。

因此,在现实工程中,单筋矩形截面梁较少使用。只有经济欠发达地区私人建设的临时建筑中偶尔会采用。

由于考虑建筑在生命周期内可能受到复杂外部因素的影响,因此,建筑中的钢筋混凝土简支梁除在梁底设置主受力纵向钢筋外,还应在梁顶设置架立钢筋,并设置适量箍筋,使梁内钢筋形成钢筋笼,如图 4-8 所示。

在钢筋混凝土结构建筑中,梁、板、柱都是钢筋混凝土结构的一种构件。梁可能锚固在柱中,也可能与另一个梁(主梁)相连接。在这种情况下,由于柱或主梁对梁端有一定的约束作用,在荷载作用下,不仅梁跨中底部会产生较大弯矩,而且梁两端上部也会出现较大的弯矩,如图 4-9 所示。

这时,在给梁配筋时,除了在梁的底部配置较多的纵向受力钢筋外,还应该在梁的两端顶部设置纵向受力钢筋,在梁跨中顶部构造性设置架立钢筋,同时,还应给梁设置箍筋,使得梁内钢筋形成钢筋笼。梁端锚固在柱中的单跨梁钢筋配置形式如图 4-10 所示。

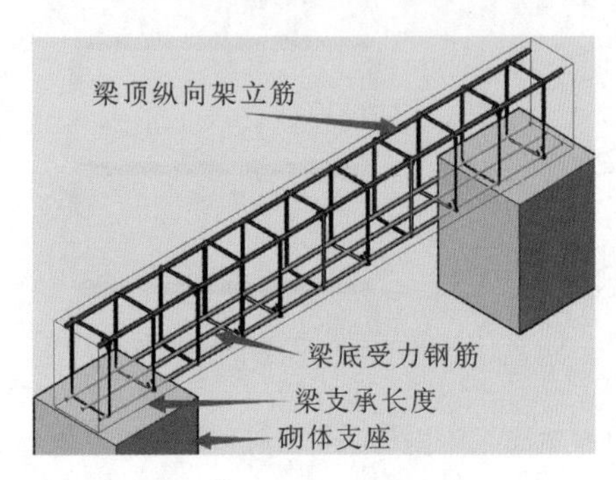

图 4-8 一般简支梁钢筋配置

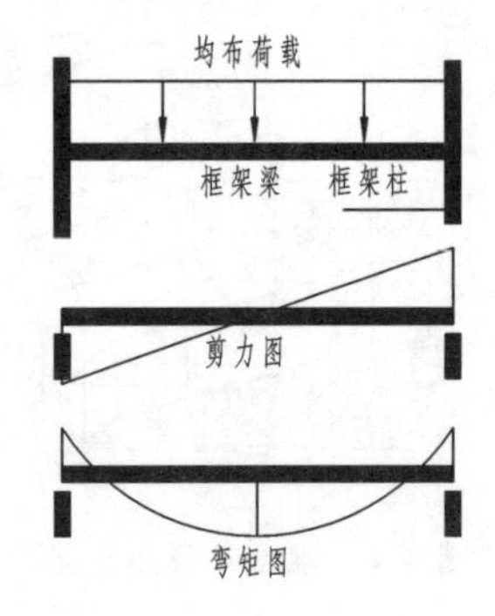

图 4-9 框架梁内力分布图

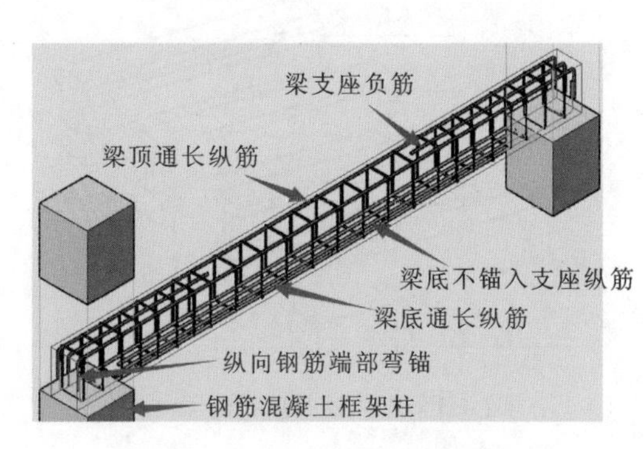

图 4-10 单跨框架梁纵向钢筋配置

梁端支承在主梁上的梁,称为次梁。若主梁截面不是很大,抗扭转能力不是很强,主梁对次梁端部的约束能力将较小。这时,可以将该支座按照简支支座考虑,少量配置梁顶纵向钢筋。次梁纵向钢筋配置如图 4-11 所示。

一端自由的悬挑梁在竖向荷载作用下,其内力分布与简支梁、框架梁明显不同,主要区别在于悬挑梁在支座处弯矩较大,在自由端弯矩为零,如图 4-12 所示。

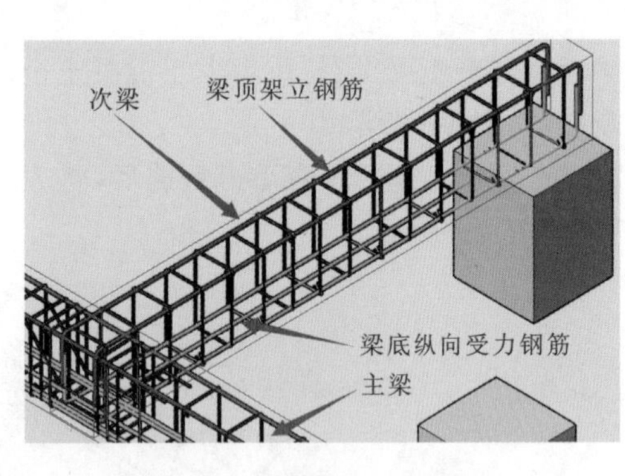

图 4-11 次梁纵向钢筋配置

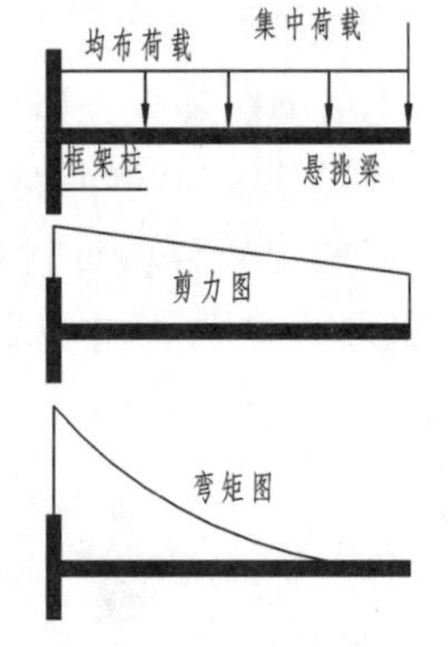

图 4-12 悬挑梁内力分布图

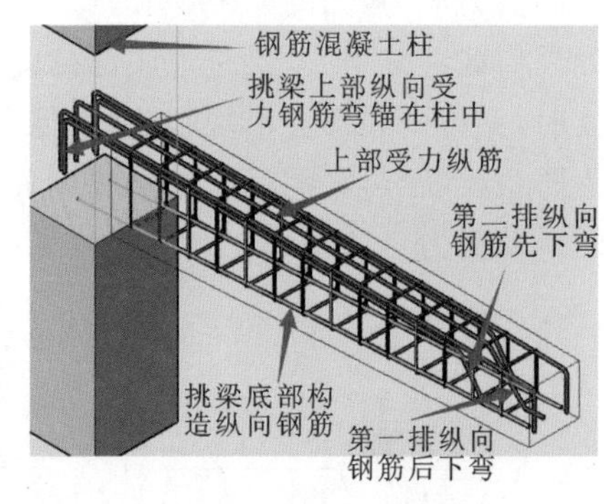

图 4-13 独立悬挑梁

若悬挑梁是连接在柱上的,其根部后面没有其他梁与其相连,通常按图 4-13 所示配置纵向钢筋。

若挑梁是另一根梁延伸而来的,这种梁称为外伸挑梁。外伸挑梁应按图 4-14 所示将梁纵向钢筋延伸过支座(柱),使其兼做挑梁上部受力钢筋之用。

知识点 3 钢筋混凝土梁的腰筋

如果梁截面高度较大,在配置了梁的上部和下部纵向钢筋之后,上部和下部纵向钢筋的间距也会较大,梁两侧较大范围内没有纵向钢筋。规范要求，当梁高大于 400 mm 时，应当在梁两侧中间增加设置构造腰筋。如果梁承受了较大的扭转作用，我们应该在梁的两个侧面中间配置受扭腰筋。构造腰筋可以选择较小直径的钢筋，一般可以使用⌀12钢筋。受扭腰筋的大小和根数应经计算确定。梁腰筋和拉筋配置方式如图 4-15 所示。

知识点 4 钢筋混凝土梁的箍筋

1. 梁的箍筋分布

钢筋混凝土的梁箍筋作用是抵抗梁内剪切应力，而剪切应力是与梁的剪力成正比的。当梁的截面一定时，剪力越大，剪切应力就会越大，箍筋就应该配置得越多。

通过图 4-5、图 4-9 和图 4-12 可以看出，简支梁、框架梁及悬挑梁都是在支座附近剪力较大，因此，应该在梁支座附近一定长度范围内配置较多的箍筋，用于抵抗较大的剪力。增加箍筋配置量的方法有两种，一是加大箍筋直径，二是加密箍筋。考虑工程施工方便，一般采用加密箍筋的方法来增加箍筋配置量。

图 4-16 所示的是一根单跨框架梁箍筋配置方案。由图中可以看出，箍筋在梁的两端支座附近较密，称之为加密区箍筋；中间较稀疏，称为非加密区箍筋。实际上，简支梁的箍筋配置也与此类似。

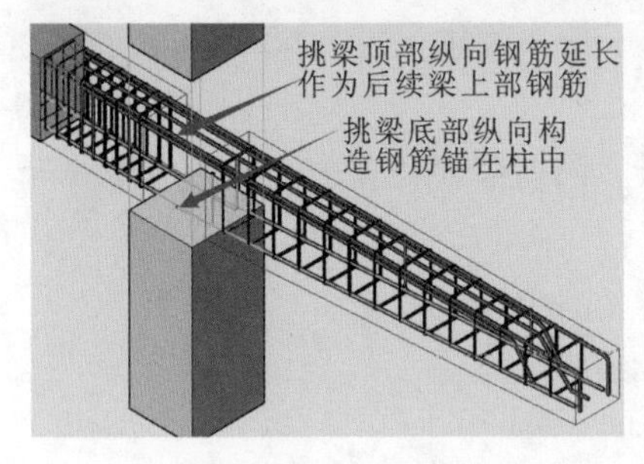

图 4-14 外伸挑梁纵向钢筋设置

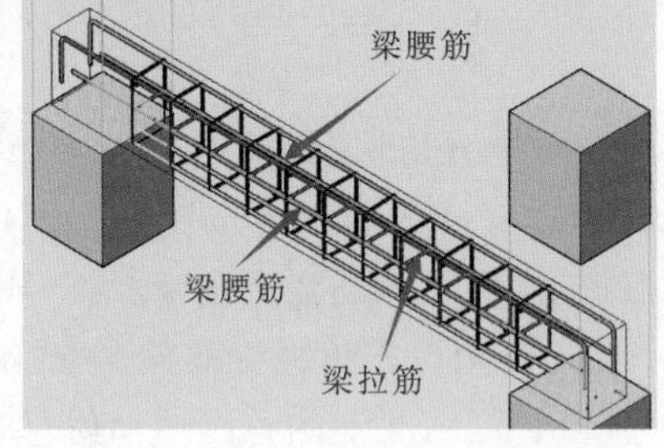

图 4-15 梁腰筋和拉筋配置

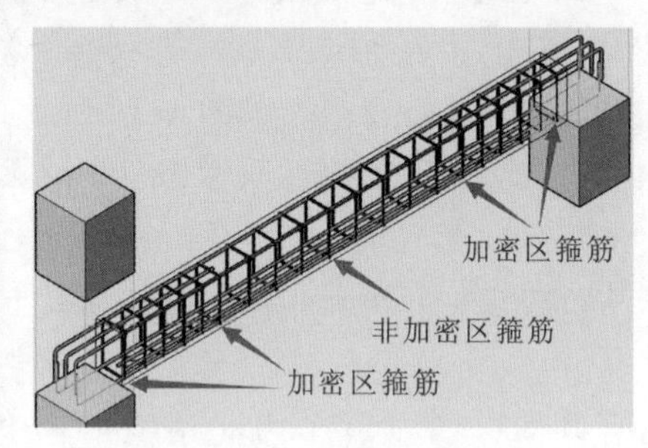

图 4-16 单跨框架梁箍筋分布

图 4-17 所示的是一根独立悬挑梁箍筋配置方案。由图中可以看出，悬挑梁根部箍筋较密，其他部位较稀疏。不管是独立悬挑梁，还是外伸挑梁，其箍筋配置方案都与其类似。

2. 梁箍筋形式

根据所受剪力大小和纵向钢筋数量，梁箍筋可以采用双肢箍(也称两肢箍)、三肢箍、四肢箍，甚至五肢箍等形式，如图 4-18 所示。

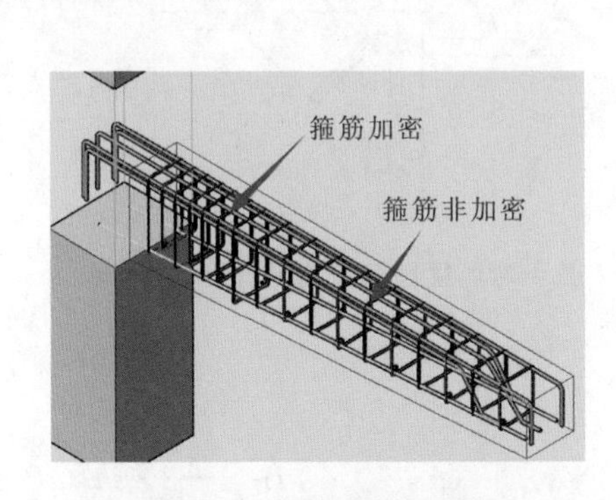

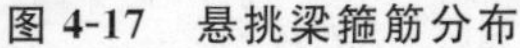

图 4-17 悬挑梁箍筋分布

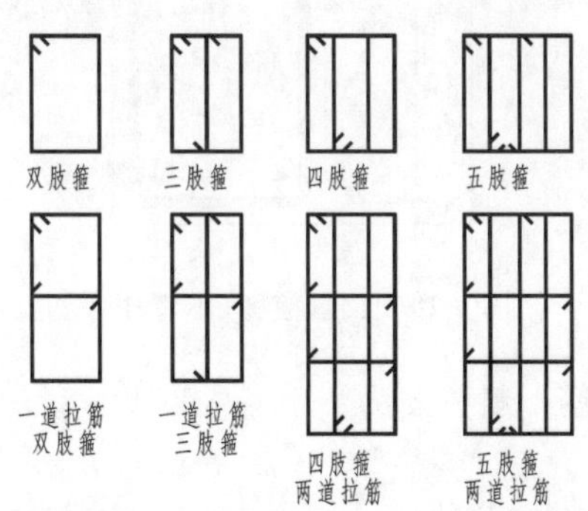

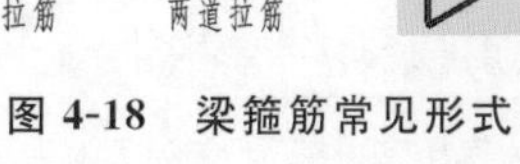

图 4-18 梁箍筋常见形式

所谓“肢”是指安装在梁中的一道箍筋用水平面切割所得的钢筋断面的数量。肢数越多，梁抵抗剪切应力的能力就越强。

当梁配置了腰筋时，应相应地配置拉筋。拉筋的数量随腰筋数量的增多而增多。如图 4-18 所示。

3. 箍筋大小

梁箍筋大小取决于梁混凝土保护层厚度。混凝土保护层厚度的确定方法在项目 2 任务 4 节中已经介绍。

确定了梁混凝土保护层厚度，即可得到箍筋外皮宽（或高）度为：

箍筋外皮宽（或高）度＝梁截面宽（或高）度－2×保护层厚度

特别注意：以上计算的是箍筋外皮宽度和高度，要计算箍筋的下料长度还需要先计算出箍筋中线之间的宽度和高度，再考虑135°弯钩长度等因素。

下面来计算梁双肢箍钢筋下料长度。

例 4-1 已知：处于地震设防区的一栋建筑，其室内干燥环境中的一根钢筋混凝土梁，截面尺寸为 $b\times h=250\ \text{mm}\times 400\ \text{mm}$，混凝土强度等级 C30，箍筋直径为 $d=8$ mm，双肢箍筋。试计算该梁一道箍筋的下料长度。

【解】 梁位于室内干燥环境，查表 2-4 可知，构件环境类别属于一类。再查表 2-5，该梁混凝土保护层厚度取 $c=20$ mm。

该建筑位于地震设防区，箍筋弯钩直段长度取 $m\times d=10d$ 和 75 mm 中的较大值（见本书项目 2 任务 5 所述）。其中，d 为 8 mm，$10\times d=80\text{mm}>75$ mm，故取箍筋弯钩直段长度 80 mm。箍筋在每个 90°弯折位置弯折内圆直径 $n\times d=2.5d$，如图 4-19 所示。

首先，不考虑弯钩，只考虑三个圆弧角和一个直角情况，如图 4-20 所示。箍筋中线长度 L_1 为：

$$L_1=2\times(h+b)-8\times c-4\times d-3\times(n+1)\times d\times(1-\pi/4)$$

式中：$2(h+b)-8c-4d$——除去混凝土保护层，假设箍筋为方角情况下，箍筋的中线长度；

$-(n+1)\times d\times(1-\pi/4)$——每一个 90°圆角比方角减少的箍筋中线长度值。

其次，一个 135°弯钩末端有 $m\times d$ 的直段长度情况下的长度增加值，如图 4-21 所示。

$$L_2=-(n+1)\times d/2+(n+1)\times 3\times d\times\pi/8+m\times d$$

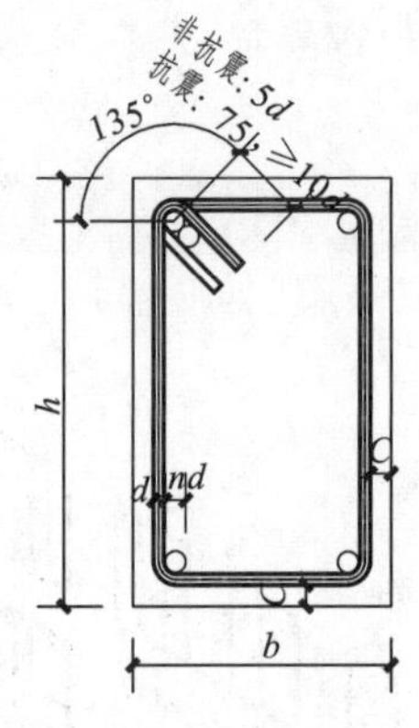

图 4-19 梁箍筋图

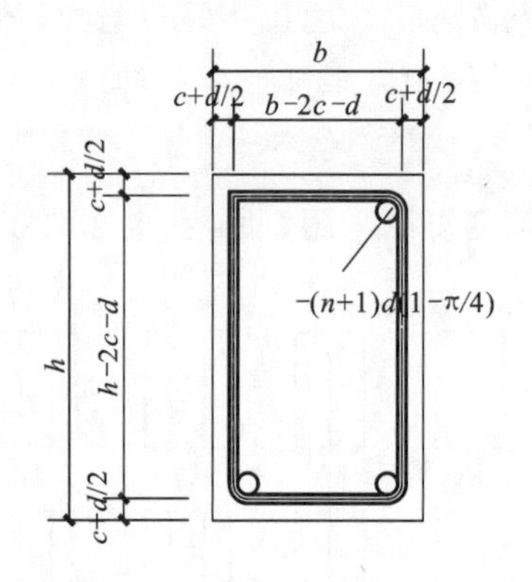

图 4-20 梁箍筋图（不考虑弯钩）

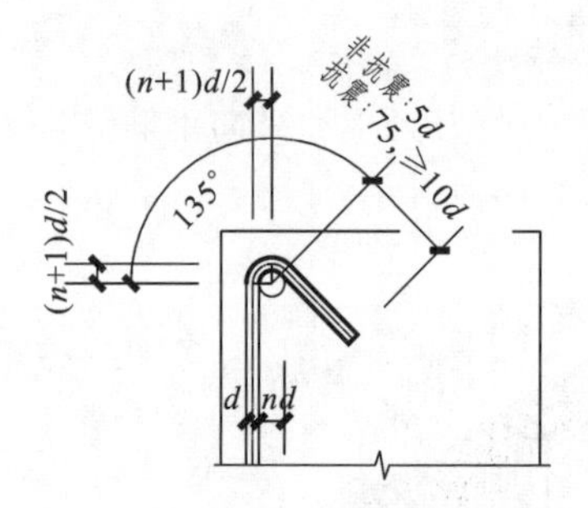

图 4-21 梁箍筋弯钩部分分解图

最后，考虑两个 135°弯钩，箍筋下料长度为：

$$\begin{aligned}L&=L1+2\times L2\\&=2\times(h+b)-8\times c-4\times d-3\times(n+1)\times d\times(1-\pi/4)-(n+1)\times d+(n+1)\times 3d\pi/4+2\times m\times d\\&=[2\times(500+250)-8\times 20-4\times 8-3\times(2.5+1)\times 8\times(1-\pi/4)-(2.5+1)\times 8\\&\quad+(2.5+1)\times 3\times 8\times\pi/4+2\times 10\times 8]\ \text{mm}\\&=(1\ 500-160-32-18-28+66+160)\ \text{mm}=1\ 488\ \text{mm}\end{aligned}$$

知识点 5 钢筋混凝土梁特殊部位构造

一根梁放置在另一根与其垂直的梁上，则该梁称为次梁，与其垂直的另一根梁称为主梁。主、次梁交接部位应在主梁中设置吊筋及附加箍筋，如图 4-22 所示。

挑梁端部如果存在与其垂直的边梁，则挑梁端部纵向钢筋和箍筋应考虑特殊处理，处理方法如图 4-23 所示。

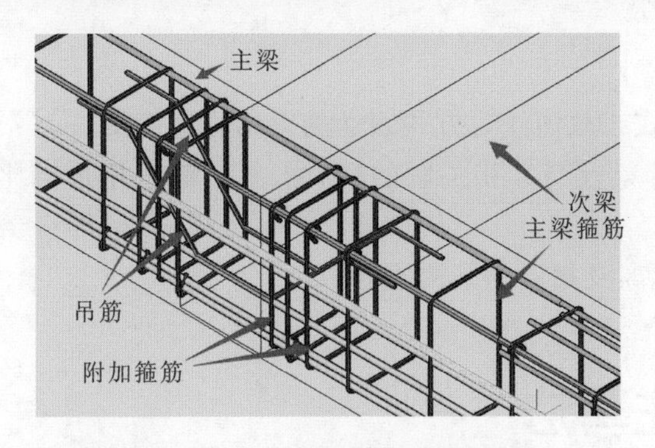

图 4-22　主、次梁交接部位构造

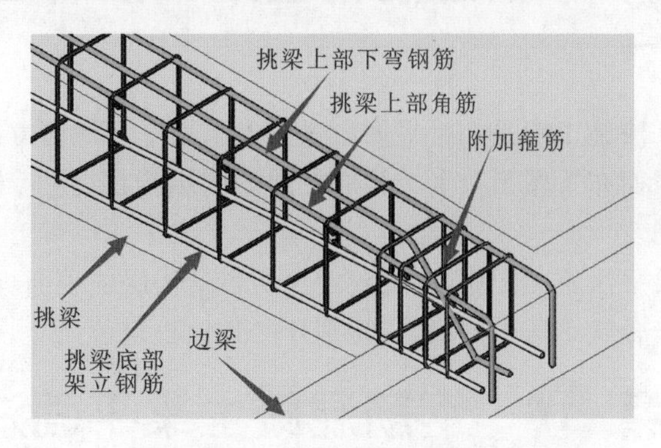

图 4-23　挑梁端部钢筋构造

课后任务

1. 从外观看，钢筋混凝土梁有哪些类型？
2. 一般钢筋混凝土梁内纵向钢筋和腰筋是如何配置的？
3. 一般钢筋混凝土梁内箍筋和拉筋是如何配置的？

任务2　钢筋混凝土梁传统表达方法

知识点1　钢筋混凝土梁模板图

采用传统方法清楚地表达一根挑梁，首先需要绘制梁的三视图，即模板图，以反映其外观形态，如图 4-24 所示。

知识点2　钢筋混凝土梁剖面图

仅有模板图不能表达挑梁内部钢筋的配置情况，还需要绘制梁的纵剖面图和若干横剖面图，如图 4-25 所示。可见，一根挑梁，使用传统方法表达确实复杂，需图纸量也相当大。

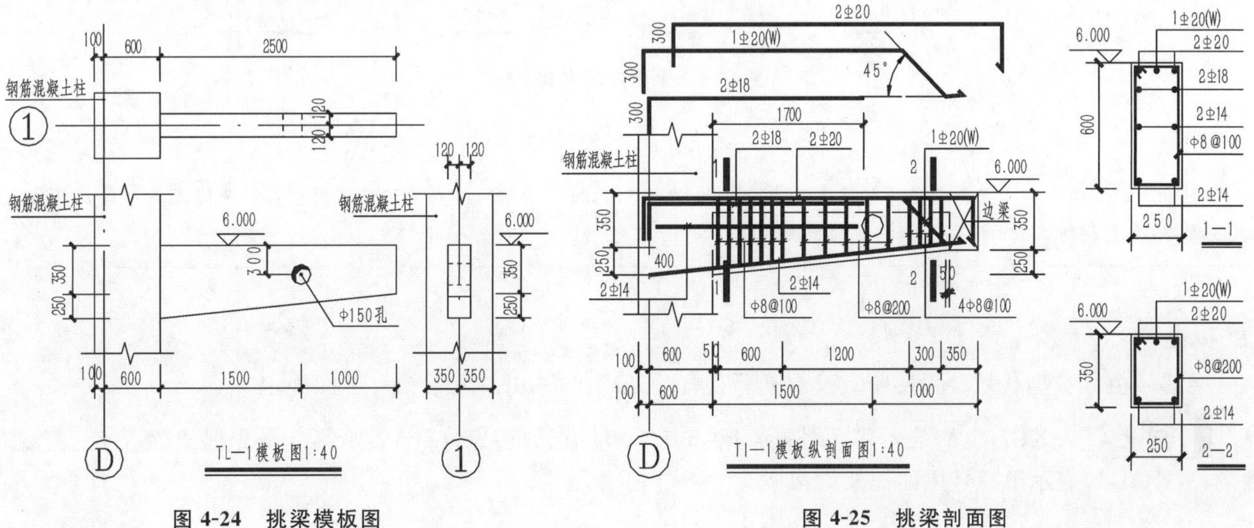

图 4-24　挑梁模板图

图 4-25　挑梁剖面图

任务3 钢筋混凝土梁平法制图规则

梁平法施工图是在梁平面布置图上采用平面注写方式或截面注写方式表达的梁结构施工图。

梁平面布置图是分别按梁所在的不同结构层，将全部梁及与其相关联的柱、墙、板一起采用适当比例绘制的平面图。

在梁平法施工图中，应按规定注明各结构层的顶面标高及相应的结构层号。

对于轴线不居中的梁，应特别标注其偏心定位尺寸。

知识点 1 钢筋混凝土梁平面注写法

1. 平面注写方式

平面注写方式是在梁平面布置图上，分别在不同编号的梁中各选择一根梁，在其上注写截面尺寸和配筋具体数值的注写方式。

平面注写包括集中标注和原位标注。集中标注用于表达梁的通用数值，原位标注用于表达梁的特殊数值。当集中标注中的某项数值不适用于梁的某个部位时，则将该项数值原位标注。施工时，原位标注的取值优先使用，如图 4-26 所示。

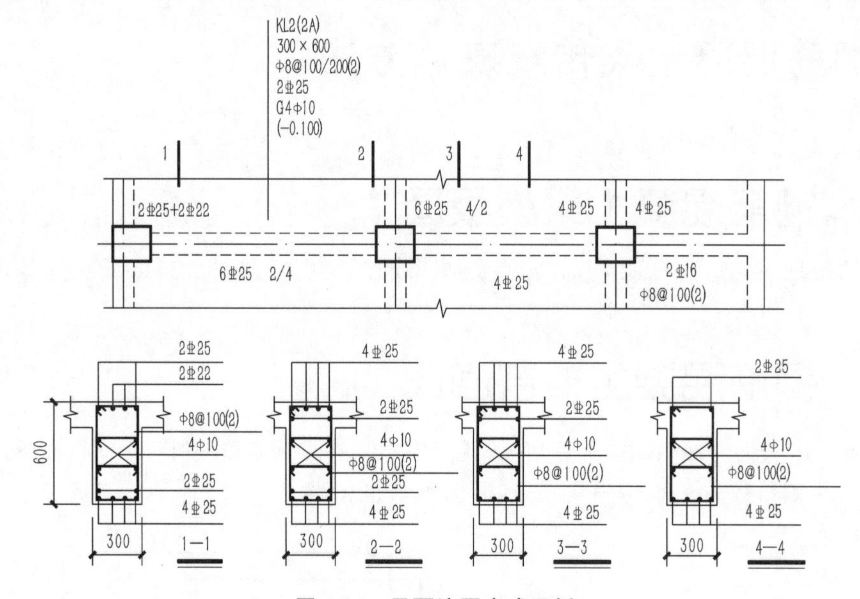

图 4-26 平面注写方式示例

注：图 4-26 所示四个梁截面采用传统表示方法绘制，用于对比按平面注写方式表达的同样内容。实际采用平面注写方式表达时，不需要绘制梁截面配筋图和相应的截面号。

2. 梁编号

梁编号由梁类型代号、序号、跨数及有无悬挑代号几项组成，并应符合表 4-1 的规定。

例 4-2 KL7 (5A)表示第 7 号框架梁，5 跨，一端有悬挑；L9 (7B)表示第 9 号非框架梁，7 跨，两端有悬挑；WKL6(4)表示第 6 号屋面框架梁，4 跨。

表 4-1　梁编号的组成部分

梁类型	代号	序号	跨数及是否带有悬挑
楼层框架梁	KL	××	(××)(××A)(××B)
屋面框架梁	WKL	××	(××)(××A)(××B)
框支梁	KZL	××	(××)(××A)(××B)
非框架梁	L	××	(××)(××A)(××B)
悬挑梁	XL	××	
井字梁	JZL	××	(××)(××A)(××B)

注：(××)表示梁跨数，(××A)表示一端有悬挑，(××B)表示两端有悬挑，悬挑不计入跨数。

3. 梁集中标注

梁集中标注的内容有五项必注值和一项选注值(集中标注可以从梁的任意一跨引出)，规定如下。

(1) 梁编号，该项为必注值。

(2) 梁截面尺寸，该项为必注值。当为等截面梁时，用 $b \times h$ 表示；当为竖向加腋梁时，用 $b \times h$ GY$C_1 \times C_2$ 表示。其中，C_1 为腋长，C_2 为腋高，如图 4-27 所示；当为水平加腋梁时，用 $b \times h$ PY$C_1 \times C_2$ 表示，其中 C_1 为腋长，C_2 为腋宽，加腋部位应在平面图中绘制，如图 4-28 所示。

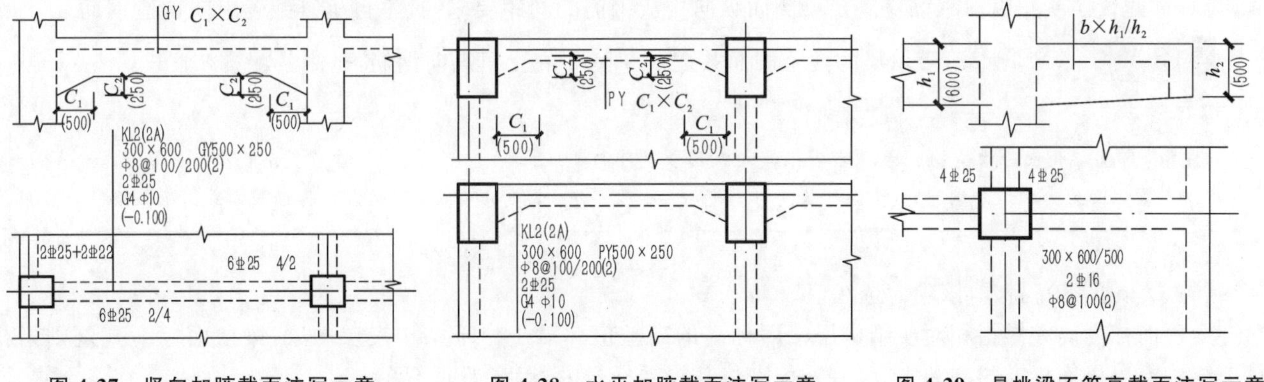

图 4-27　竖向加腋截面注写示意　　图 4-28　水平加腋截面注写示意　　图 4-29　悬挑梁不等高截面注写示意

当有悬挑梁且根部和端部的高度不同时，用斜线分隔根部与端部的高度值，即为 $b \times h_1/h_2$，如图 4-29 所示。

(3) 梁箍筋，包括钢筋级别、直径、加密区间距与非加密区间距及肢数，该项为必注值。箍筋加密区与非加密区的不同间距及肢数需用斜线“/”分隔；当梁箍筋为同一种间距及肢数时，则不需用斜线；当加密区与非加密区的箍筋肢数相同时，则将肢数注写一次；箍筋肢数应写在括号内。加密区范围见相应抗震等级的标准构造详图。

例 4-3　Φ10@100/200(4)，表示箍筋为 HPB300 钢筋，直径 10 mm，加密区间距为 100 mm，非加密区间距为 200 mm，均为四肢箍。Φ8@100(4)/150 (2)，表示箍筋为 HPB300 钢筋，直径 8 mm，加密区间距为 100 mm，四肢箍；非加密区间距为 150 mm，两肢箍。

当抗震设计中的非框架梁、悬挑梁、井字梁，以及非抗震设计中的各类梁采用不同的箍筋间距及肢数时，也用斜线“/”将其分隔开来。注写时，先注写梁支座端部的箍筋(包括箍筋的箍数、钢筋级别、直径、间距与肢数)，在斜线后注写梁跨中部分的箍筋间距及肢数。

例 4-4　13Φ10@150/200 (4)，表示箍筋为 HPB300 钢筋，直径 10 mm；梁的两端各有 13 道四肢箍筋，间距为 150 mm；梁跨中部分箍筋间距为 200 mm，四肢箍。

18Φ12@150(4)/200 (2)，表示箍筋为 HPB300 钢筋，直径 12 mm；梁的两端各有 18 道四肢箍，间距为 150 mm；梁跨中部分箍筋间距为 200 mm，双肢箍。

(4) 梁上部通长钢筋或架立钢筋配置(通长钢筋可为相同或不同直径,采用搭接连接、机械连接或焊接的钢筋),该项为必注值。所注规格与根数应根据结构受力要求及箍筋肢数等构造要求而定。当同排纵筋中既有通长钢筋又有架立钢筋时,应用加号"+"将通长钢筋和架立钢筋相连。注写时需将角部纵筋写在加号的前面,架立钢筋写在加号后面的括号内,以示不同直径及与通长钢筋的区别。当全部采用架立钢筋时,则将其写入括号内。

例 4-5 2⌀22 用于双肢箍;2⌀22+(4⌀12)用于六肢箍。其中,2⌀22 为通长钢筋,4⌀12 为架立钢筋。

当梁的上部纵筋和下部纵筋为全跨相同且多数跨配筋相同时,此项可加注下部纵筋的配筋值,用分号";"将上部纵筋与下部纵筋的配筋值分隔开来。

例 4-6 3⌀22;3⌀20,表示梁的上部配置 3⌀22 的通长钢筋,梁的下部配置 3⌀20 的通长钢筋。

(5) 梁侧面纵向构造钢筋或受扭钢筋配置,该项为必注值。

当梁腹板高度 $h_w \geqslant 450$ mm 时,需配置纵向构造钢筋,所注规格与根数应符合规范规定。此项注写值以大写字母 G 开头,接着注写设置在梁两个侧面的总配筋值,为对称配置。

例 4-7 G 4⌀12,表示梁的两个侧面共配置 4⌀12 的纵向构造钢筋,每侧各配置 2⌀12。

当梁侧面需配置受扭纵向钢筋时,此项注写值以大写字母 N 开头,接着注写配置在梁两个侧面的总配筋值,为对称配置。受扭纵向钢筋应满足梁侧面纵向构造钢筋的间距要求,且不再重复配置纵向构造钢筋。

例 4-8 N 6⌀22,表示梁的两个侧面共配置 6⌀22 的受扭纵向钢筋,每侧各配置 3⌀22。

注意: ① 当梁侧面为构造钢筋时,其搭接长度与锚固长度可取 $15d$。
② 当梁侧面为受扭纵向钢筋时,其搭接长度为 l_l 或 l_{lE}(抗震),锚固长度为 l_a 或 l_{aE}(抗震),其锚固方式同框架梁下部纵筋。

(6) 梁顶面标高高差,该项为选注值。

梁顶面标高高差是指相对于结构层楼面标高的高差值。对于位于结构夹层的梁,梁顶面标高高差则指相对于结构夹层楼面标高的高差。有高差时,需将其写入括号内,无高差时不注。

注意: 当某梁的顶面高于所在结构层的楼面标高时,其标高高差为正值,反之为负值。

例 4-9 某结构标准层的楼面标高为 44.950 m 和 48.250 m,若某梁的梁顶面标高高差注写为(−0.050),则表明该梁顶面标高分别相对于 44.950 m 和 48.250 m 低 0.05 m,也就是 44.900 m 和 48.200 m。

4. 梁原位标注

梁原位标注的内容规定如下。

1) 梁支座上部纵筋

梁支座上部纵筋,该部位包含通长筋在内的所有纵筋。

(1) 当上部纵筋多于一排时,用斜线"/"将各排纵筋自上而下分开。

例 4-10 梁支座上部纵筋注写为 6⌀25 4/2 的形式,表示上一排纵筋为 4⌀25,下一排纵筋为 2⌀25。

(2) 当同排纵筋有两种直径时,用加号"+"将两种直径的纵筋相连,注写时将角部纵筋写在前面。

例 4-11 梁支座上部有四根纵筋,2⌀25 放在角部,2⌀22 放在中部,在梁支座上部应注写为 2⌀25+2⌀22 的形式。

(3) 当梁中间支座两边的上部纵筋不同时,必须在支座两边分别标注;当梁中间支座两边的上部纵筋相同时,可仅在支座的一边标注配筋值,另一边省去不注,如图 4-30 所示。

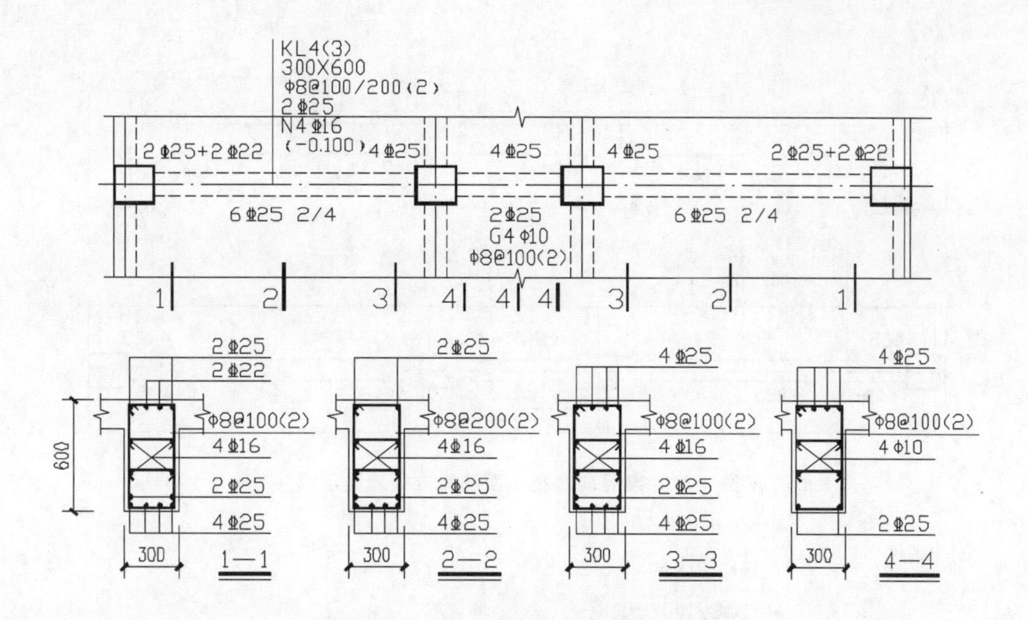

图 4-30　大小跨梁的注写示意

设计时应注意以下两点。

① 对于支座两边不同配筋值的上部纵筋，宜尽可能选用相同的直径(不同根数)，使其贯穿支座，避免支座两边不同直径的上部纵筋均在支座内锚固。

② 对于以边柱、角柱为端支座的屋面框架梁，当能够满足配筋截面面积要求时，其梁的上部钢筋应尽可能只配置一层，以避免梁柱纵筋在柱顶处因层数过多、密度过大导致不方便施工和影响混凝土浇筑质量。

2）梁下部纵筋

(1) 当下部纵筋多于一排时，用斜线“/”将各排纵筋自上而下分开。

例 4-12　梁下部纵筋注写为 6Φ25 2/4 的形式，则表示上一排纵筋为 2Φ25，下一排纵筋为 4Φ25，全部伸入支座。

(2) 当同排纵筋有两种直径时，用加号“＋”将两种直径的纵筋相连，注写时角筋写在前面。

(3) 当梁下部纵筋不全部伸入支座时，将梁支座下部纵筋减少的数量写在括号内。

例 4-13　梁下部纵筋注写为 6Φ25 2(−2)/4 的形式，则表示上排纵筋为 2Φ25，且不伸入支座；下一排纵筋为 4Φ25，全部伸入支座。

例 4-14　梁下部纵筋注写为 2Φ25＋3Φ22(−3)/5Φ25 的形式，表示上排纵筋为 2Φ25 和 3Φ22，其中 3Φ22 不伸入支座；下一排纵筋为 5Φ25，全部伸入支座。

(4) 当梁的集中标注中分别注写了梁上部和下部均为通长的纵筋值时，则不需要在梁下部重复做原位标注。

3）竖向加腋和水平加腋

当梁设置竖向加腋时，加腋部位下部斜纵筋应在支座下部以 Y 开头注写在括号内，如图 4-31 所示。图集中框架梁竖向加腋构造适用于加腋部位参与框架梁计算，其他情况设计者应另行给出构造。当梁设置水平加腋时，水平加腋内上、下部斜纵筋应在加腋支座上部以 Y 开头注写在括号内，上、下部斜纵筋之间用“/”分隔，如图 4-32 所示。

当梁上集中标注的内容(即梁截面尺寸、箍筋、上部通长筋或架立筋，梁侧面纵向构造钢筋或受扭纵向钢筋，以及梁顶面标高高差中的某一项或几项数值)不适用于某跨或某悬挑部分时，则将其不同数值原位标注在该跨或该悬挑部位，施工时应按原位标注数值取用。当在多跨梁的集中标注中已注明加腋，而该梁某跨的根部却不需要加腋时，则应在该跨原位标注等截面的 $b\times h$，以修正图集中标注中的加腋信息，如图 4-31 和图 4-32

所示。

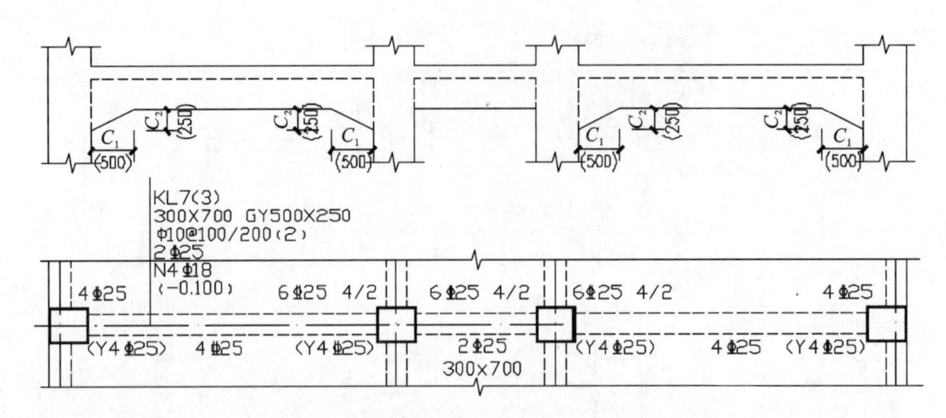

图 4-31 梁竖向加腋平面注写方式表达示例

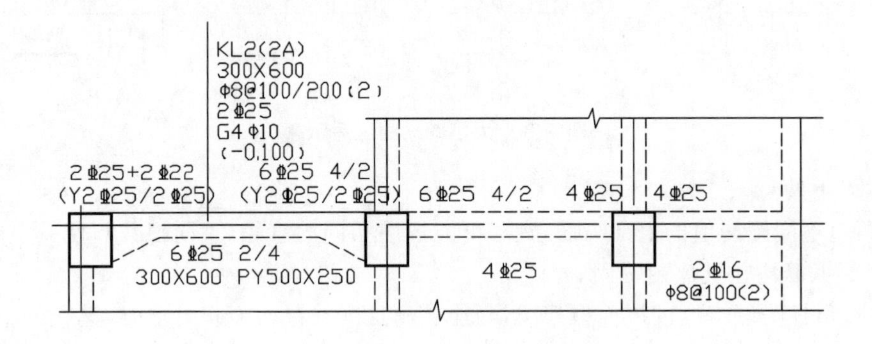

图 4-32 梁水平加腋平面注写方式表达示例

4）附加箍筋或吊筋

对于附加箍筋或吊筋，将其直接画在平面图中的主梁上，用线引注总配筋值(附加箍筋的肢数注写在括号内)，如图 4-33 所示。当多数附加箍筋或吊筋数量相同时，可在梁平法施工图中统一说明，少数与统一说明值不同时，再原位引注。

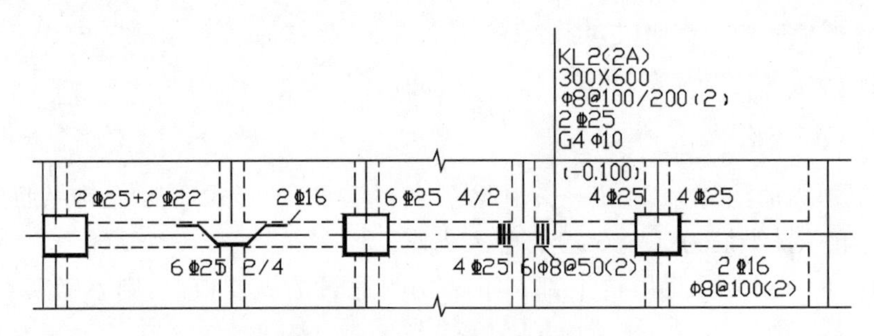

图 4-33 附加箍筋和吊筋的画法示例

施工时应注意：附加箍筋或吊筋的几何尺寸应按照标准构造详图，结合其所在位置的主梁和次梁的截面尺寸而定。

梁平面注写方法示例如图 4-34 所示。

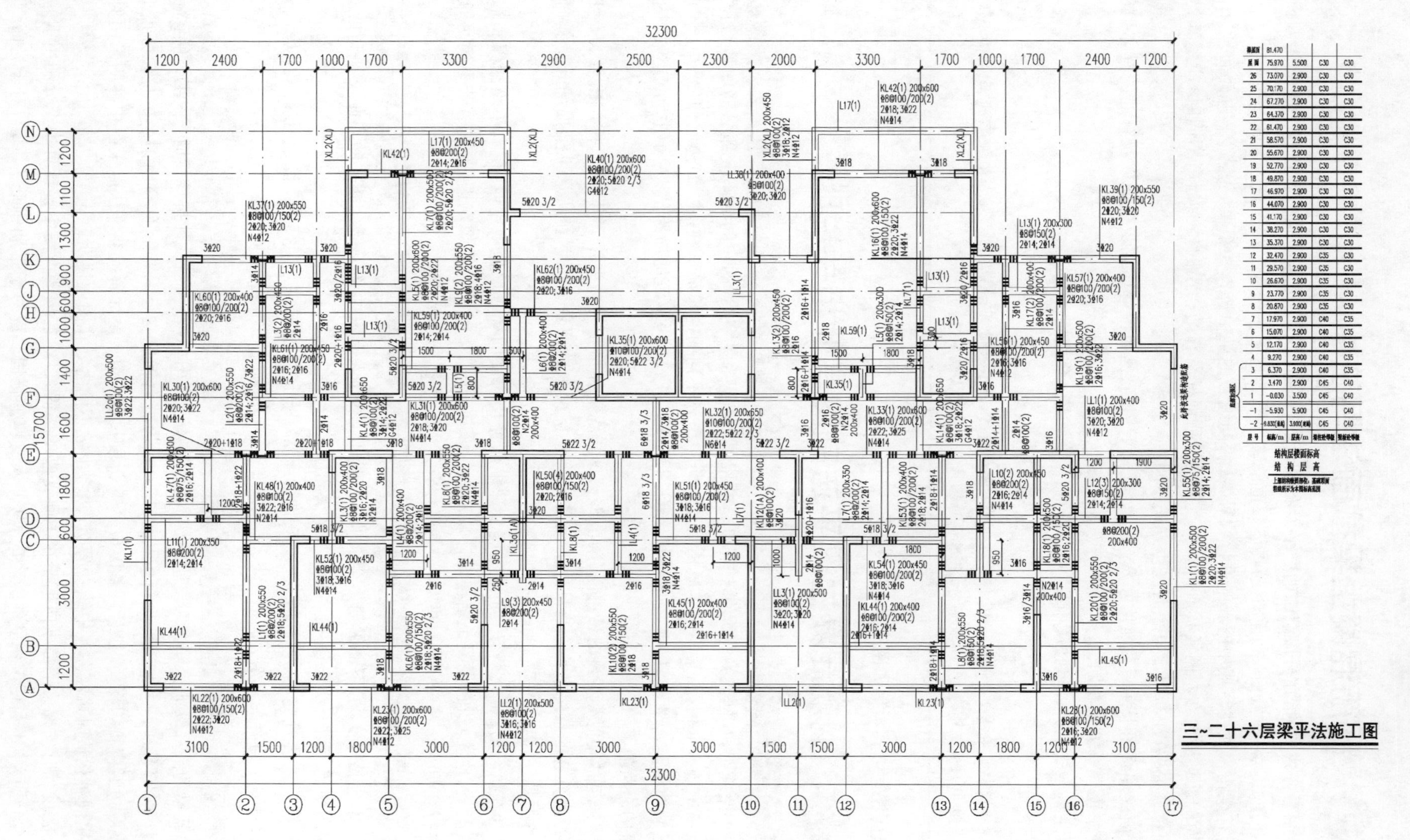

图 4-34　平面注写的梁平法施工图

知识点 2 钢筋混凝土梁截面注写法

(1) 截面注写方式，是指在分层绘制的梁平面布置图上，分别在不同编号的梁中各选择一根梁用剖面符号引出配筋图，并在其上注写截面尺寸和配筋具体数值的方式来表达梁平法施工图的表达方式。

(2) 对所有梁按平面注写法中的规定进行编号，从相同编号的梁中选择一根梁，先将“单边截面号”画在该梁上，再将截面配筋详图画在本图或其他图上。当某梁的顶面标高与结构层的楼面标高不同时，应继其梁编号后注写梁顶面标高高差(注写规定与平面注写方式相同)。

(3) 在截面配筋详图上注写截面尺寸 $b\times h$、上部筋、下部筋、侧面构造筋或受扭筋以及箍筋的具体数值时，其表达形式与平面注写方式相同。

(4) 截面注写方式既可以单独使用，也可与平面注写方式结合使用。

注意：在梁平法施工图的平面图中，当局部区域的梁布置过密时，除了采用截面注写方式表达外，也可采用虚线框引出放大来表达。当表达异形截面梁的尺寸与配筋时，采用截面注写方式相对比较方便。

(5) 梁截面注写方式示例如图 4-35 所示。

知识点 3 钢筋混凝土梁平法制图其他相关说明

1. 梁支座上部纵筋的长度规定

(1) 为了方便施工，凡框架梁的所有支座和非框架梁(不包括井字梁)的中间支座上部纵筋的伸出长度 a_0 在标准构造详图中统一取值为：第一排非通长筋及与跨中直径不同的通长筋从柱(主梁)边起伸出至 $l_n/3$ 位置；第二排非通长筋伸出至 $l_n/4$ 位置。l_n 的取值规定为：对于端支座，l_n 为本跨的净跨值；对于中间支座，l_n 为支座两边较大一跨的净跨值。

(2) 悬挑梁(包括其他类型梁的悬挑部分)上部第一排纵筋伸出至梁端头并下弯，第二排伸出至 $3l/4$ 位置，l 为自柱(主梁)边算起的悬挑净长。当具体工程需要将悬挑梁中的部分上部钢筋从悬挑梁根部开始斜向弯下时，应由设计者另加注明。

(3) 设计者在执行第(1)、(2)条关于梁支座上部纵筋伸出长度的统一取值规定时，在大小跨相邻和端跨外为长悬臂的情况下，应注意按《混凝土结构设计规范》(GB 50010—2010)的相关规定进行校核，若不满足时应根据规范规定进行变更。

2. 不伸入支座的梁下部纵筋长度规定

(1) 当梁(不包括框支梁)下部纵筋不全部伸入支座时，不伸入支座的梁下部纵筋截断点距支座边的距离，在标准构造详图中统一取 $0.1\ l_{ni}$(l_{ni} 为本跨梁的净跨值)。

(2) 当按第(1)条规定确定不伸入支座的梁下部纵筋的数量时，应符合《混凝土结构设计规范》(GB 50010—2010)中的有关规定。

3. 其他补充事项

(1) 非框架梁的上部纵向钢筋在端支座的锚固要求，构造详图中规定：当设计按铰接时，平直段伸至端支座对边后弯折，且平直段长度≥$0.35l_{ab}$，弯折段长度 $15d$(d 为纵向钢筋直径)；当充分利用钢筋的抗拉强度时，直段伸至端支座对边后弯折，且平直段长度≥$0.6l_{ab}$，弯折段长度 $15d$。设计者应在平法施工图中注明采用何种构造，当多数采用同种构造时可在图注中统一写明，并将少数不同之处在图中注明。

(2) 非抗震设计时框架梁下部纵向钢筋在中间支座的锚固长度，在构造详图中按计算中充分利用钢筋的抗拉强度考虑。当计算中不利用该钢筋的强度时，其伸入支座的锚固长度对于带肋钢筋为 $12d$，对于光面钢筋为

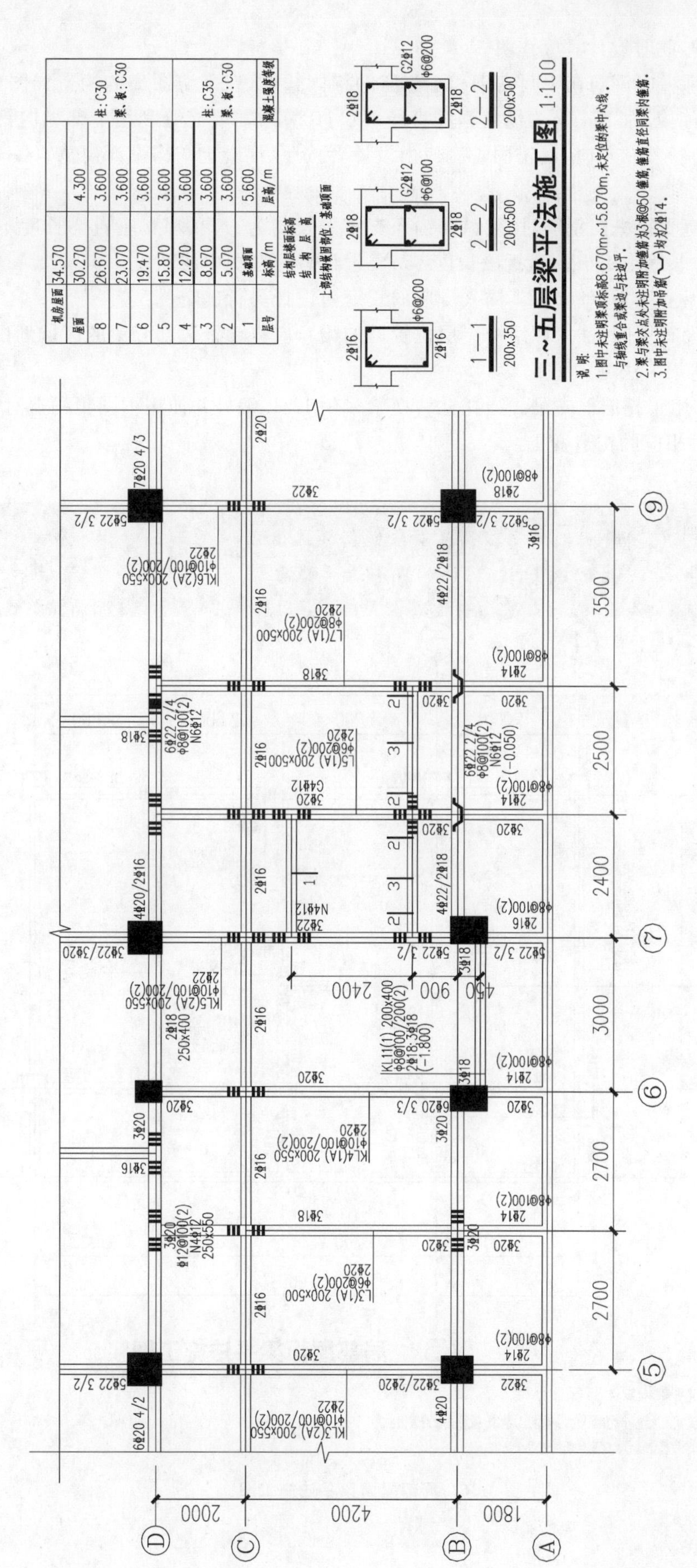

图 4-35 截面注写的梁平法施工图

15d(d 为纵向钢筋直径),此时设计者应注明。

(3) 非框架梁的下部纵向钢筋在中间支座和端支座的锚固长度,在平法图集的构造详图中规定为:对于带肋钢筋为 12d,对于光面钢筋为 15d(d 为纵向钢筋直径)。当计算中需要充分利用下部纵向钢筋的抗压强度或抗拉强度,或具体工程有特殊要求时,其锚固长度应由设计者按照《混凝土结构设计规范》(GB 50010—2010)的相关规定进行变更。

(4) 当非框架梁配有受扭纵向钢筋时,梁纵筋锚入支座的长度为 l_a,在端支座直锚长度不足时可伸至端支座对边后弯折,且平直段长度≥0.6l_{ab},弯折段长度 15d。设计者应在图中注明。

(5) 当梁纵筋兼做温度应力钢筋时,其锚入支座的长度由设计另行确定。

(6) 当两楼层之间设有层间梁时(如结构夹层位置处的梁),应将设置该部分梁的区域划出另行绘制梁结构布置图,然后在其上表达梁平法施工图。

(7) 图集中的 KZL 用于托墙框支梁。当托柱转换梁采用 KZL 编号并使用本图集构造时,设计者应根据实际情况进行判定,并提供相应的构造变更。

课后任务

1. 请将图 4-36 中的梁 WKL 3(1)用截面注写法完整表达出来。
2. 请仔细阅读图 4-36,并指出梁 DGL 1(1)构件表达六要素。

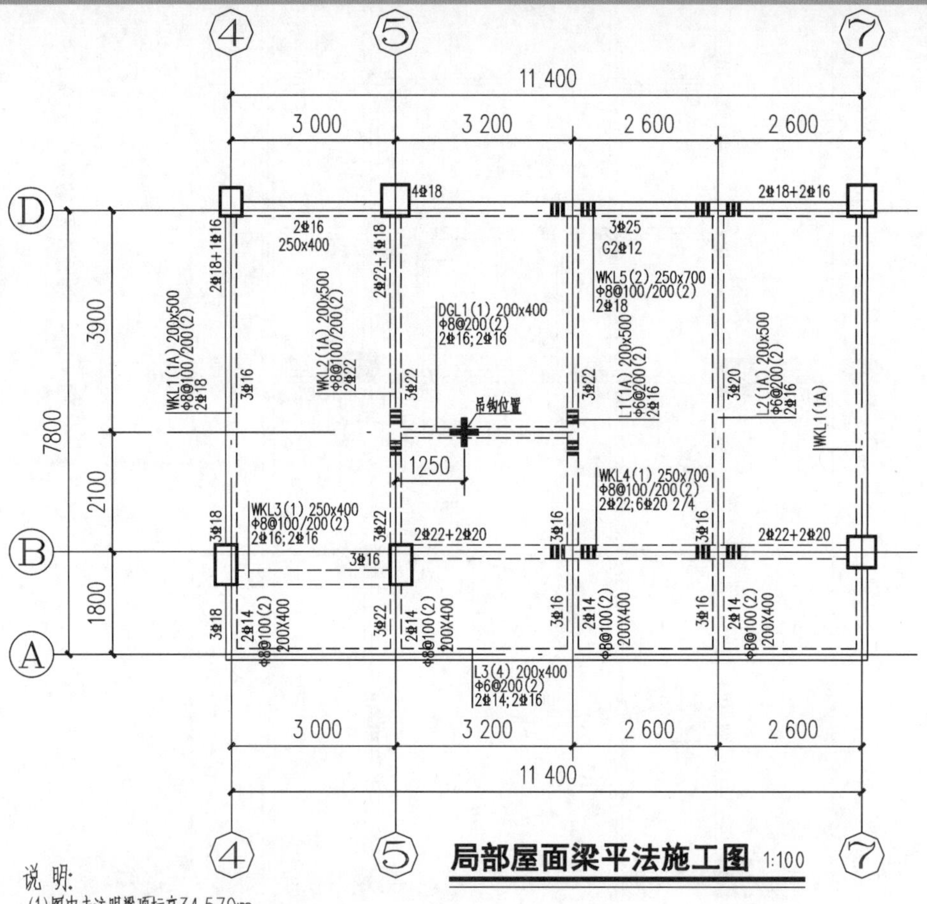

图 4-36 局部屋面梁平法施工图

任务 4 钢筋混凝土梁平法细部构造详图

梁结构细部构造详图包括两大部分：①梁自身纵向钢筋的锚固、连接、间距关系、弯折要求，箍筋的大小、分布、起止位置和弯钩放置等；②梁与柱的连接、梁与另一根梁垂直连接、延续连接时的构造等。

本书主要介绍有抗震要求时的构造，对非抗震时的构造，读者可参照《混凝土结构施工图平面整体表示方法制图规则和构造详图(现浇混凝土框架、剪力墙、梁、板)》中的相关内容进行学习。

知识点 1 钢筋混凝土梁纵向钢筋构造详图

1. 抗震结构房屋楼层框架梁

楼层梁纵向钢筋构造详图如图 4-37 所示。

在此楼面梁纵向钢筋构造图中，纵向钢筋做 90°弯折，应按照图 4-38 所示的要求实施。

梁端支座也可以按照图 4-39(采用机械锚头时)和图 4-40(当柱截面高度较大时)所示的构造要求进行施工。

楼层框架梁中间支座下部钢筋一般应在支座中搭接，有时由于钢筋长度的问题，平法图集中允许在支座外连接，应按照图 4-41 所示施工(梁下部钢筋不能在柱内锚固时，可在节点外搭接；相邻跨钢筋直径不同时，搭接位置应位于直径较小的一跨)。

抗震楼层梁构造图说明如下。

(1) 跨度值 l_n 为左跨 l_{ni} 和右跨 l_{ni+1} 之较大值，其中 $i=1,2,3,\cdots$。

(2) 图中 h_c 为柱截面沿框架方向的高度。

(3) 梁上部通长钢筋与非贯通钢筋的直径相同时，连接位置宜位于跨中 $l_{ni}/3$ 范围内；梁下部钢筋连接位置宜位于支座 $l_{ni}/3$ 范围内；在同一连接区段内钢筋接头面积百分率不宜大于 50%。

(4) 一级框架梁宜采用机械连接，二、三、四级框架梁可采用绑扎搭接或焊接连接。

(5) 当梁纵筋(不包括侧面以 G 开头的构造筋及架立筋)采用绑扎搭接接长时，搭接区内箍筋直径及间距要求见项目 2 任务 3 中关于纵向钢筋连接部分。

2. 抗震结构房屋屋面框架梁

抗震结构房屋屋面梁纵向钢筋构造如图 4-42 所示。在此屋面梁纵向钢筋构造图中，纵向钢筋做 90°弯折，应按照图 4-43 所示要求实施。

屋面梁端支座下部钢筋也可以按照图 4-44(采用机械锚头时)和图 4-45(当柱截面高度较大时)所示构造要求施工。

屋面梁中间支座梁下部钢筋若在支座外连接，其构造要求同楼层梁中间支座，如图 4-41 所示。

3. 中间支座两侧梁宽、高或标高变化时的纵筋构造

1) 楼面梁中间支座两侧梁高变化构造

楼面梁中间支座两侧梁高变化时：若高差较大，应该断开钢筋，分别采用直锚和弯锚；若高差较小，且两侧相同位置的纵向钢筋直径相同时，可以不断开钢筋，将钢筋弯折，如图 4-46 所示。

2) 楼面梁中间支座两侧梁底、梁顶标高都变化，梁宽变化或错位时的构造

楼面梁中间支座两侧梁底、梁顶标高都变化的，视标高变化大小，分别采取相应的锚固措施，如图 4-47 所示。若楼面梁中间支座两侧梁宽不同，或者在水平方向有错位的，必将有部分纵向钢筋无法直锚。这时，可以按照图 4-48 所示做弯锚。

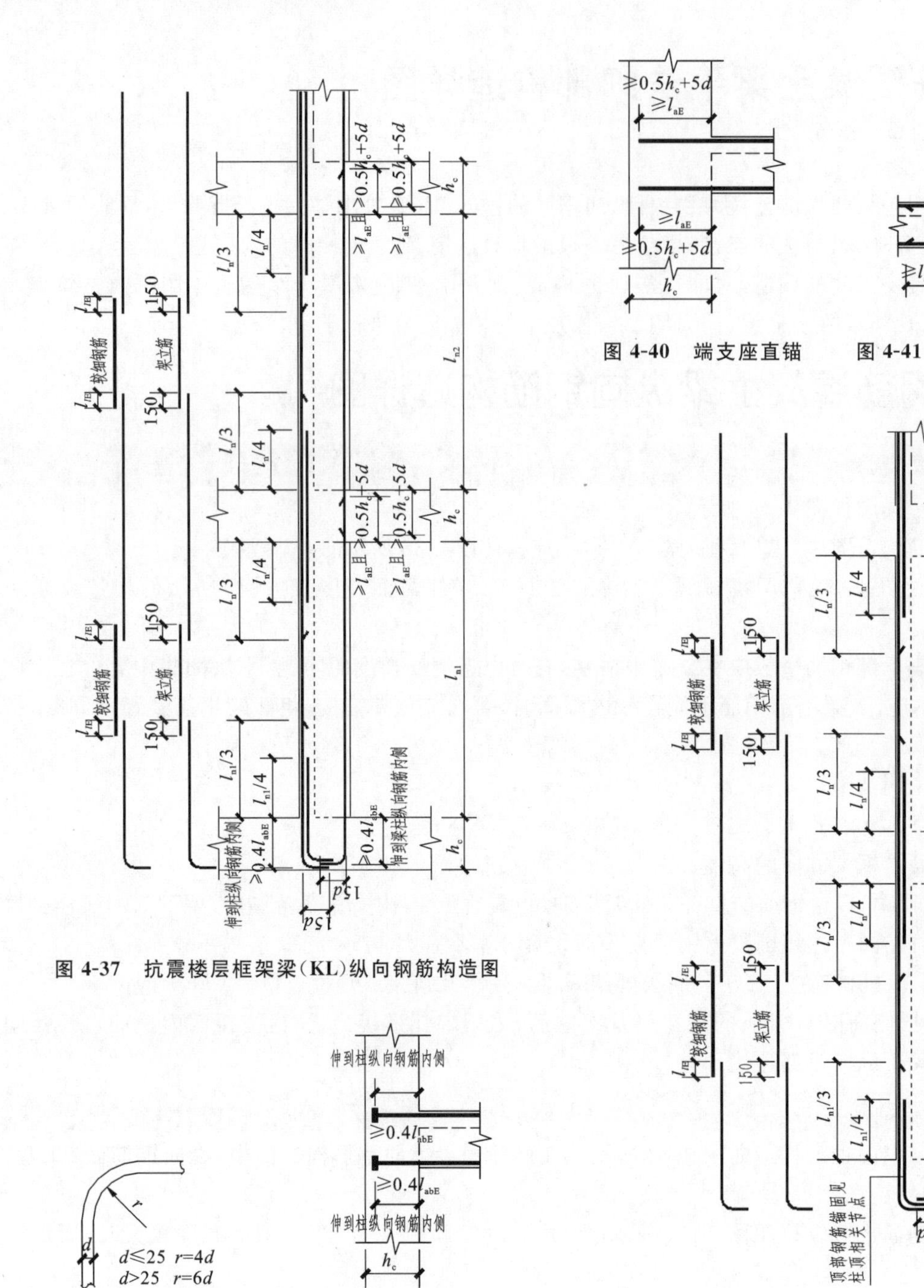

图 4-37 抗震楼层框架梁(KL)纵向钢筋构造图

图 4-38 梁纵向钢筋弯折要求

图 4-39 端支座加锚头(锚板)锚固

图 4-40 端支座直锚

图 4-41 中间层中间支座梁下部筋节点外连接

图 4-42 抗震屋面框架梁(WKL)纵向钢筋构造

3) 屋面梁中间支座两侧梁变化时的构造

屋面梁中间支座两侧梁截面高度变化的情况:当高差较大时,应该断开钢筋,分别采用直锚和弯锚;当高差较小,且两侧相同位置的纵向钢筋直径相同时,可不断开钢筋,将钢筋弯折,如图 4-49 所示。

4) 屋面梁中间支座两侧梁底、梁顶标高都变化,梁宽变化或错位时的构造

屋面梁中间支座两侧梁底、梁顶标高都变化的,视标高变化大小,分别采取相应的锚固措施,如图 4-50 所示。若楼面梁中间支座两侧梁宽不同,或者在水平方向有错位的,必将有部分纵向钢筋无法直锚,这时可以按照图 4-51 所示做弯锚。

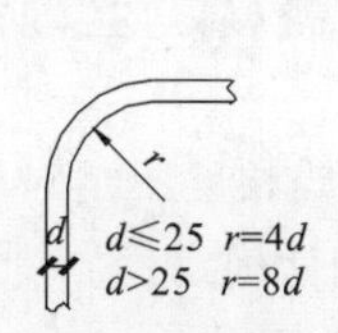

图 4-43 屋面纵向钢筋弯折要求

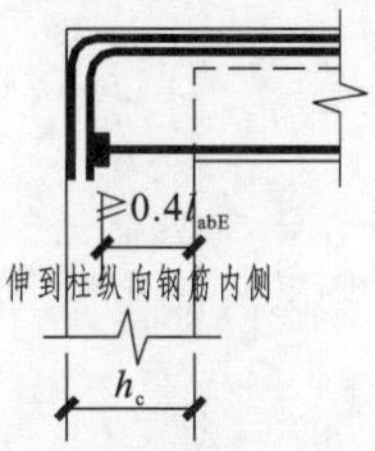

图 4-44 端支座加锚头（锚板）锚固

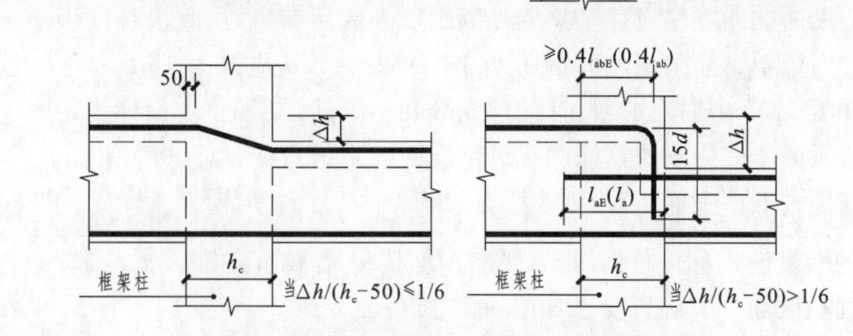

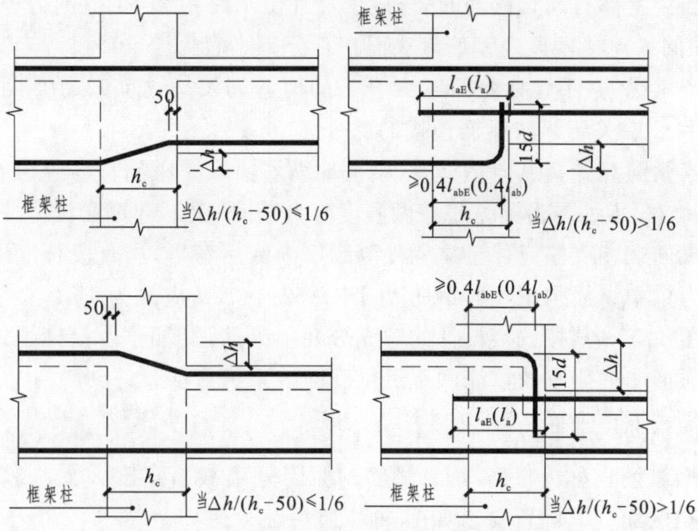

图 4-46 楼层中间支座两侧梁高变化时构造

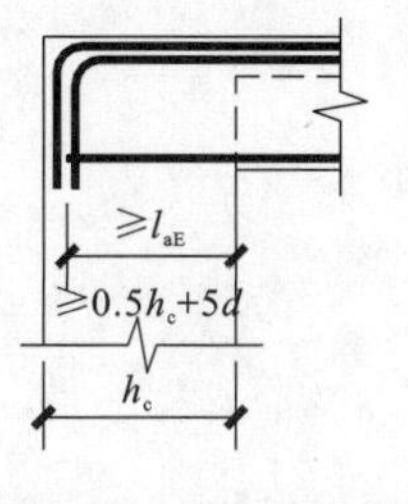

图 4-45 端支座直锚

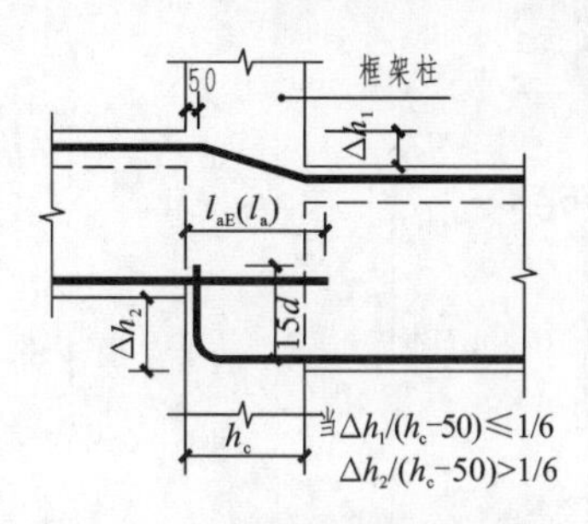

图 4-47 楼面梁中间支座两侧梁底、顶标高都变化

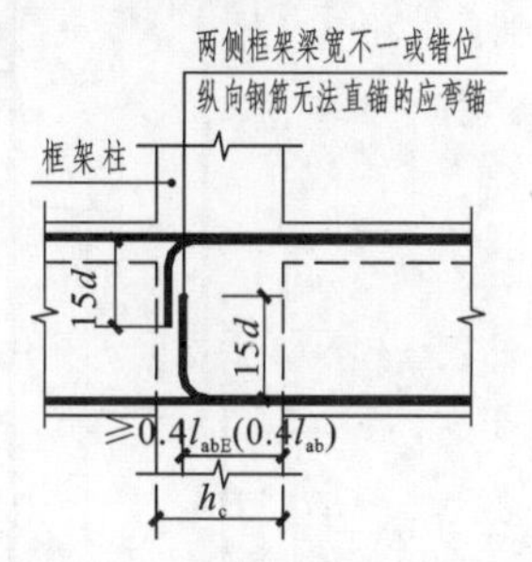

图 4-48 梁宽变化或错位时的构造

4. 非框架梁纵向钢筋配置

不与墙柱相连，支承在另外梁（主梁）上的梁，称为非框架梁。非框架梁纵向钢筋按图 4-52 所示配置。

对于图 4-52 所示的非框架梁配件，需要做以下补充说明。

（1）跨度值 l_n 为左跨 l_{ni} 和右跨 l_{ni+1} 二者中的较大值，其中 $i=1,2,3,\cdots$。

（2）当端支座为柱、剪力墙（平面内连接）时，梁端部应设箍筋加密区，设计应确定加密区长度。设计未确定时，取该工程框架梁加密区长度。

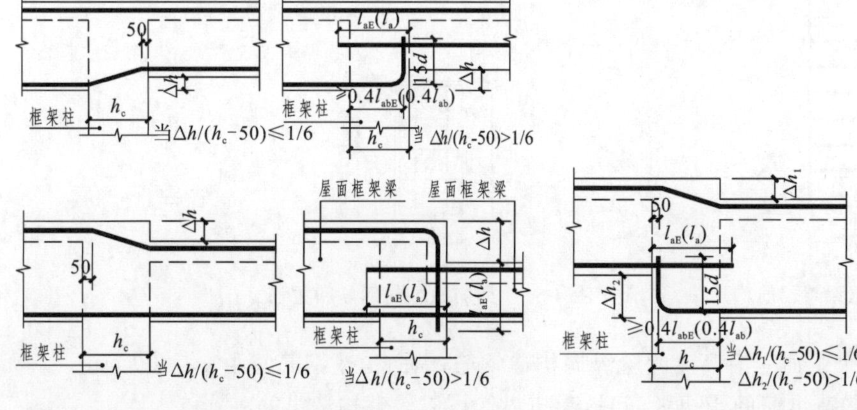

图 4-49 屋面梁中间支座两侧梁高变化时的构造

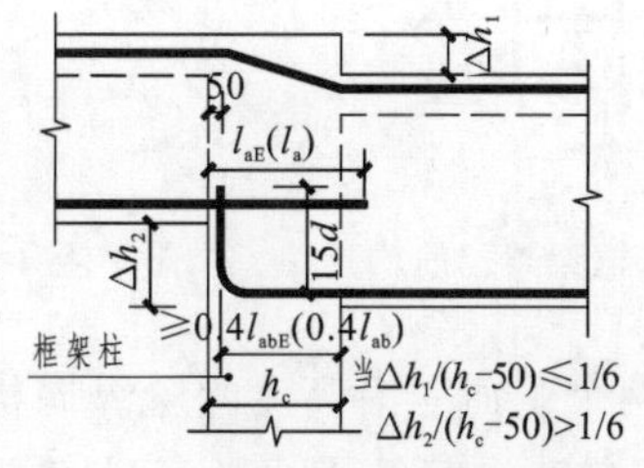

图 4-50 屋面梁中间支座两侧梁底、顶标高都变化

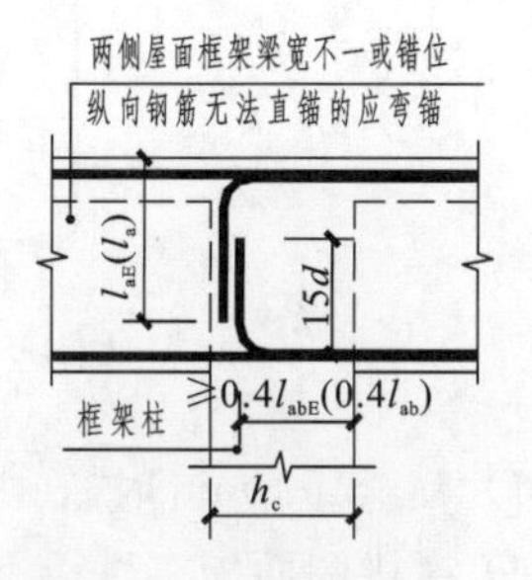

图 4-51 梁宽变化或错位时的构造

(3) 当梁上部有通长钢筋时，连接位置宜位于跨中 $l_{ni}/3$ 范围内；梁下部钢筋连接位置宜位于支座 $l_{ni}/4$ 范围内，且在同一连接区段内钢筋接头面积百分率不宜大于 50%。

(4) 当梁纵筋（不包括侧面以 G 开头的构造筋及架立筋）采用绑扎搭接接长时，搭接区内箍筋直径及间距要求见项目 2 中关于纵向钢筋连接的部分。

(5) 当梁配有受扭纵向钢筋时，梁下部纵筋锚入支座的长度应为 l_a，在端支座直锚长度不足时可弯锚，具体要求如图 4-53 所示。当梁纵筋兼做温度应力筋时，梁下部钢筋锚入支座长度应由设计确定。

(6) 纵筋在端支座应伸至主梁外侧纵筋内侧后弯折，当直段长度不小于 l_a 时可不弯折。

(7) 当梁中纵筋采用光面钢筋时，图 4-52 中 $12d$ 应改为 $15d$。

(8) 图 4-52 中"按铰接设计的""充分利用纵筋强度的"由设计指定。

(9) 弧形非框架梁的箍筋间距沿梁凸面线来进行测量。

5. 梁侧面纵向钢筋和拉筋

梁侧面纵筋也称为腰筋，配置腰筋的原因是梁截面高度太大，或者梁抗扭的需要。前者称为构造腰筋，后者称为抗扭腰筋。其配置要求如图 4-54 所示。

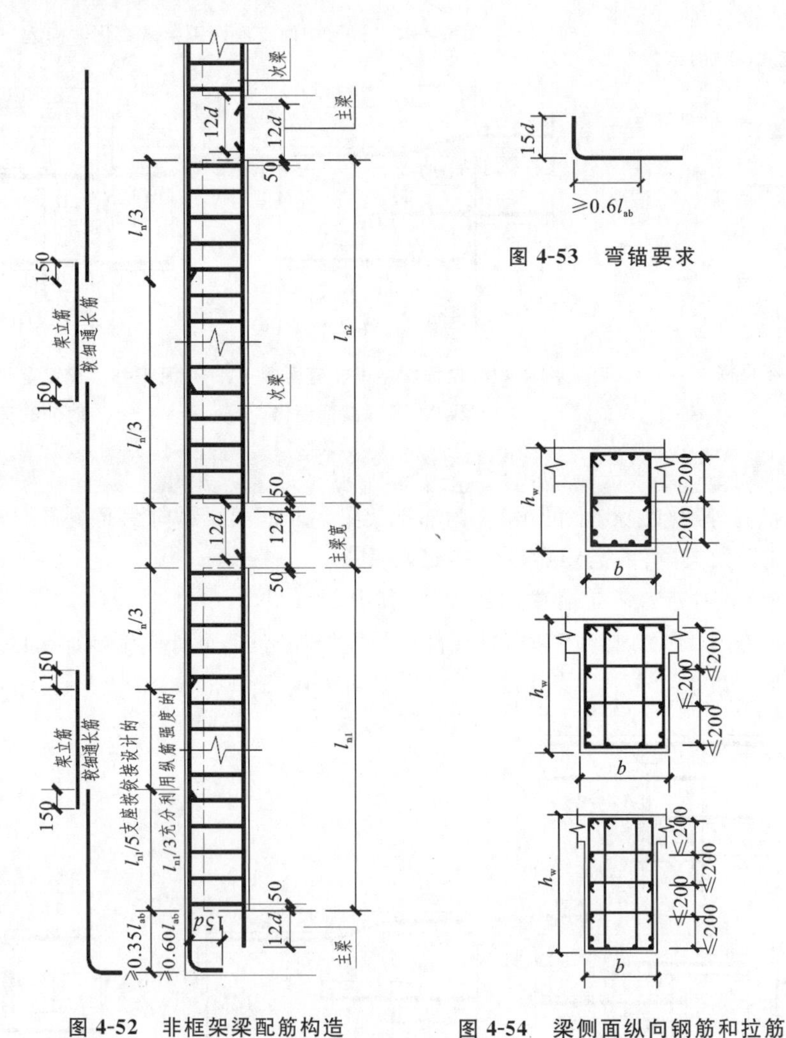

图 4-53 弯锚要求

图 4-52 非框架梁配筋构造

图 4-54 梁侧面纵向钢筋和拉筋

(1) $h_w \geq 450$ mm 时，在梁的两个侧面应沿高度配置纵向构造钢筋；纵向构造钢筋间距 $a \leq 200$ mm。

(2) 当梁侧面配有直径不小于构造纵筋的受扭纵筋时，受扭纵筋可以代替构造纵筋。

(3) 梁侧面构造纵筋的搭接与锚固长度可取 $15d$。梁侧面受扭纵筋的搭接长度为 l_{lE} 或 l_l，其锚固长度为 l_{aE} 或 l_a，锚固方式同框架梁下部纵筋。

(4) 当梁宽≤350 mm 时，拉筋直径为 6 mm；当梁宽>350 mm 时，拉筋直径为 8 mm。拉筋间距为非加密区箍筋间距的 2 倍。当设有多排拉筋时，上下两排拉筋竖向错开设置。

知识点 2 钢筋混凝土梁箍筋构造详图

1. 框架梁箍筋布置

抗震框架梁(包括楼层梁和屋面梁)每跨两端均应有一定长度的箍筋加密区。加密区长度与结构抗震等级有关，也与框架梁截面高度有关。对于一级抗震等级的框架梁，加密区长度取大于等于梁截面高度的 2 倍，且不小于500 mm；对于二、三、四级抗震等级的框架梁，箍筋加密区长度取梁截面高度的 1.5 倍，也不得小于 500 mm。如图 4-55 所示。

若梁的一端搁置在另一根主梁上，这类梁靠柱一侧箍筋应加密，加密区长度的确定同上。靠主梁一端箍筋是否加密、间距为多少，应由设计确定，如图 4-56 所示。

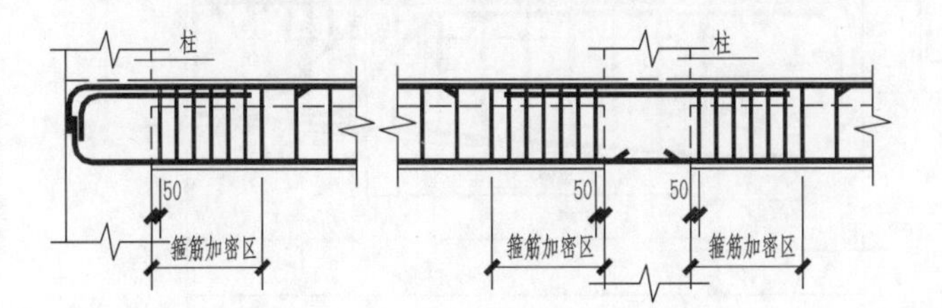

图 4-55 抗震框架梁箍筋布置

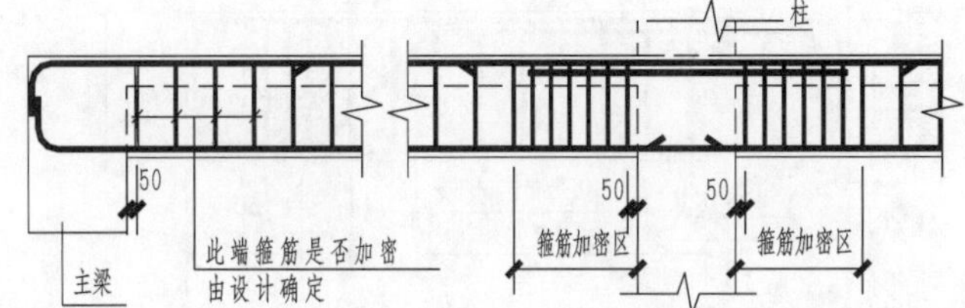

图 4-56 一端置于梁上的半框架梁箍筋布置

2. 非框架梁箍筋布置

非框架梁箍筋一般等间距布置，且第一道箍筋距离支座边缘 50 mm。若设计要求加密箍筋，且没有明确加密区长度时，可取梁截面高度的 1.5 倍(且不小于 500 mm)。

3. 梁弯折部位箍筋

建筑工程的形态多变，有时需要折线造型，这时就会使用到弯折梁。弯折梁有水平弯折梁和竖向弯折梁两种，水平弯折梁可按图 4-57 所示处理。

梁需要做竖向弯折的，可视设计要求，采取加腋弯折和不加腋弯折两种做法，具体如图 4-58 所示。

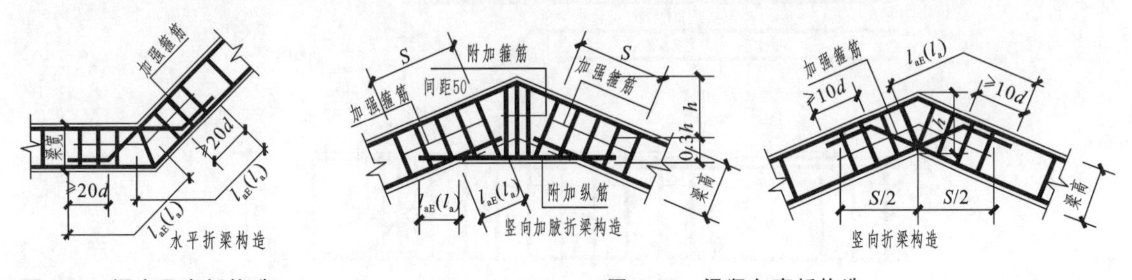

图 4-57 梁水平弯折构造　　图 4-58 梁竖向弯折构造

知识点 3 钢筋混凝土梁特殊部位构造

1. 悬挑梁钢筋构造

按照根部另一侧是否有延续梁，悬挑梁可分为纯悬挑梁和外伸挑梁两种；按照截面高度是否变化，悬挑梁可分为等截面悬挑梁和变截面悬挑梁。等截面悬挑梁和变截面悬挑梁在构造上，除了二者的梁箍筋高度一个是不变的，一个是逐渐变小的差别外，其他基本相同。

1) 纯悬挑梁

当等截面纯悬挑梁的悬挑长度较大，大于等于梁截面高度的 4 倍时，梁纵向钢筋应在端部下弯。若悬挑梁上部纵向钢筋有第二排时，应在悬挑梁净挑长度的 3/4 位置下弯。若悬挑梁端部有与其垂直的边梁时，应在边梁外侧的一定范围设置附加箍筋。等截面纯悬挑梁钢筋构造可按图 4-59 所示来设置。若悬挑长度较小，自由端纵向钢筋可以不下弯。

变截面纯悬挑梁一般是自由端梁截面高度小，靠支座一端梁截面高度较大。这时，梁箍筋高度需要不断缩小，加工和安装箍筋时应十分细心。变截面纯悬挑梁的其他构造与等截面纯悬挑梁基本相同。这种悬挑梁的截面设置符合其受力特点，能节约混凝土和钢筋，但施工麻烦，外观也不太美观，近些年的工程中较少采用，如图4-60所示。

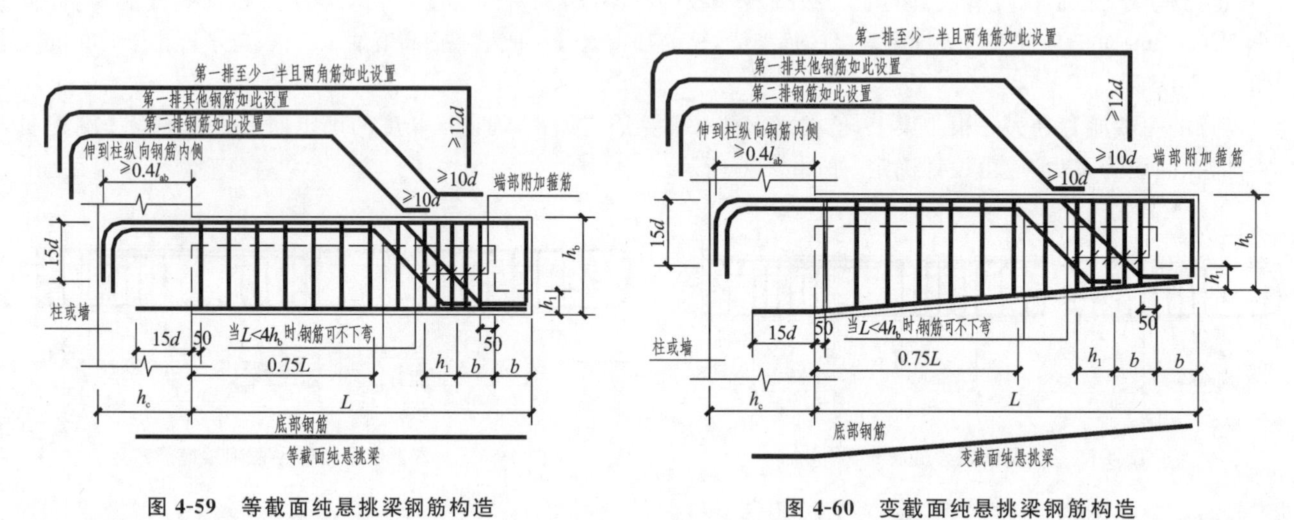

图 4-59 等截面纯悬挑梁钢筋构造

图 4-60 变截面纯悬挑梁钢筋构造

2）外伸挑梁

下面仅介绍等截面外伸挑梁的配筋构造。

外伸挑梁是指穿过柱、梁或者混凝土墙等支座后继续延长，并且尽端为自由端的梁。这种挑梁与纯挑梁的主要区别在于挑梁根部钢筋的锚固或连接上不同。

如果梁顶与外伸挑梁顶标高一样，则可按照图 4-61 所示施工。

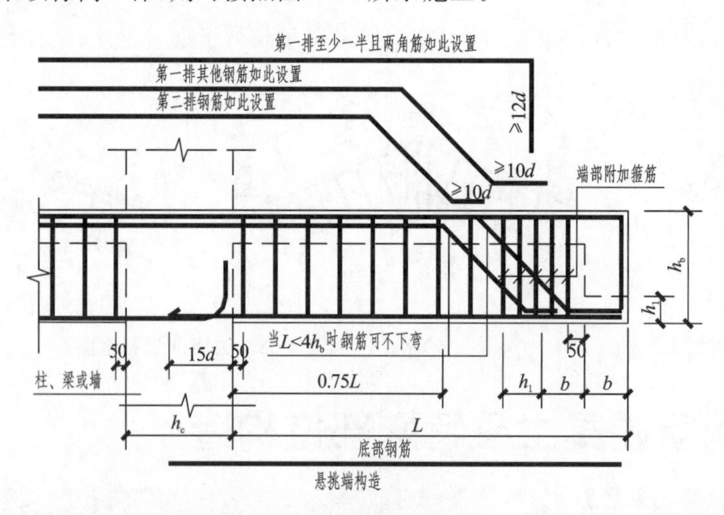

图 4-61 外伸挑梁钢筋构造

实际上，梁顶标高有的时候高于外伸挑梁，有的时候低于外伸挑梁。同时，高差的多少也很关键。高差较大，则钢筋应断开，分别考虑锚固；高差较小，且两侧钢筋相同时，可直接弯折纵向钢筋。同时，要特别注意楼层挑梁和屋面挑梁在构造上也有区别，如图 4-62 和图 4-63 所示。

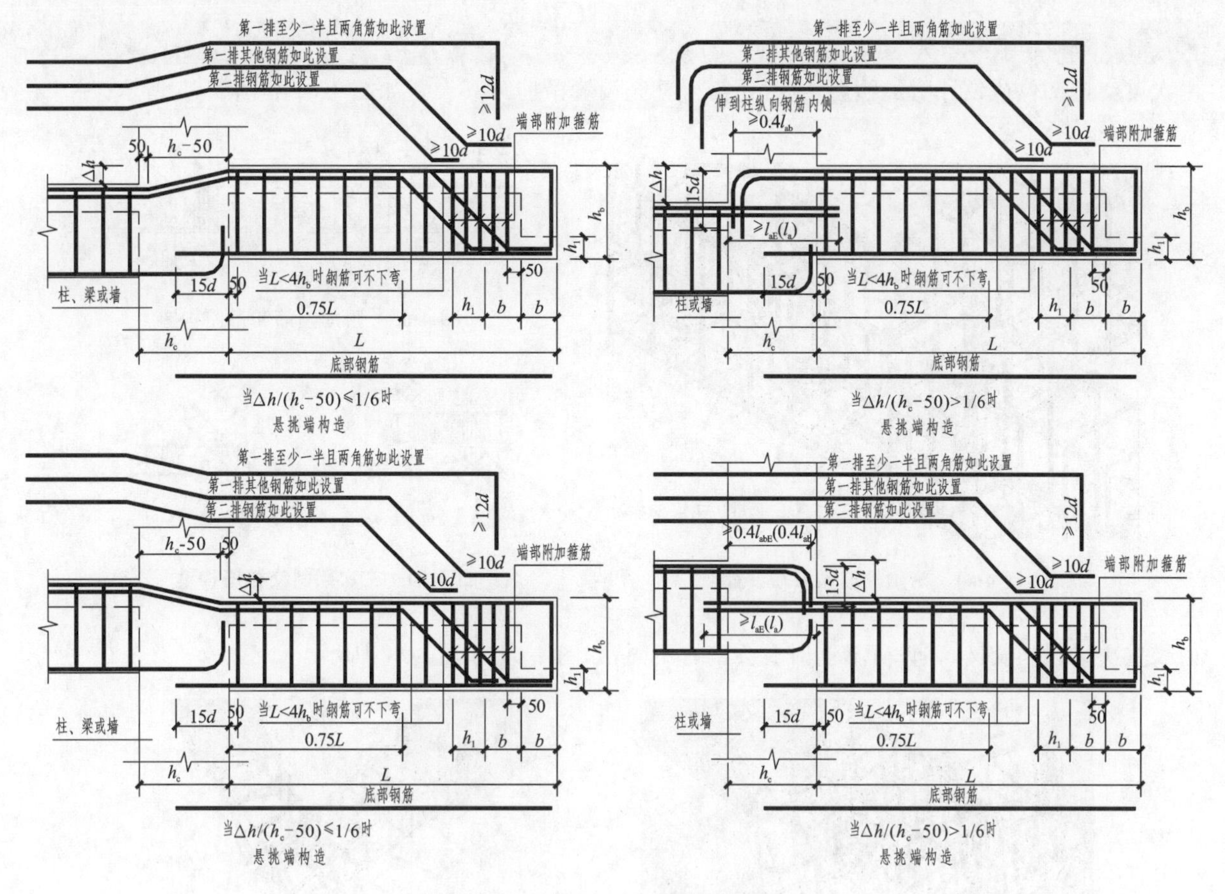

图 4-62　楼层外伸挑梁有高差时的构造

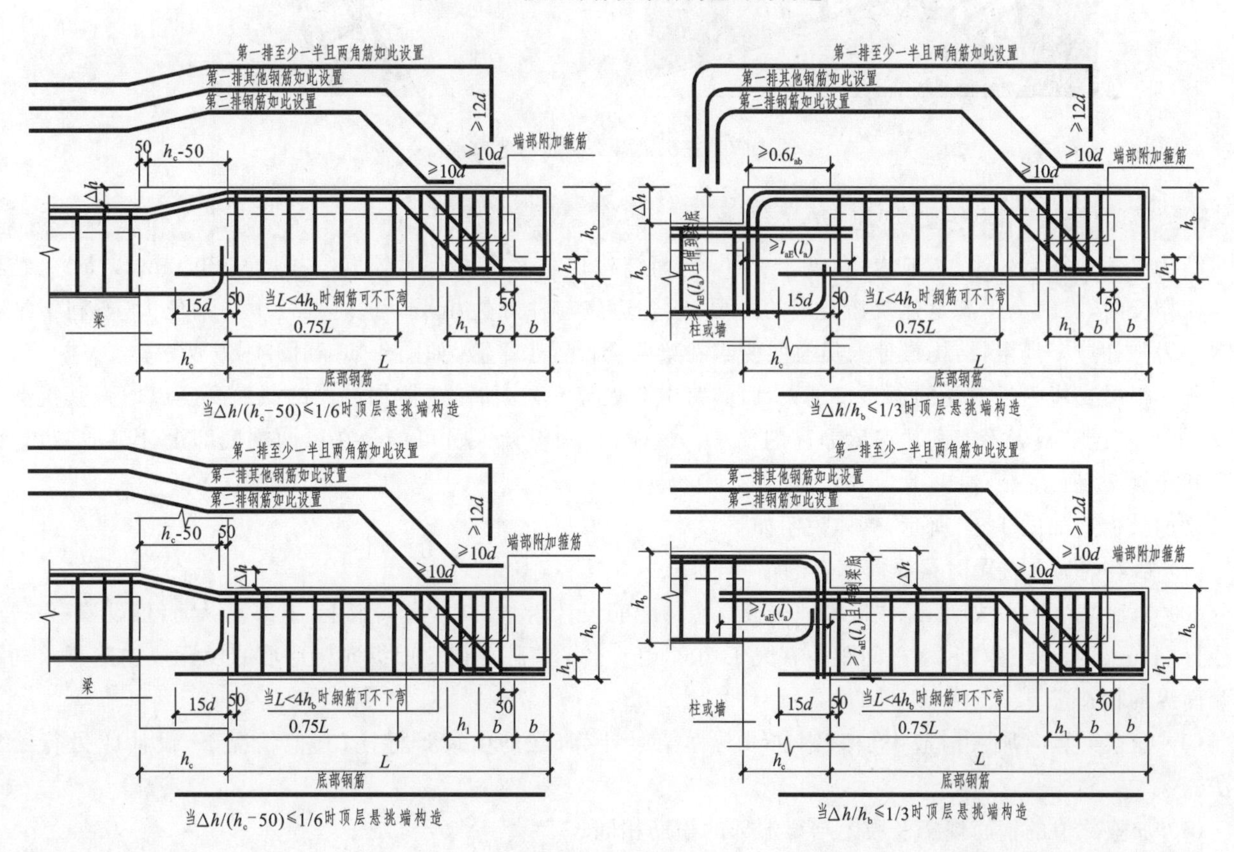

图 4-63　屋面外伸挑梁有高差时的构造

2. 主次梁交接部位钢筋构造

主次梁交接部位应设计附加箍筋，有时还需要补充设置吊筋。其设置如图 4-64 和图 4-65 所示。

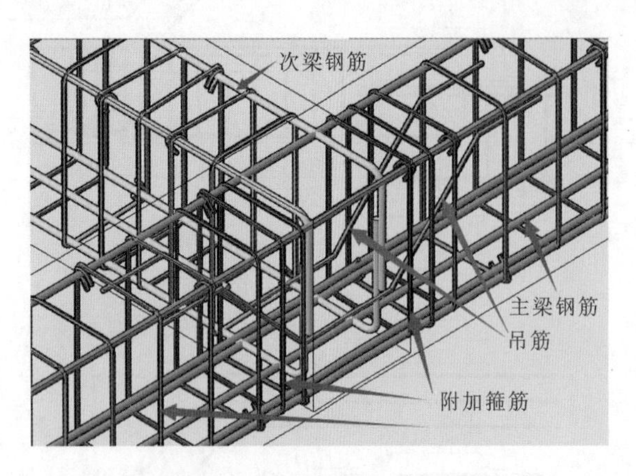

图 4-64　附加箍筋和吊筋设置

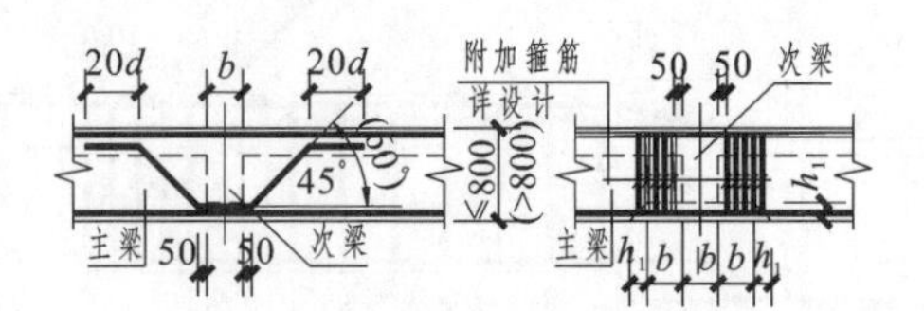

图 4-65　附加箍筋和吊筋构造

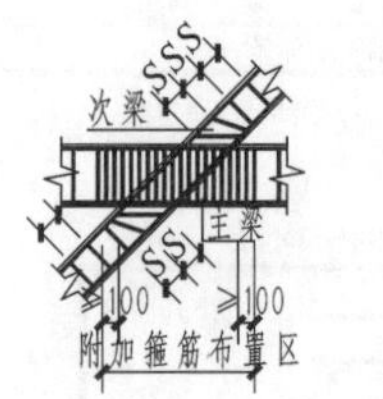

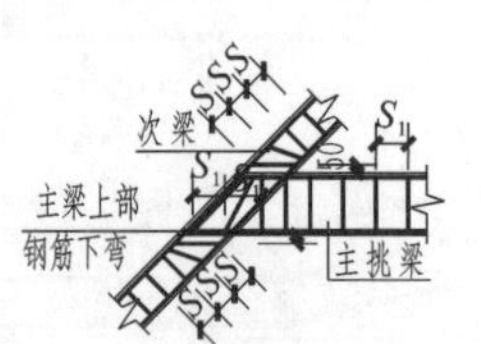

图 4-66　主次梁斜交箍筋构造

如果主次梁斜向交叉，在设置箍筋时也会稍有不同，如图 4-66 和图 4-67 所示。

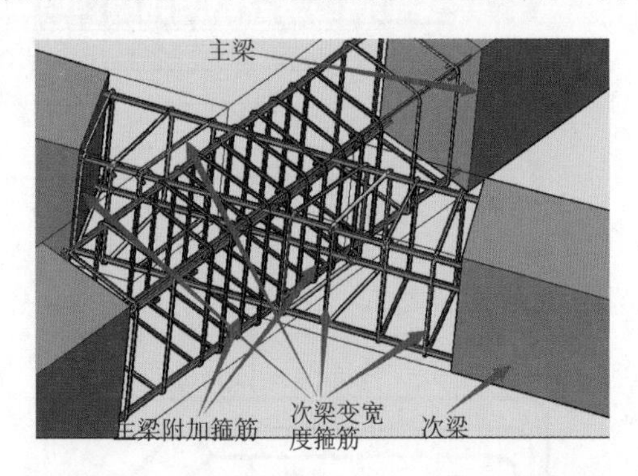

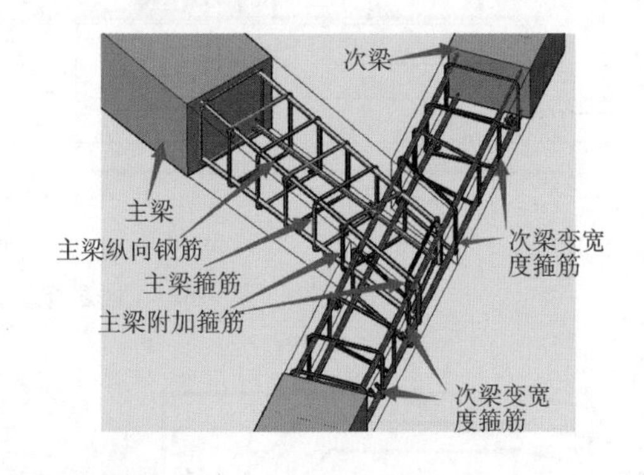

图 4-67　主次梁斜交钢筋构造效果

3. 梁加腋部位构造

结构梁截面宽度较小（一般为 200～350 mm），而结构柱截面宽度有时较大（一般为 400 mm 以上）。结构梁与柱相交时，有时为了满足建筑物美观的需要，梁外边应与柱外边相平。这时梁柱中心偏位大，不利于结构抗震。为弥补这一局限，结构设计人员有时要求在梁两端设置水平腋，如图 4-68 和图 4-69 所示。

若一根梁支座附近承受的剪力特别大，而其跨中弯矩却不太大时，整体加大梁的截面高度以增强其抗剪能力，会带来不经济或者不能满足房屋净高的要求。这时，结构设计人员可能会在梁两端底部设计竖向腋，如图 4-70和图 4-71 所示。

梁加腋构造如图 4-71 所示，具体说明如下。

(1) 括号内为非抗震时梁纵向钢筋的锚固长度。

(2) 当在梁结构平法施工图中，水平加腋部位的配筋设计未给出时，其梁腋上、下部斜纵筋（仅设置第一排）直径分别同梁内上、下纵筋，水平间距不宜大于 200 mm；水平加腋部位侧面纵向构造筋的设置及构造要求同梁内侧面纵向构造筋。

(3) 框架梁竖向加腋构造中加腋钢筋参与框架梁计算，配筋由设计标注；其他情况下，设计应另行给出做法。

(4) 加腋部位的箍筋规格及肢距与梁端部的箍筋相同。

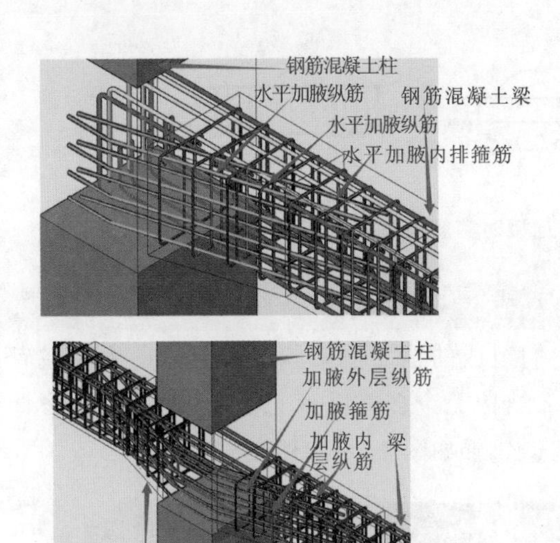

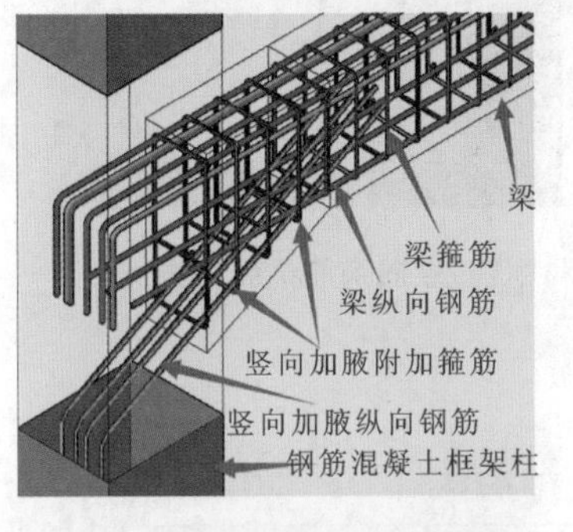

图 4-68 水平加腋梁钢筋配置效果

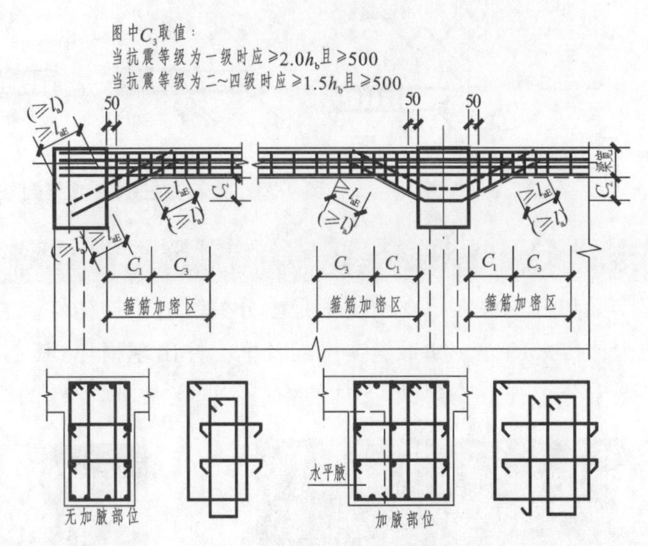

图 4-69 水平加腋梁钢筋构造

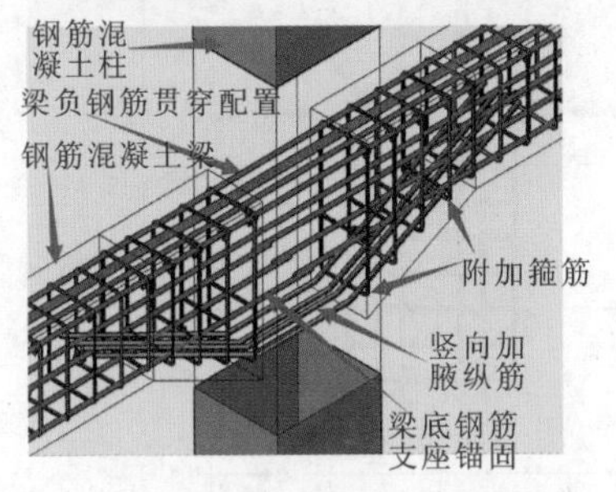

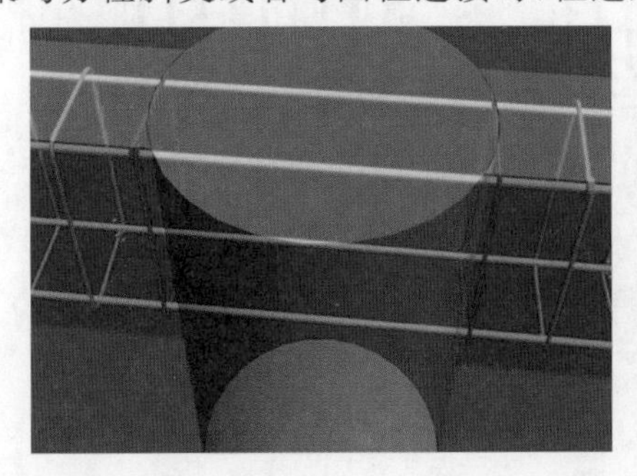

图 4-70 梁竖向加腋构造效果图

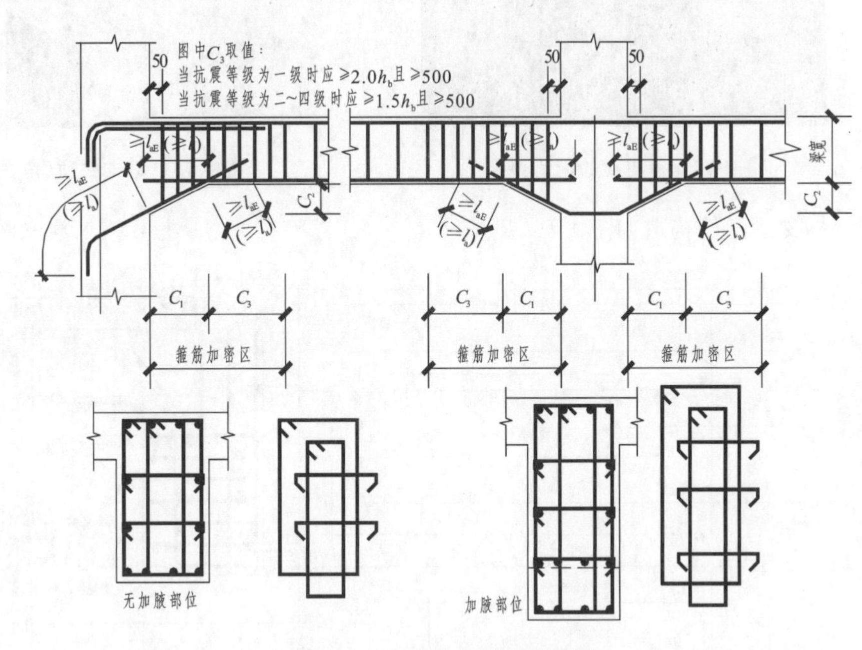

图 4-71 梁竖向加腋钢筋配置

4. 梁与方柱斜交或与圆柱连接构造

梁与方柱斜交或者与圆柱连接时，柱边第一道箍筋的定位很关键，应按照图 4-72 和图 4-73 所示配置。

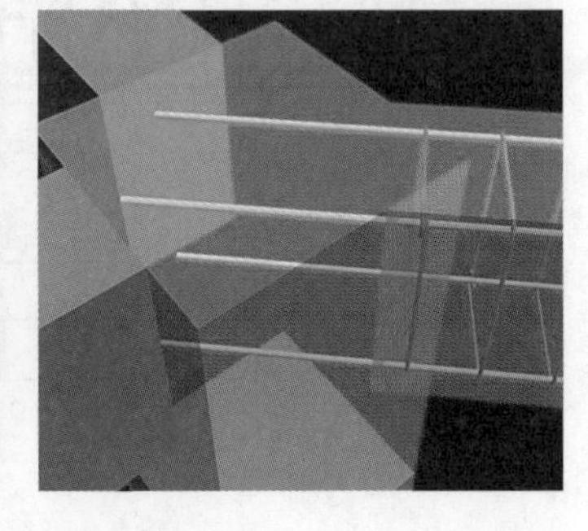

图 4-72 梁与方柱斜交或与圆柱连接时箍筋构造效果图

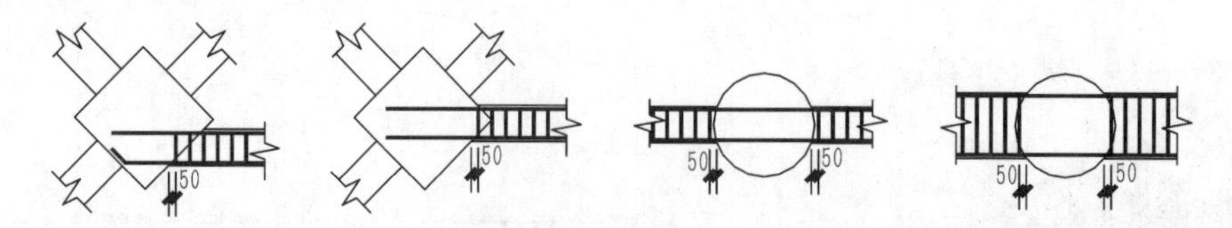

图 4-73　梁与方柱斜交或与圆柱连接时箍筋构造

5. 框支梁、框支柱的特殊构造

框支梁和框支柱在框支结构中是十分关键的结构构件。它们组成的框支框架承载着上部剪力墙或者另外一些结构柱传来的力。如果框支梁或者框支柱出现损坏，其上部结构无论多坚固都无济于事。因此，设计和施工都必须十分重视框支梁、框支柱的构造。框支梁、框支柱的构造效果如图 4-74 和图 4-75 所示。

图 4-74　框支梁的配筋效果

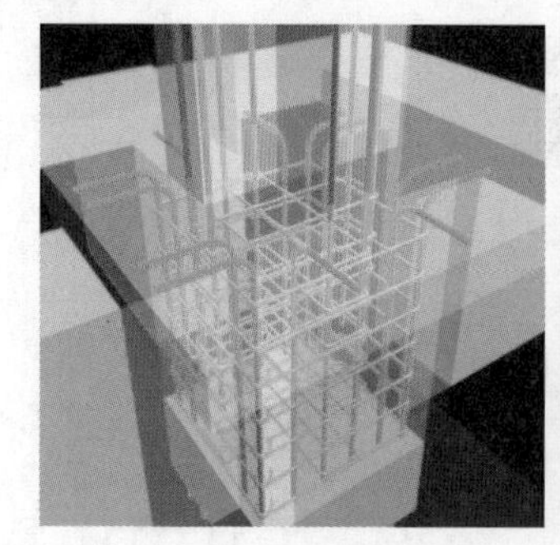
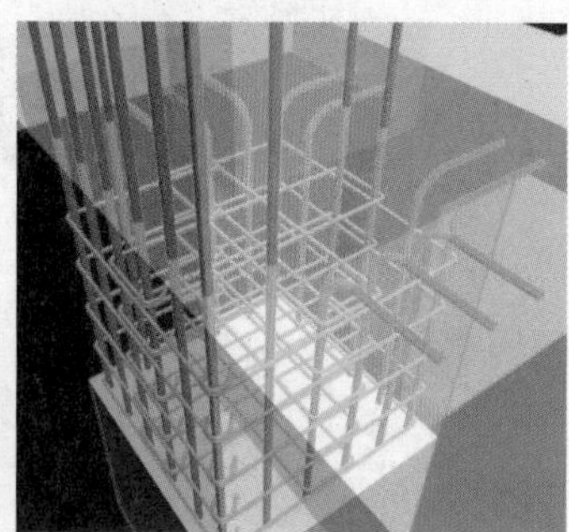

图 4-75　框支柱顶（角柱和中柱）纵向钢筋锚固效果

框支梁配筋构造如图 4-76 所示。

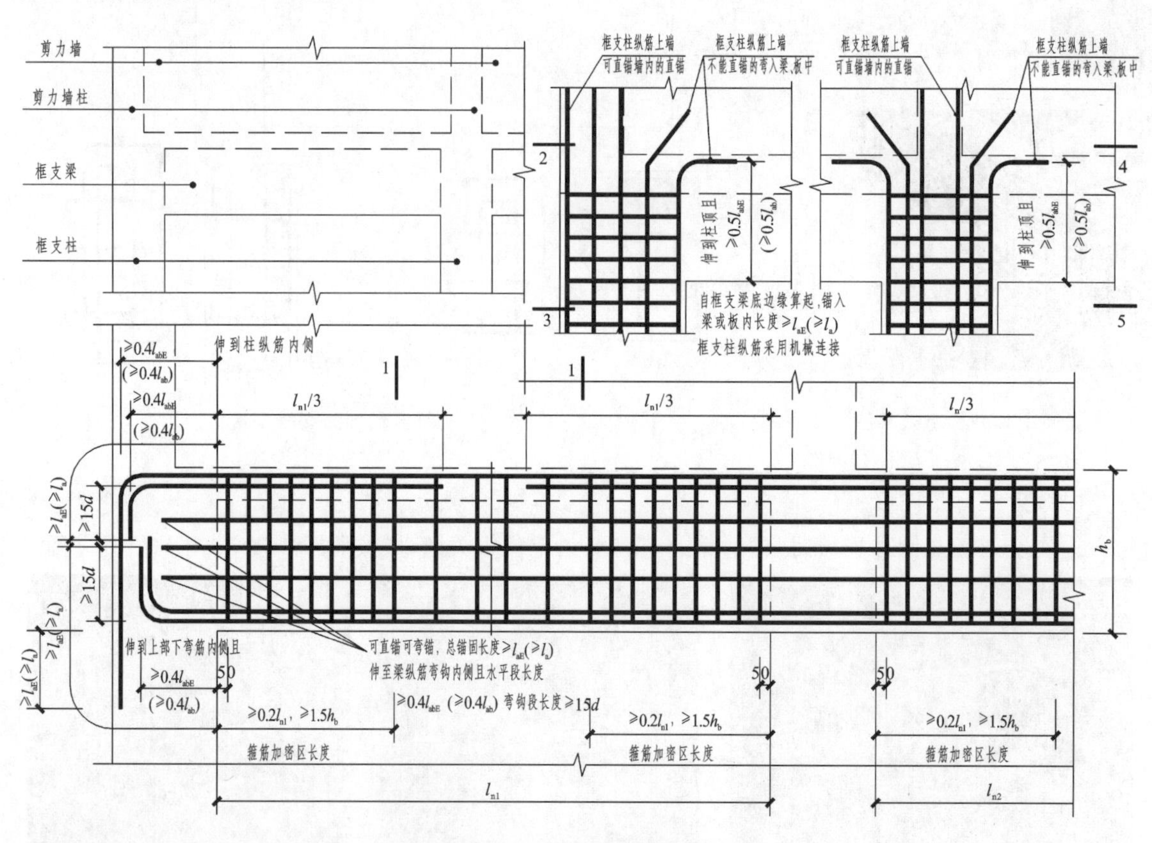

图 4-76　框支梁的配筋构造

关于框支梁配筋构造的说明如下。

(1) 跨度值 l_n 为左跨 l_{ni} 和右跨 l_{ni+1} 中的较大值，其中 $i=1,2,3,\cdots$。

(2) 图 4-76 中 h_b 为梁截面高度，h_c 为框支柱截面沿框支架方向的高度。

(3) 梁纵向钢筋宜采用机械连接接头，同一截面内接头钢筋的截面面积不应超过全部纵筋截面面积的 50%，接头位置应避开上部墙体开洞部位、梁上托柱部位及受力较大部位。

(4) 梁侧面纵筋直锚时，锚固长度应大于等于 $0.5h_c+5d$。

(5) 对框支梁上部的墙体开洞部位，梁的箍筋应加密配置，加密区范围可取墙边两侧各 1.5 倍转换梁高度。

(6) 括号内数字用于非抗震设计。

框支柱配筋构造如图 4-77 所示。

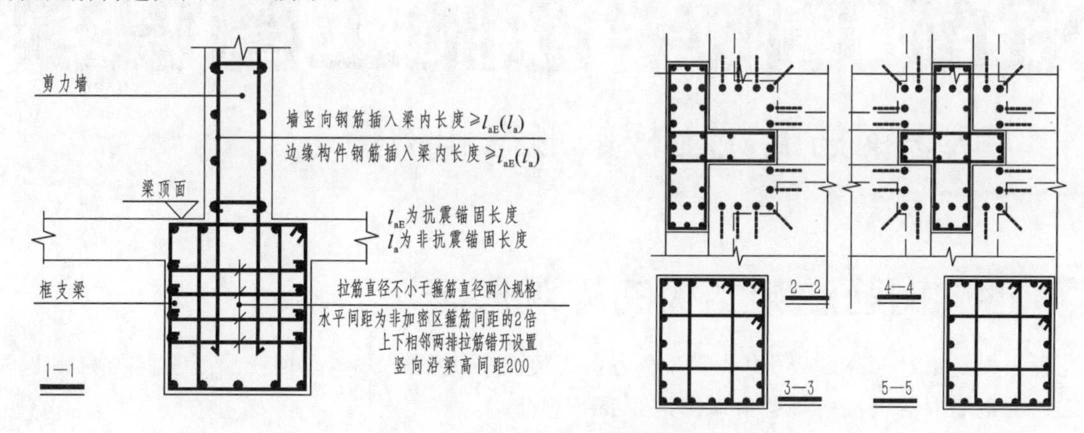

图 4-77 框支柱钢筋配置构造

课后任务

1. 请计算图 4-78 中 WKL1、WKL3、WKL5 和 L3 的混凝土体积、纵向钢筋用量、箍筋用量。

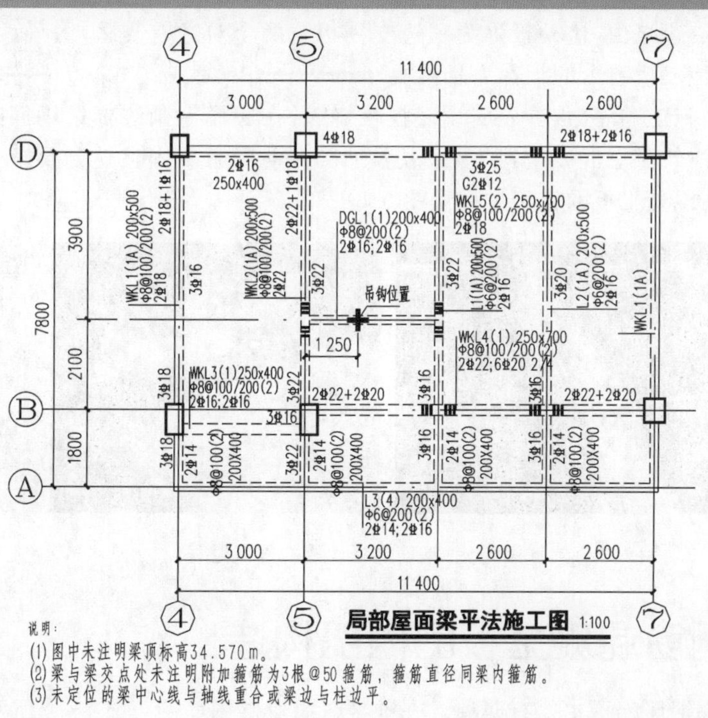

图 4-78 局部屋面梁平法施工图

项目5 混凝土板平法施工图识读

任务1 认识钢筋混凝土板的形态和构造

知识点1 钢筋混凝土板的外观形态

钢筋混凝土板是指竖向高度较小、水平两个方向尺度都较大的立方体。钢筋混凝土板分为预制和现浇两类。平法表达的钢筋混凝土板一般是指现浇钢筋混凝土板。

如果板是以钢筋混凝土梁为支座的，则称为有梁钢筋混凝土楼(屋)盖。如果板不是支承在梁上，而是支承在若干柱上，则称为无梁楼(屋)盖。在工程实践中，有梁钢筋混凝土楼(屋)盖的应用十分广泛，无梁楼(屋)盖的应用则相对较少。本书主要介绍有梁钢筋混凝土楼(屋)盖平法表达的施工图识读。

有梁钢筋混凝土楼(屋)盖是指至少一边支撑在梁上的板。若板四边都支撑在梁上，且两个边长之比在0.5到2.0之间，称为双向板。若板的四边都支撑在梁上，且两个边长之比不在0.5到2.0范围中，称为单向板。如果有三边支承在梁上，另一边自由，这种板称为三边支撑板。两个对边有支撑，另外两边自由的板称为纯单向板。一边固定在梁上，其他三边自由的板称为悬挑板。

现浇钢筋混凝土板的施工顺序为，首先支设底模板，然后在底模上画线标记钢筋间距，检查无误后按画线放置和绑扎钢筋网，最后浇筑流态混凝土，保湿保温养护。在混凝土凝固且达到要求强度后拆除模板，留下成形的固态混凝土板。钢筋混凝土板的施工过程见图5-1。

图5-1 钢筋混凝土板的施工过程

知识点2 钢筋混凝土板的内部构造

钢筋混凝土板的内部钢筋配置主要有两种。一种是双向双层钢筋网，如图5-2所示。这种钢筋配置方法一般用于厚度较大、需要加强配筋的楼层板，如地下室底板和顶板、结构转换层板以及建筑屋面板等位置。另一种是底部设置双向钢筋网，顶部仅在板支座侧边配置一定宽度钢筋网，如图 5-3 所示。

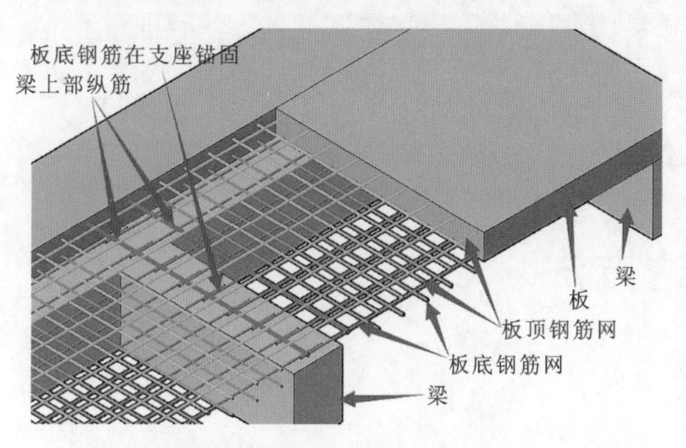

图 5-2 双向双层钢筋网的板

图 5-3 配置支座负筋的板

四边支承的钢筋混凝土楼(屋)面板内配筋为什么会是这两种形式呢？这要从四边支承板的受力和破坏情况来分析原因。

四边支承的钢筋混凝土楼(屋)面板在竖向楼面荷载作用下，在板底中间和板面四周会出现拉应力，荷载增大，拉应力也会增大。当拉应力超过混凝土自身抗拉强度时，会在如图 5-4 所示的位置出现微小裂缝。

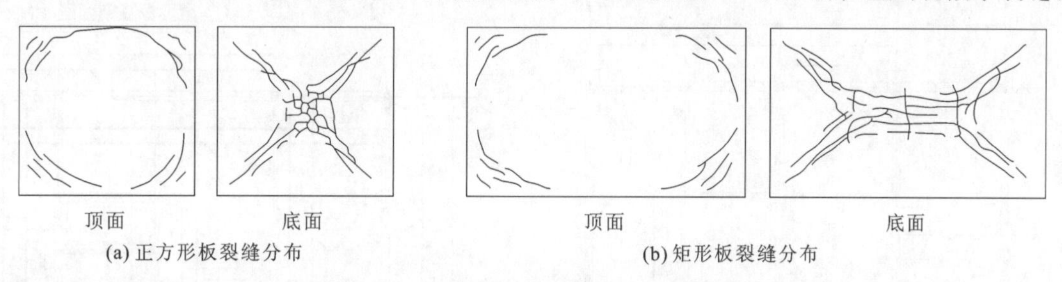

图 5-4 四边支承钢筋混凝土板裂缝分布

钢筋混凝土结构构件内钢筋配置原则是：哪里拉应力较大，哪里可能出现裂缝，哪里就应该配置较多钢筋。由图 5-4(a)可知，板底钢筋应该主要集中于中间，板顶钢筋应该主要集中于支座处。为简便起见，工程实际中，板底钢筋一般双向满布，板顶钢筋可双向满布或仅支座设置。

知识点 3 钢筋混凝土板内辅助钢筋

钢筋混凝土板内除了板底钢筋和板面钢筋外，还应设置一些辅助钢筋。这些辅助钢筋主要是为了保证上下两层钢筋网之间保持一定的距离，使其各自发挥应有的作用。常见的钢筋混凝土板内辅助钢筋有马镫筋、短钢筋头支垫等。如果板厚度较大，一般设置马镫筋，如图 5-5 所示。若板厚较小，可采用短钢筋头支垫隔离。

在设计图纸中并无对这部分辅助钢筋的表达。在施工和预决算中应考虑这部分钢筋用料的需要。

图 5-5 板中马镫筋

课后任务

1. 从外观形态看，钢筋混凝土板有哪几种支座情况？
2. 钢筋混凝土板内主要钢筋的配置是怎样的？
3. 钢筋混凝土板内的辅助钢筋有哪些？其主要作用是什么？

任务2 钢筋混凝土板的传统表达方法

知识点1 钢筋混凝土板模板图

钢筋混凝土板的模板图主要用于表达板顶面形态，一般情况下是平整的。例如，需要在板中设置洞口、沟槽等，以及需要降低板顶标高等，这些情况都需要在模板图中来表达，如图5-6所示。

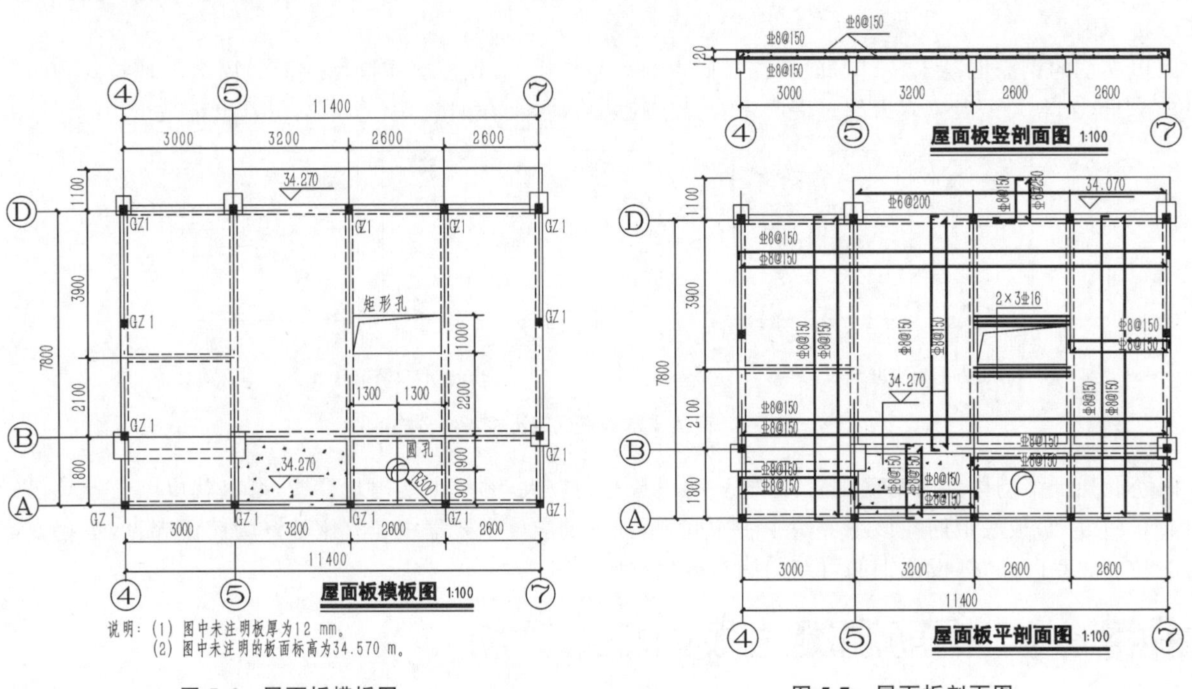

图5-6 屋面板模板图

图5-7 屋面板剖面图

知识点2 钢筋混凝土板剖面图

板剖面图包括板的平剖面图和竖剖面图，如图5-7所示。平剖面图相当于板钢筋绑扎完成之后、混凝土没有浇注之前的板钢筋分布状态。竖剖面图需要表达板厚度、板钢筋锚固方式等内容。

任务3 钢筋混凝土板平法制图规则

知识点1 有梁钢筋混凝土板平法制图规则

1. 有梁钢筋混凝土板平法施工图的表示方法

有梁钢筋混凝土板平法施工图，是指在楼面板和屋面板布置图上，采用平面注写的表达方式表达的施工图。板平面注写方式包括板块集中标注和板支座原位标注两种。

为了方便设计表达和施工图识读，规定结构平面的坐标方向如下。

① 当两向轴网正交布置时，从左至右为 X 向，从下至上为 Y 向。

② 当轴网转折时，局部坐标方向沿轴网转折角度做相应的转折。

③ 当轴网向心布置时，切向为 X 向，径向为 Y 向。

此外，对于平面布置比较复杂的区域，如轴网转折交界区域、向心布置的核心区域等，其平面坐标方向应由设计者另行规定并在图上明确标示。

2. 板块集中标注

板块集中标注的内容为板块编号、板厚、贯通纵筋及当板面标高不同时的标高高差。

对于普通楼面，两向均以一跨为一板块；对于密肋楼盖，两向主梁(框架梁)均以一跨为一板块(非主梁密肋不计)。所有板块应逐一编号，相同编号的板块可选择其一个做集中标注，其他仅注写置于圆圈内的板编号及当板面标高不同时的标高高差。

板块编号按表 5-1 的规定执行。

表 5-1　板块编号

板类型	代号	序号
楼面板	LB	××
屋面板	WB	××
悬挑板	XB	××

板厚注写为 h=×××(为垂直于板面的厚度)；当悬挑板的端部改变截面厚度时，用斜线分隔根部与端部的厚度值，注写为 h=×××/×××；当设计已在图注中统一注明板厚时，此项可不注。

贯通纵筋按板块的下部和上部分别注写(当板块上部不设贯通纵筋时不注)，并以 B 代表下部，以 T 代表上部，B&T 代表下部与上部；X 向贯通纵筋以 X 开头，Y 向贯通纵筋以 Y 开头，两向贯通纵筋配置相同时则以 X&Y 开头。

当为单向板时，分布筋可不必注写，而在图中统一注明。

当在某些板内(如在悬挑板 XB 的下部)配置有构造钢筋时，则 X 向以 Xc、Y 向以 Yc 开头注写。

当 Y 向采用放射配筋(切向为 X 向，径向为 Y 向)时，设计者应注明配筋间距的定位尺寸。

当贯通纵筋采用两种规格钢筋“隔一布一”方式时，表达方式为Φ xx/yy@×××，表示直径为 xx 的钢筋和直径为 yy 的钢筋二者之间的间距为×××，直径为 xx 的钢筋的间距为×××的 2 倍，直径为 yy 的钢筋的间距为×××的 2 倍。

板面标高高差，是指相对于结构层楼面标高的高差，应将其注写在括号内，且有高差时则注，无高差不注。

例 5-1　有一楼面板块注写为：

LB5　h=110

B:XΦ12@120；YΦ10@110

表示 5 号楼面板，板厚 110 mm，板下部配置的贯通纵筋 X 向为Φ12@120，Y 向为Φ10@110，板上部未配置贯通纵筋。

例 5-2　有一楼面板块注写为：

LB5　h=110

B:XΦ10/12@100；YΦ10@110

表示 5 号楼面板，板厚 110 mm，板下部配置的贯通纵筋 X 向为Φ10、Φ12 隔一布一，Φ10 与Φ12 之间的间距为 100 mm，Y 向为Φ10@110，板上部未配置贯通纵筋。

例 5-3　有一悬挑板块注写为：

XB2　h=150/100

B:Xc&YcΦ8@200

表示 2 号悬挑板，板根部厚度 150 mm，端部厚度 100 mm，板下部配置构造钢筋双向均为⌀8@200(上部受力钢筋见板支座原位标注)。

同一编号板块的类型、板厚和贯通纵筋均应相同，但板面标高、跨度、平面形状以及板支座上部非贯通纵筋可以不同，如同一编号板块的平面形状可为矩形、多边形及其他形状等。编制施工预算时，应根据其实际平面形状，分别计算各块板的混凝土与钢材用量。

设计与施工应注意：单向或双向连续板的中间支座上部同向贯通纵筋，不应在支座位置连接或分别锚固。当相邻两跨的板上部贯通纵筋配置相同，且跨中部位有足够空间连接时，可在两跨任意一跨的跨中连接部位连接；当相邻两跨的上部贯通纵筋配置不同时，应将配置较大者越过其标注的跨数终点或起点伸至相邻跨的跨中连接区域连接。

设计应注意板中间支座两侧上部贯通纵筋的协调配置，施工及预算应按具体设计和相应标准构造要求实施。等跨与不等跨板上部贯通纵筋的连接有特殊要求时，其连接部位及方式应由设计者注明。

3. 板支座原位标注

板支座原位标注的内容为板支座上部非贯通纵筋和悬挑板上部受力钢筋。

板支座原位标注的钢筋，应在配置相同跨的第一跨表达(当在梁悬挑部位单独配置时则在原位表达)。在配置相同跨的第一跨(或梁悬挑部位)，垂直于板支座(梁或墙)绘制一段适宜长度的中粗实线(当该筋通长设置在悬挑板或短跨板上部时，实线段应画至对边或贯通短跨)，以该线段代表支座上部非贯通纵筋，并在线段上方注写钢筋编号(如①、②等)、配筋值、横向连续布置的跨数(注写在括号内，且当为一跨时可不注)，以及是否横向布置到梁的悬挑端。

例 5-4 (××)为横向布置的跨数，(××A)为横向布置的跨数及一端的悬挑梁部位，(××B)为横向布置的跨数及两端的悬挑梁部位。

板支座上部非贯通筋自支座中线向跨内的伸出长度，应注写在线段的下方位置。

当中间支座上部非贯通纵筋向支座两侧对称伸出时，可仅在支座一侧线段下方标注伸出长度，另一侧不注，如图 5-8 所示。

当向支座两侧非对称伸出时，应分别在支座两侧线段下方注写伸出长度，如图 5-9 所示。

对线段画至对边贯通全跨或贯通全悬挑长度的上部通长纵筋，贯通全跨或伸出至全悬挑一侧的长度值不注，只注明非贯通筋另一侧的伸出长度值，如图 5-10 所示。

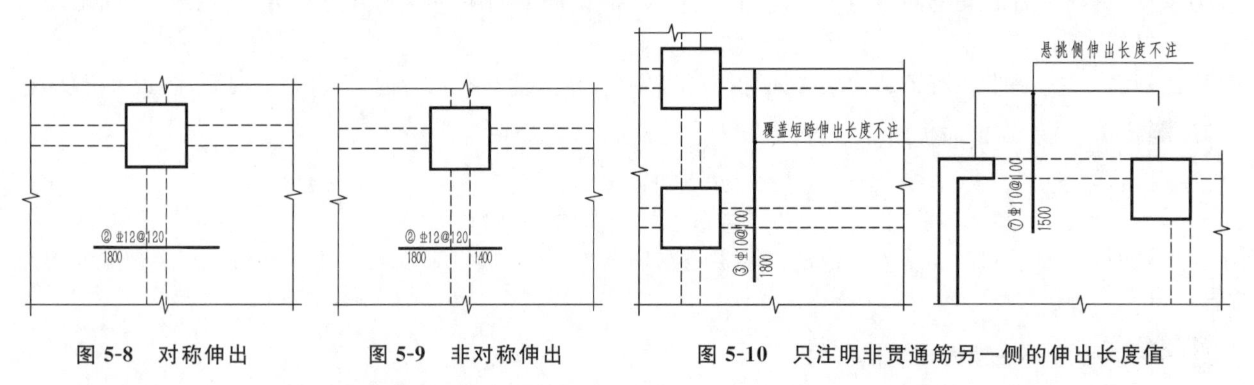

图 5-8 对称伸出　　图 5-9 非对称伸出　　图 5-10 只注明非贯通筋另一侧的伸出长度值

当板支座为弧形，支座上部非贯通纵筋呈放射状分布时，设计者应注明配筋间距的度量位置并加注“放射分布”四字，必要时应补绘平面配筋图，如图 5-11 所示。

关于悬挑板的注写方式如图 5-12 所示。当悬挑板端部厚度不小于 150 mm 时，设计者应指定板端部封边构造方式，当采用 U 形钢筋封边时，应指定 U 形钢筋的规格、直径。

悬挑板中悬挑阳角上部放射钢筋的表示方法见本项目任务 4 中细部构造。

在板平面布置图中，不同部位的板支座上部非贯通纵筋及悬挑板上部受力钢筋，可仅在一个部位注写，对其他相同者则仅需在代表钢筋的线段上注写编号及按本条规则注写横向连续布置的跨数即可。

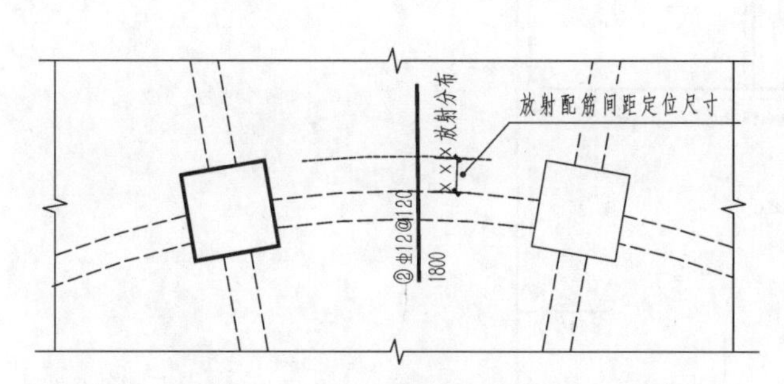

图 5-11 注明配筋间距的度量位置并加注“放射分布”

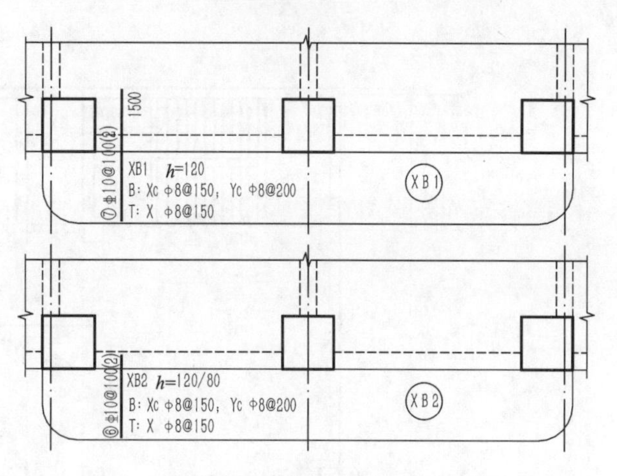

图 5-12 悬挑板的注写方式

例 5-5 在板平面布置图某部位，横跨支承梁绘制的对称线段上注有⑦Φ12@100 (5A)和 1 500，表示支座上部⑦号非贯通纵筋为Φ12@100，从该跨起沿支承梁连续布置 5 跨加梁一端的悬挑端，该筋自支座中线向两侧跨内的伸出长度均为 1 500 mm。在同一板平面布置图的另一部位横跨梁支座绘制的对称线段上注有⑦(2)者，表示该筋同⑦号纵筋，沿支承梁连续布置 2 跨，且无梁悬挑端布置。

此外，与板支座上部非贯通纵筋垂直且绑扎在一起的构造钢筋或分布钢筋，应由设计者在图中注明。

当板的上部已配置有贯通纵筋，但需增配板支座上部非贯通纵筋时，应结合已配置的同向贯通纵筋的直径与间距采取“隔一布一”方式配置。“隔一布一”方式，为非贯通纵筋的标注间距与贯通纵筋相同，两者组合后的实际间距为各自标注间距的 1/2。当设定贯通纵筋为纵筋总截面面积的 50％时，两种钢筋应取相同直径：当设定贯通纵筋大于或小于总截面面积的 50％时，两种钢筋则取不同直径。

例 5-6 板上部已配置贯通纵筋Φ12@250，该跨同向配置的上部支座非贯通纵筋为⑤Φ12@250，表示在该支座上部设置的纵筋实际为Φ12@125，其中 1/2 为贯通纵筋，1/2 为⑤号非贯通纵筋(伸出长度值略)。

例 5-7 板上部已配置贯通纵筋Φ10@250，该跨配置的上部同向支座非贯通纵筋为③Φ12@250，表示该跨实际设置的上部纵筋为Φ10 和Φ12 间隔布置，二者之间间距为 125 mm。

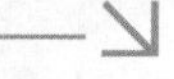

施工应注意：当支座一侧设置了上部贯通纵筋(在板集中标注中以 T 开头)，而在支座另一侧仅设置了上部非贯通纵筋时，如果支座两侧设置的纵筋直径、间距相同，应将二者连通，避免各自在支座上部分别锚固。

4. 其他

板上部纵向钢筋在端支座(梁或圈梁)的锚固要求，标准构造详图中规定：当设计按铰接时，平直段伸至端支座对边后弯折，且平直段长度≥0.35/l_{ab}，弯折段长度 $15d$(d 为纵向钢筋直径)；当充分利用钢筋的抗拉强度时，平直段伸至端支座对边后弯折，且平直段长度≥0.6/l_{ab}，弯折段长度 $15d$。设计者应在平法施工图中注明采用何种构造，当多数采用同种构造时可在图注中写明，并将少数不同之处在图中注明。

板纵向钢筋的连接可采用绑扎搭接、机械连接或焊接，其连接位置见标准构造详图。当板纵向钢筋采用非接触方式的绑扎搭接连接时，其搭接部位的钢筋净距不宜小于 30 mm，且钢筋中心距不应大于 0.2 l_l与 150 mm 中的较小者。

注：非接触搭接使混凝土能够与搭接范围内所有钢筋的全表面充分黏接，可以提高搭接钢筋之间通过混凝土传力的可靠度。

板平法施工图示例如图 5-13 所示。

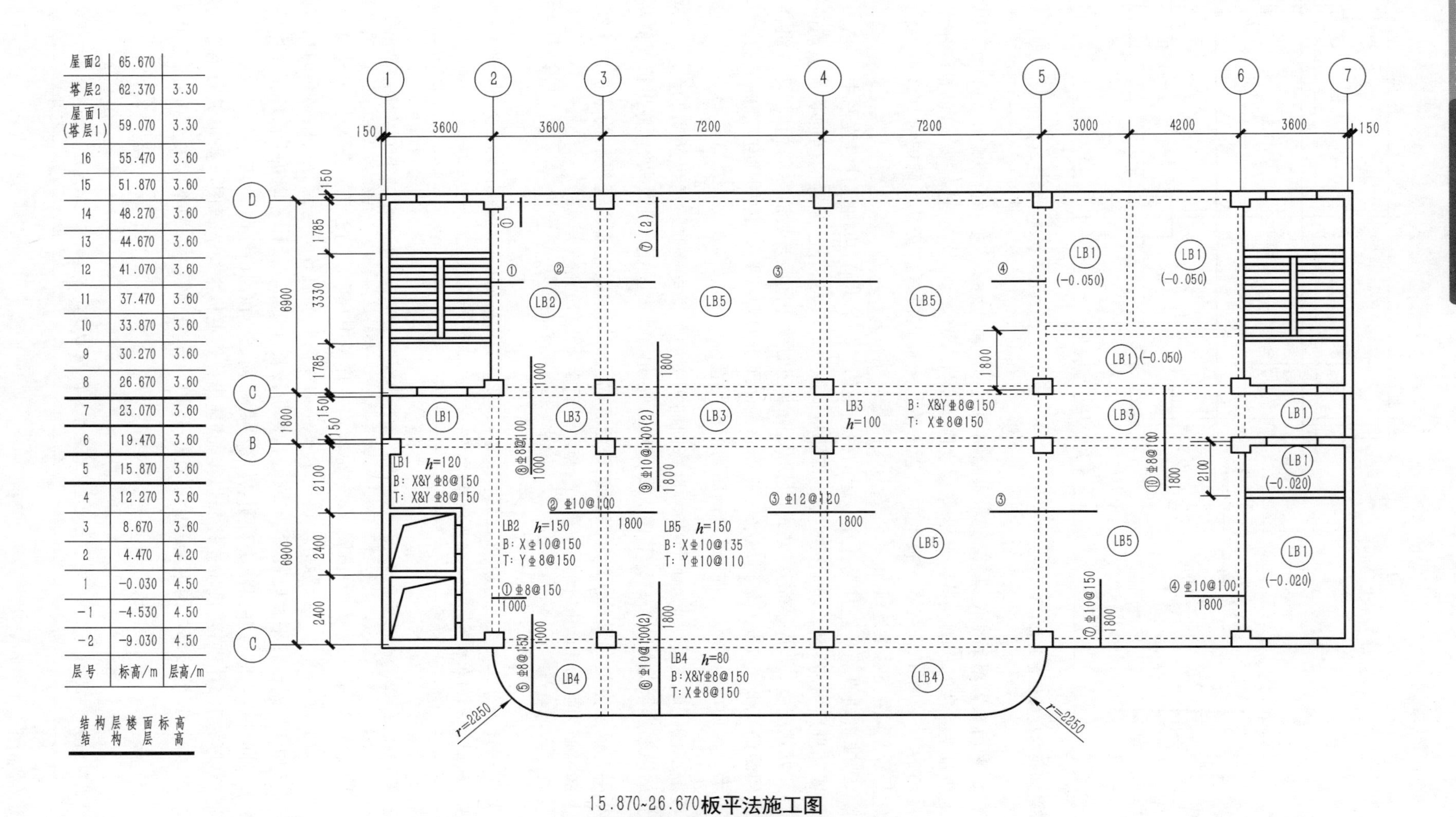

层号	标高/m	层高/m
屋面2	65.670	
塔层2	62.370	3.30
屋面1 (塔层1)	59.070	3.30
16	55.470	3.60
15	51.870	3.60
14	48.270	3.60
13	44.670	3.60
12	41.070	3.60
11	37.470	3.60
10	33.870	3.60
9	30.270	3.60
8	26.670	3.60
7	23.070	3.60
6	19.470	3.60
5	15.870	3.60
4	12.270	3.60
3	8.670	3.60
2	4.470	4.20
1	−0.030	4.50
−1	−4.530	4.50
−2	−9.030	4.50

结构层楼面标高
结构层高

15.870~26.670板平法施工图

（未注明分布筋为⌀8@250）

图5-13 板平法施工图示例（引自平法图集）

知识点 2 楼板相关构造制图规则

1. 相关构造表示方法

楼板相关构造的平法施工图设计，是在板平法施工图上采用直接引注方式表达。

楼板相关构造编号按表 5-2 中的规定执行。

表 5-2 楼板相关构造类型与编号

构造类型	代号	序号	说明
纵筋加强带	JQD	××	以单向加强纵筋取代原位置配筋
后浇带	HJD	××	有不同的留筋方式
柱帽	ZMx	××	适用于无梁楼盖
局部升降板	SJB	××	板厚及配筋与所在板相同，构造升降高度≤300 mm
板加腋	JY	××	腋高与腋宽可选注
板开洞	BD	××	最大边长或直径<1 m；加强筋长度有全跨贯通和自洞边锚固两种
板翻边	FB	××	翻边高度≤300 mm
角部加强筋	Crs	××	以上部双向非贯通加强钢筋取代原位置的非贯通配筋
悬挑板阳角放射筋	Ces	××	板悬挑阳角上部放射筋
抗冲切箍筋	Rh	××	通常用于无柱帽无梁楼盖的柱顶
抗冲切弯起筋	Rb	××	通常用于无柱帽无梁楼盖的柱顶

2. 楼板相关构造直接引注

1）纵筋加强带 JQD 的引注

纵筋加强带的平面形状及定位由平面布置图表达，加强带内配置的加强贯通纵筋等由引注内容表达。

纵筋加强带设单向加强贯通纵筋，取代其所在位置板中原配置的同向贯通纵筋。根据受力需要，加强贯通纵筋可在板下部配置，也可在板下部和板上部均设置。纵筋加强带的引注如图 5-14 所示。

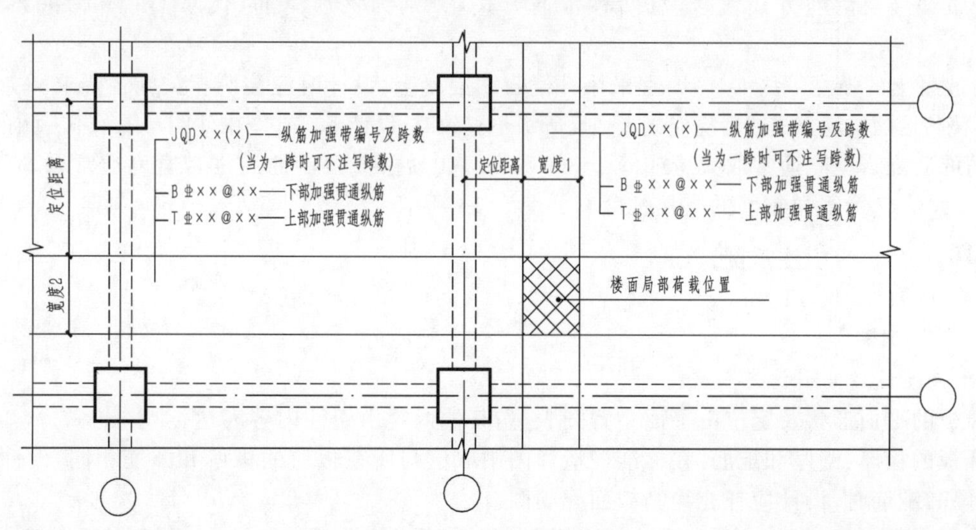

图 5-14 板纵筋加强带引注

例 5-8 纵筋加强带引注示例。

JQD01(3)

B⌀16@50

T⌀14@50

当板下部和板上部均设置加强贯通纵筋，而板带上部横向无配筋时，加强带上部横向配筋应由设计者注明。

当将纵筋加强带设置为暗梁形式时，应注写箍筋，其引注如图 5-15 所示。

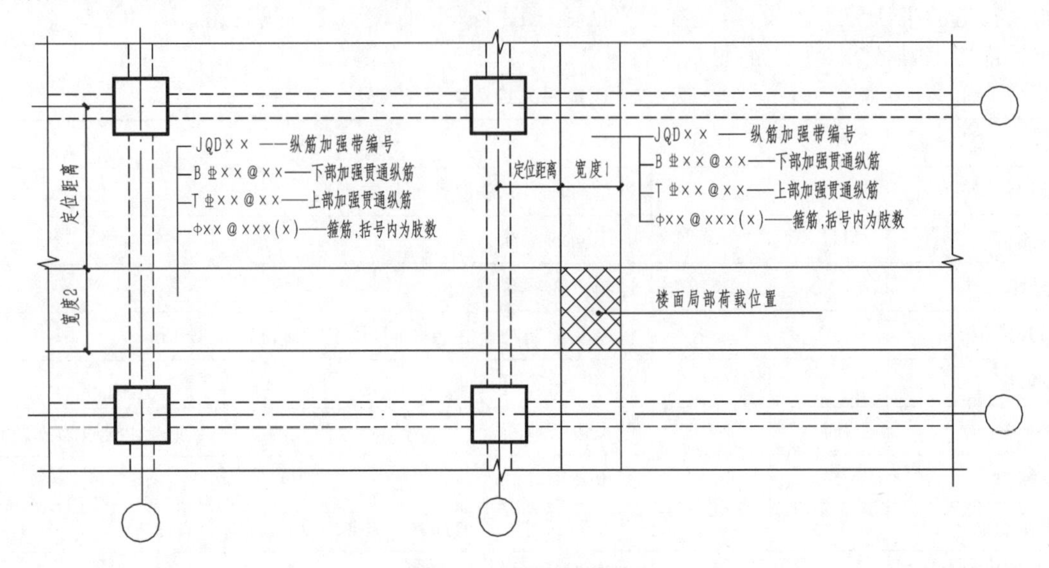

图 5-15　暗梁加强带引注

例 5-9　暗梁加强带引注示例。

JQD01

B⌀16@50

T⌀14@50

ϕ8@150(4)

2) *后浇带 HJD 的引注*

后浇带的平面形状及定位由平面布置图表达，后浇带留筋方式等由引注内容表达。

(1) 后浇带编号及留筋方式代号，有两种留筋方式，分别为贯通留筋（代号 GT）和 100%搭接留筋（代号 100%）。

(2) 后浇混凝土的强度等级 C××，宜采用补偿收缩混凝土，设计时应注明相关施工要求。

(3) 当后浇带区域留筋方式或后浇混凝土强度等级不一致时，设计者应在图中注明与图示不一致的部位及做法。

贯通留筋的后浇带宽度通常取大于或等于 800 mm；100%搭接留筋的后浇带宽度通常取 800 mm 与（l_l+60 mm）中的较大值（l_l为受拉钢筋的搭接长度），如图 5-16 所示。

例 5-10　后浇带引注示例。

HJD01(GT)

C45

3) *局部升降板 SJB 的引注*

局部升降板的平面形状及定位由平面布置图表达，其他内容由引注内容表达。

局部升降板的板厚、壁厚和配筋，在标准构造详图中取值与所在板块的板厚和配筋相同，设计不注；当采用不同板厚、壁厚和配筋时，设计应补充绘制截面配筋图。

局部升降板升高与降低的高度，在标准构造详图中限定为小于或等于 300 mm，当高度大于 300 mm 时，设计应补充绘制截面配筋图。

设计应注意：局部升降板的下部与上部配筋均应设计为双向贯通纵筋，如图 5-17 和图 5-18 所示。

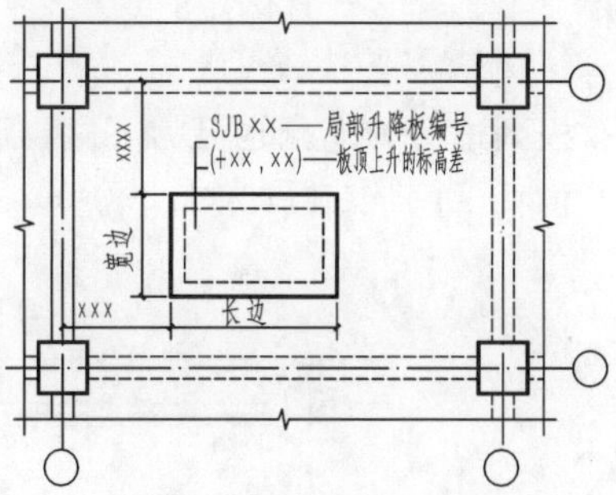

图 5-17　局部升板引注

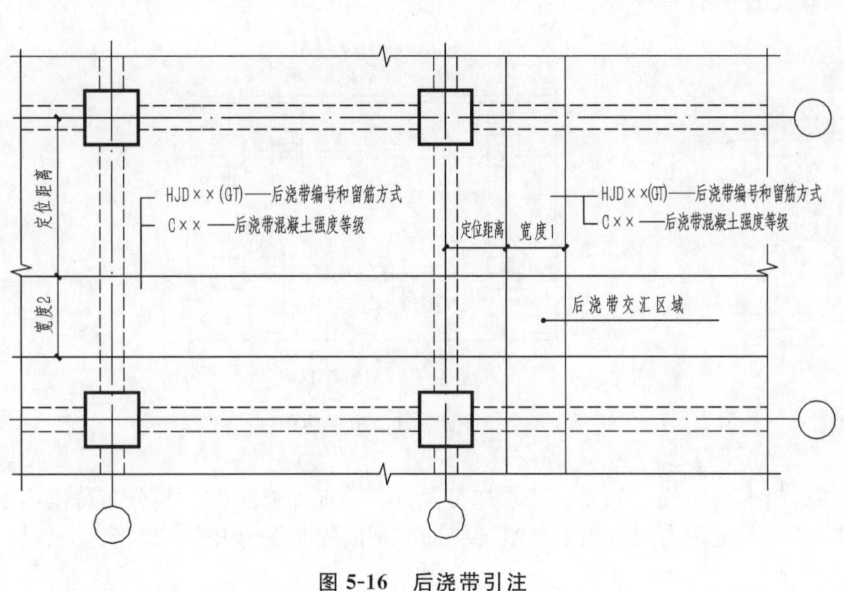

图 5-16　后浇带引注

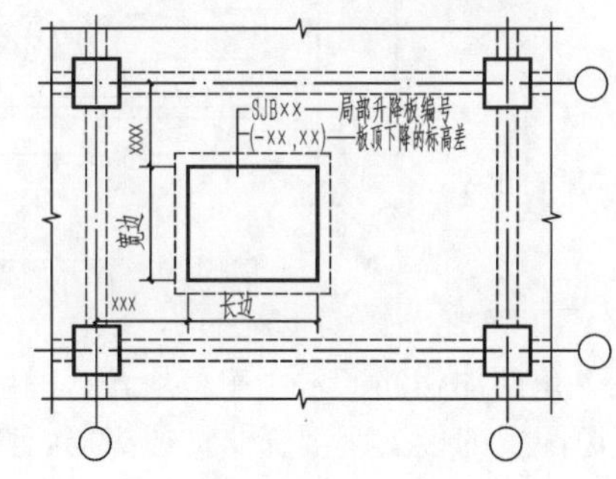

图 5-18　局部降板引注

例 5-11　局部升降板引注示例。

SJB01

(−0.250)

4）板加腋 JY 的引注

板加腋的位置与范围由平面布置图表达，腋宽、腋高及配筋等由引注内容表达。

当为板底加腋时腋线应为虚线，当为板面加腋时腋线应为实线；当腋宽与腋高同板厚时，设计不注。加腋配筋按标准构造，设计不注；当加腋配筋与标准构造不同时，设计应补充绘制截面配筋图，如图 5-19 所示。

例 5-12　板加腋的引注示例。

JY01(4)

300×250

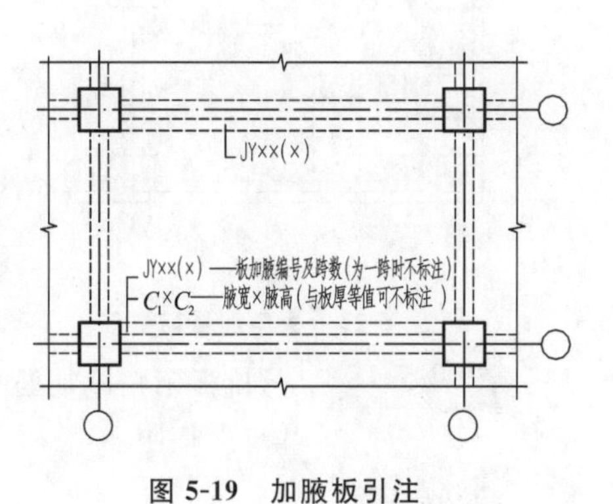

图 5-19　加腋板引注

5）板开洞 BD 的引注

板开洞的平面形状及定位由平面布置图表达，洞的几何尺寸等由引注内容表达。

当矩形洞口边长或圆形洞口直径小于或等于 1 000 mm，且当洞边无集中荷载作用时，洞边补强钢筋可按标准构造的规定设置，设计不注；当洞口周边加强钢筋不伸至支座时，应在图中画出所有加强钢筋，并标注不伸至支座的钢筋长度。当具体工程所需要的补强钢筋与标准构造不同时，设计应加以注明。

当矩形洞口边长或圆形洞口直径大于 1 000 mm，或虽小于或等于 1 000 mm 但洞边有集中荷载作用时，设计应根据具体情况采取相应的处理措施，如图 5-20 所示。

例 5-13　板开洞(矩形洞口)引注示例。

BD03

250×300

例 5-14　板开洞(圆形洞口)引注示例。

BD05

D280

6）板翻边 FB 的引注

板翻边可为上翻也可为下翻，翻边尺寸等在引注内容中表达，翻边高度在标准构造详图中为小于或等于 300 mm。当翻边高度大于 300 mm 时，由设计者自行处理，如图 5-21 所示。

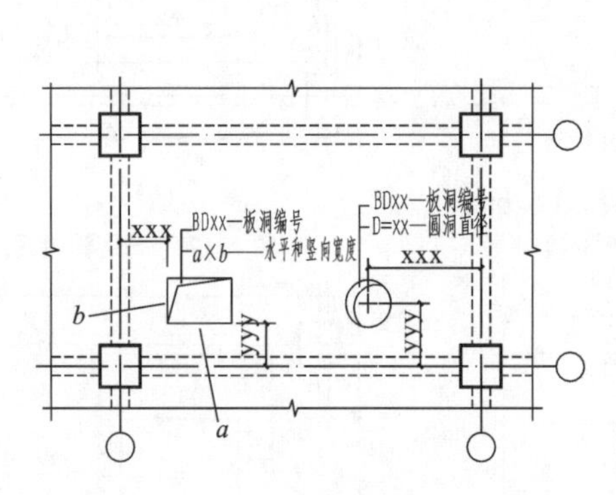

图 5-20　板开洞引注

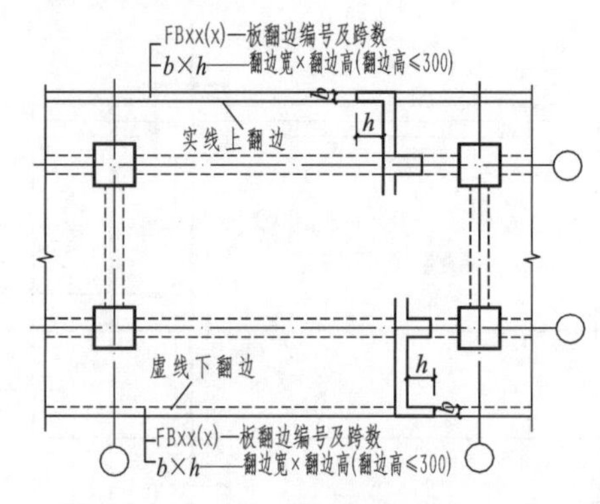

图 5-21　板翻边引注

7）角部加强筋 Crs 的引注

角部加强筋通常用于板块角区的上部，根据规范规定的受力要求选择配置。角部加强筋将在其分布范围内取代原配置的板支座上部非贯通纵筋，且当其分布范围内配有板上部贯通纵筋时则间隔布置，如图 5-22 所示。

8）悬挑板阳角附加筋 Ces 的引注

悬挑板阳角附加筋 Ces 的引注，如图 5-23 所示。

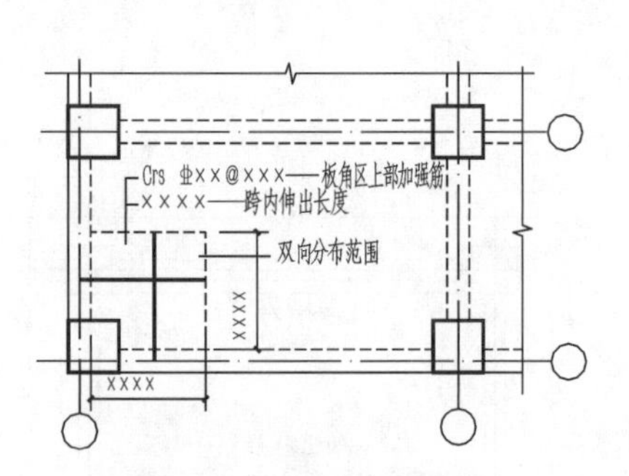

图 5-22　板角加强筋引注

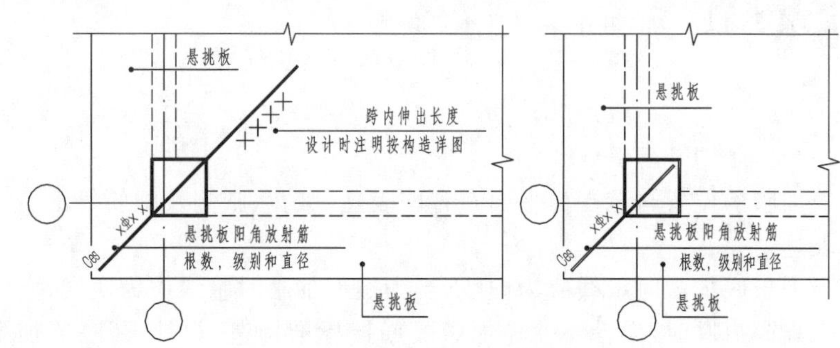

图 5-23　悬挑板阳角放射钢筋引注

例 5-15　悬挑板阳角附加筋引注示例。

Ces 7⏀16

课后任务

1. 请解释以下 4 个标注的意义。

（1）LB1　h=110

B:X⏀12@120；Y⏀10@110

（2）LB3　h=110

B:X⏀10/12@100；Y⏀10@110

（3）XB6　h=150/100

B：Xc&Yc⏀8@200

（4）JQD08(2)

B⏀16@50

T⏀14@50

2. 请对照图 5-24 填写板六要素查找表。

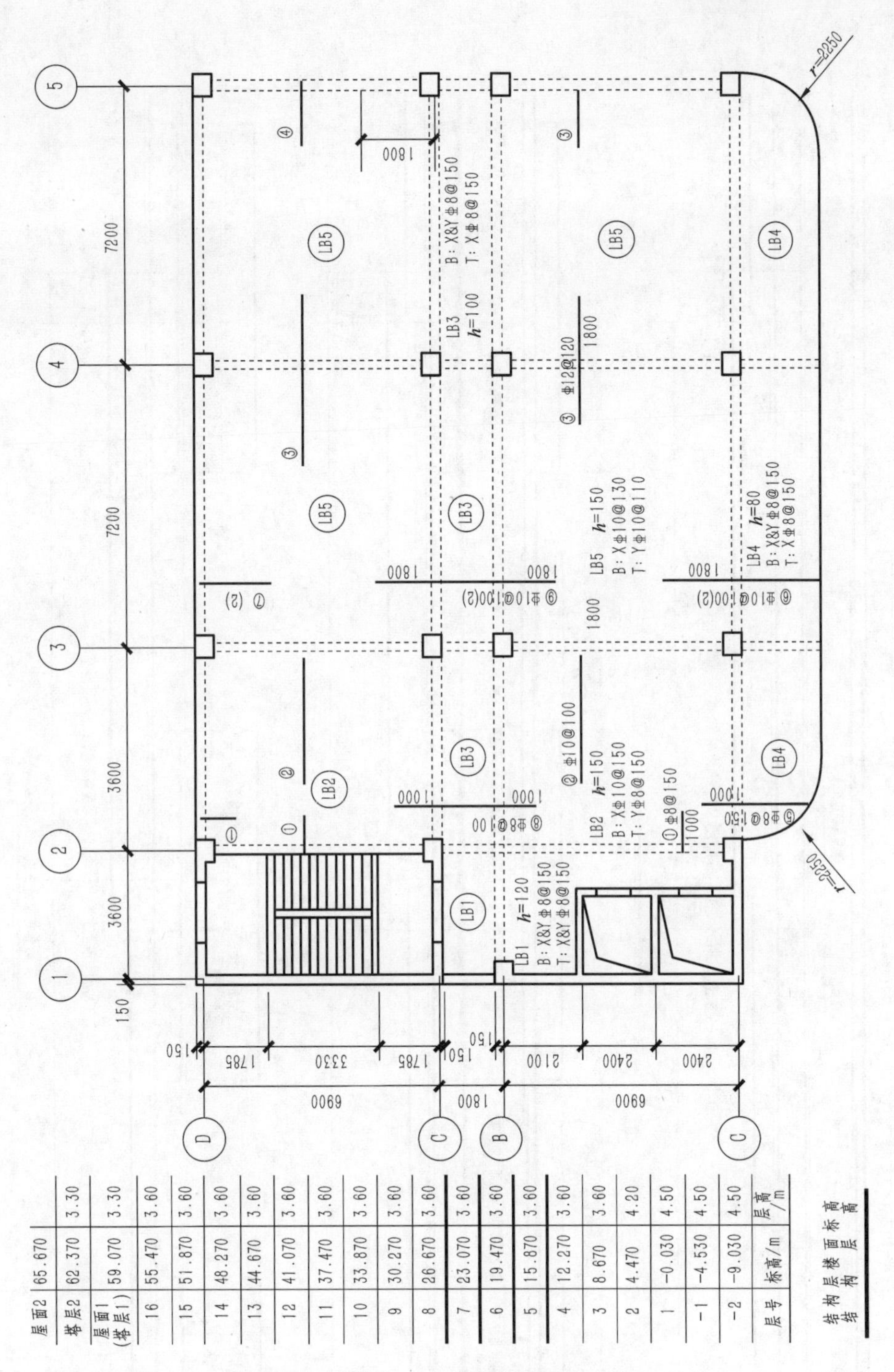

层号	标高/m	层高/m
屋面2	65.670	
塔层2	62.370	3.30
屋面1（塔层1）	59.070	3.30
16	55.470	3.60
15	51.870	3.60
14	48.270	3.60
13	44.670	3.60
12	41.070	3.60
11	37.470	3.60
10	33.870	3.60
9	30.270	3.60
8	26.670	3.60
7	23.070	3.60
6	19.470	3.60
5	15.870	3.60
4	12.270	3.60
3	8.670	3.60
2	4.470	4.20
1	-0.030	4.50
-1	-4.530	4.50
-2	-9.030	4.50

图 5-24　楼板施工图（填写板六要素查找表）

任务 4　钢筋混凝土板平法细部构造

知识点 1　钢筋混凝土板配筋构造

钢筋混凝土板的配筋方法有全板双向双层配筋方式和支座负筋配筋方式两种方法。实际上，还有一种介于二者之间的配筋方法，称为混合配筋方式，如图 5-25 所示的有梁板配筋构造。

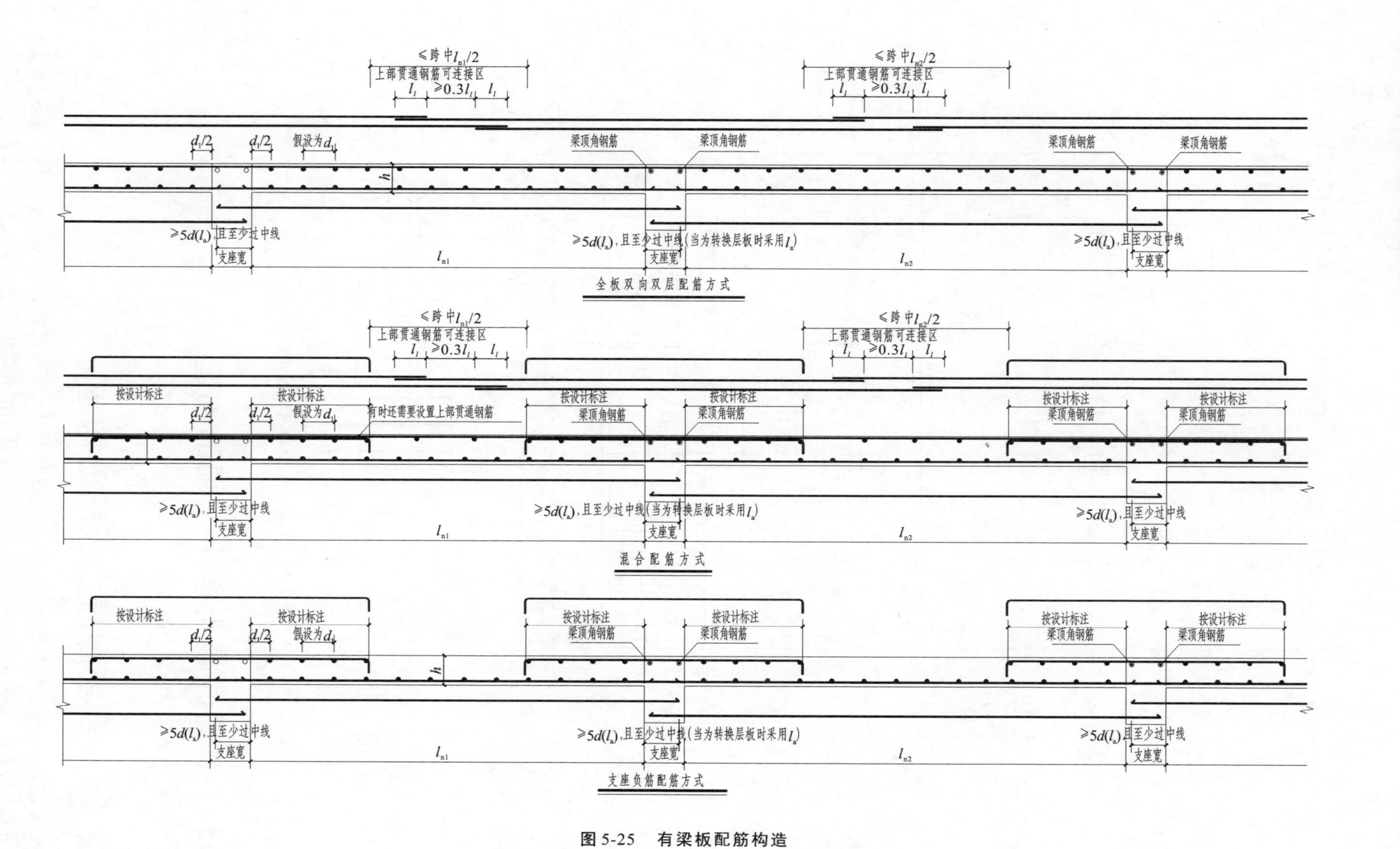

图 5-25 有梁板配筋构造

关于板配筋构造的说明如下。

(1) 当相邻等跨或不等跨的上部贯通纵筋配置不同时，应将配置较大者越过其标注的跨数终点或起点伸出至相邻跨的跨中连接区域连接。

(2) 除搭接连接外，板纵筋可采用机械连接或焊接连接。接头位置：上部钢筋见图 5-25 所示连接区，下部钢筋宜在距支座 1/4 净跨内。

(3) 板贯通纵筋的连接，在同一连接区段内钢筋接头百分率不宜大于 50%。

(4) 当采用非接触方式的绑扎搭接连接时，要求另见详图。

(5) 板位于同一层面的两向交叉纵筋，哪一向在下，哪一向在上，应按具体设计说明。

(6) 图 5-25 中板的中间支座均按梁绘制，当支座为混凝土剪力墙、砌体墙或圈梁时，其构造相同。

(7) 纵筋在端支座应伸至支座(梁、圈梁或剪力墙)外侧纵筋内侧后弯折，当直段长度≥l_a 时可不弯折。

(8) 图 5-25 中"设计按铰接时""充分利用钢筋强度时"由设计指定。

不管哪一种板，它的边跨的边支座在构造上与中间支座都有一定的差别，不同支座的情况、构造也不一样，如图 5-26 所示。

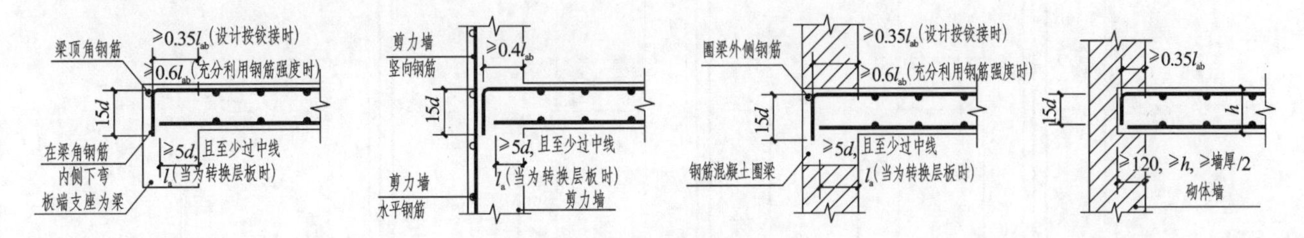

图 5-26 不同情况边支座构造要求

全板双向双层配筋方式和混合配筋方式中都有板上部贯通钢筋，这些上部贯通钢筋当相邻板跨大小不同时的搭接方式按图 5-27 进行。

知识点 2 悬挑板配筋构造

纯悬挑板配筋构造应区分仅板顶配筋和板上、下部均配筋两种情况。板自由端封端构造也可以采用两种做法，如图 5-28 所示。

若为延伸悬挑板，其构造如图 5-29 所示。

有的时候，延伸悬挑板的悬挑部分需要适当降低标高。这时，悬挑板的受力钢筋不能与相邻板负筋贯通，需要单独锚固。具体做法如图 5-30 所示。

如果延伸悬挑板的悬挑部分标高提高了，其构造做法类似纯悬挑板，如图 5-31 所示。

板自由端封端构造可以采用两种做法，如图 5-32 所示。

知识点 3 折板配筋构造

在建筑工程中，常常出现坡屋面等不是水平的板，这时板需要上下弯折。板上下弯折时，受力钢筋截断、锚固应按照相关要求施工，如图 5-33 至图 5-35 所示。

知识点 4 混凝土后浇带构造

钢筋混凝土结构施工后浇带是一种常见的施工技术措施，在大体量建筑工程中使用较广泛。后浇带一般与水平结构构件有关，可分为梁后浇带、板后浇带和墙后浇带三类。由于这三种后浇带在施工时相互关联，密不可分，因此在此一并介绍。

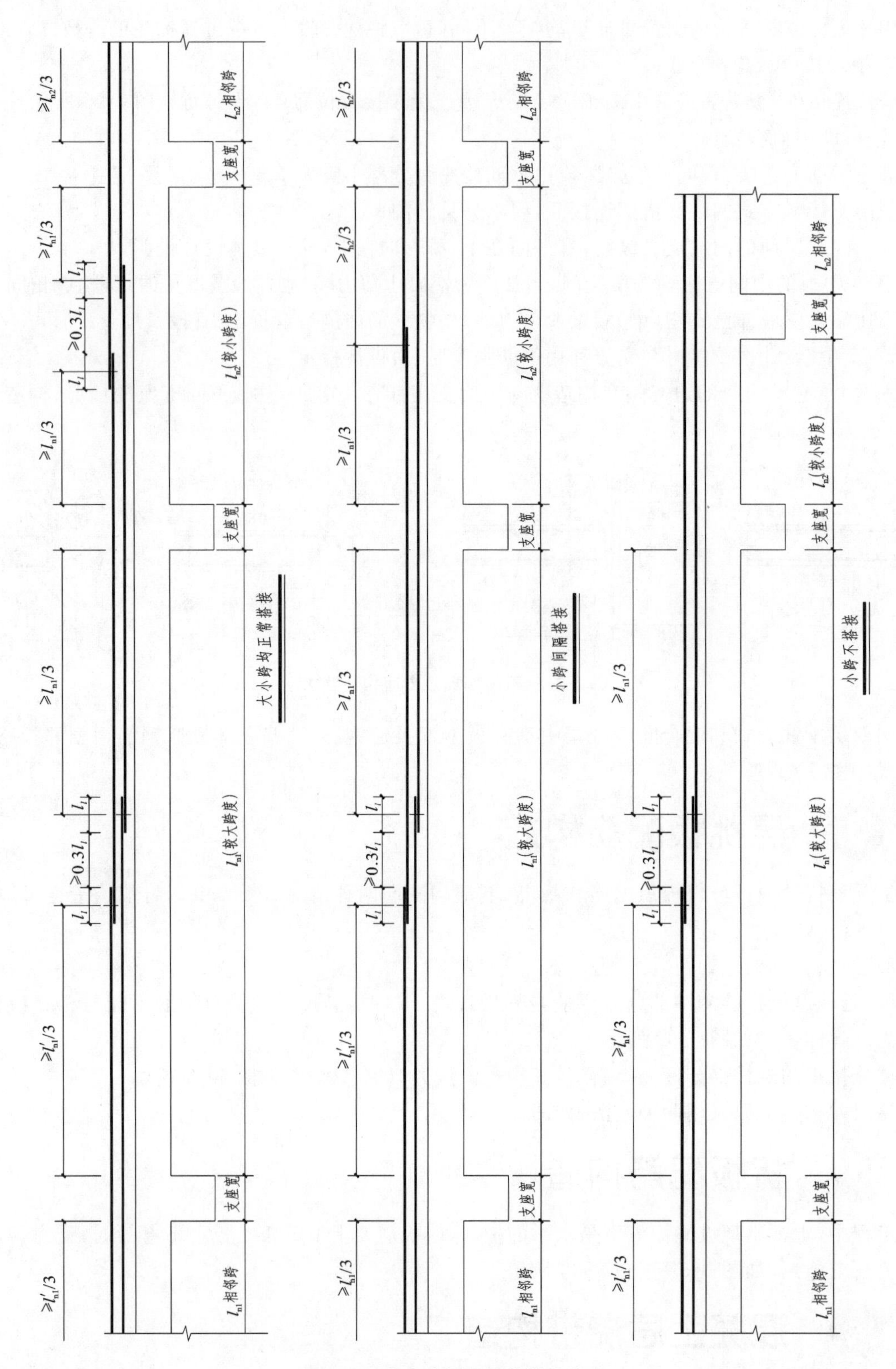

图 5-27　大小跨板顶钢筋搭接方法

板后浇带配筋构造如图 5-36 和图 5-37 所示。

钢筋混凝土墙施工后浇带配筋构造如图 5-38 和图 5-39 所示。

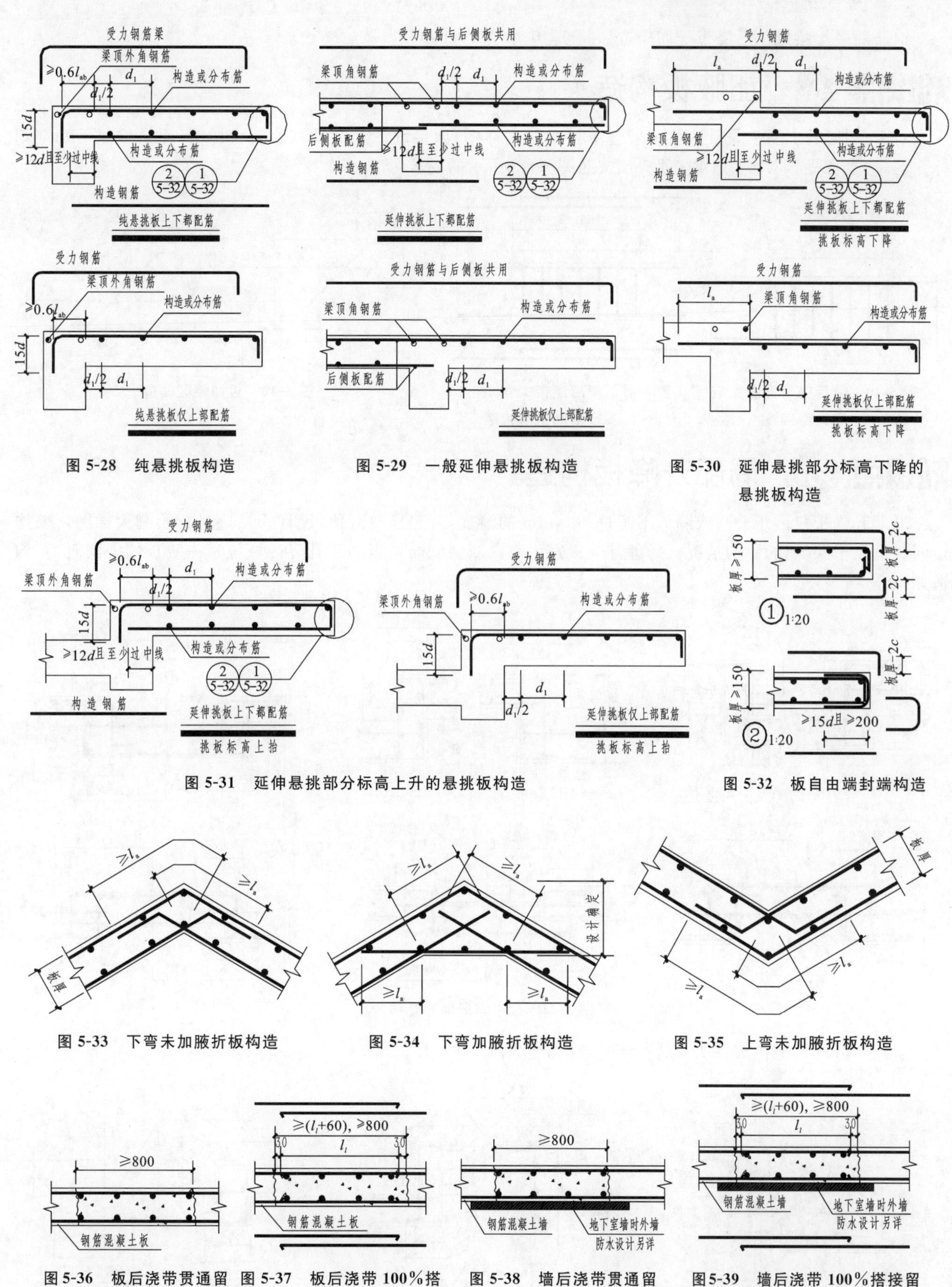

图 5-28　纯悬挑板构造

图 5-29　一般延伸悬挑板构造

图 5-30　延伸悬挑部分标高下降的悬挑板构造

图 5-31　延伸悬挑部分标高上升的悬挑板构造

图 5-32　板自由端封端构造

图 5-33　下弯未加腋折板构造

图 5-34　下弯加腋折板构造

图 5-35　上弯未加腋折板构造

图 5-36　板后浇带贯通留筋钢筋构造

图 5-37　板后浇带 100%搭接留筋钢筋构造

图 5-38　墙后浇带贯通留筋钢筋构造

图 5-39　墙后浇带 100%搭接留筋钢筋构造

钢筋混凝土梁施工后浇带配筋构造如图 5-40 和图 5-41 所示。

知识点 5 加腋板构造

对于板加腋的情况，设计人员一般会单独绘制大样图，如果设计人员没有绘制大样图，而是按照平法规则标注的，那么在做预算或施工时，就应该按照图 5-42 所示的要求考虑。

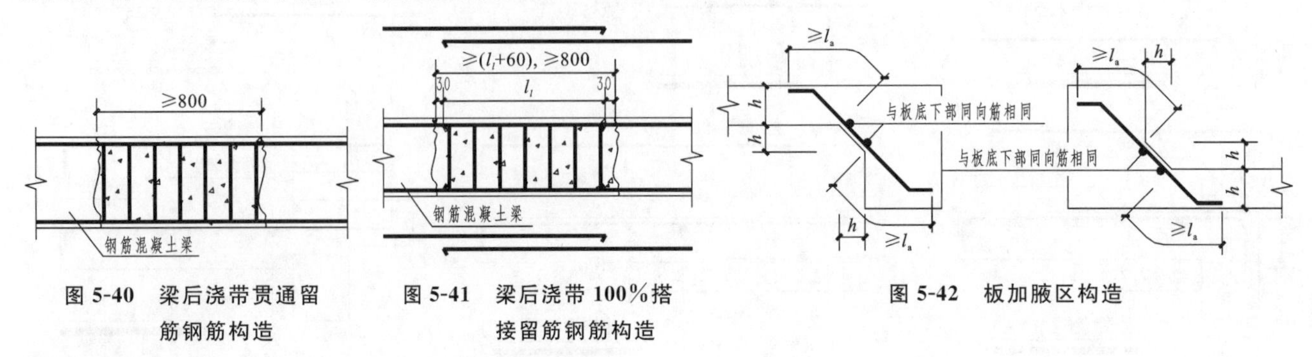

图 5-40 梁后浇带贯通留筋钢筋构造

图 5-41 梁后浇带 100%搭接留筋钢筋构造

图 5-42 板加腋区构造

知识点 6 局部升降板构造

局部升降板仅限于升高或降低不超过 300 mm 的情况，若超出此限值，设计人员应另行绘制大样图。该构造同样适用于狭长沟、陇的情况。局部升降板宜为双向双层配筋。当局部升降区域位于一块板的中间时，其构造如图 5-43 所示。

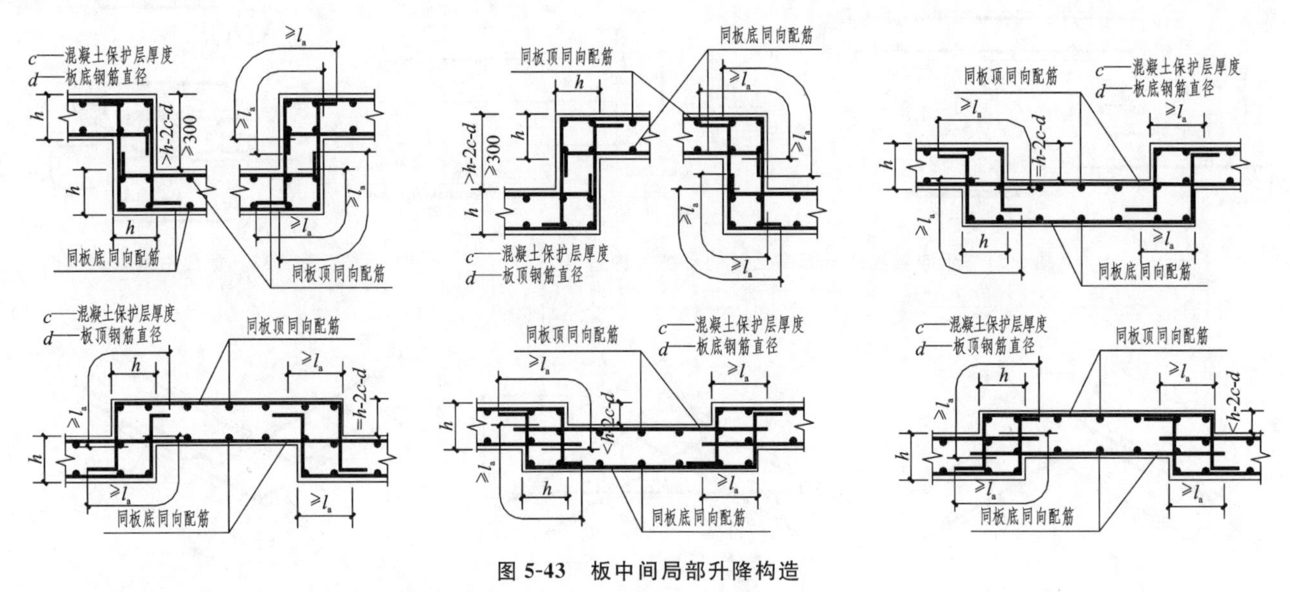

图 5-43 板中间局部升降构造

若局部升降区域位于一块板的边缘时，其构造如图 5-44 所示。

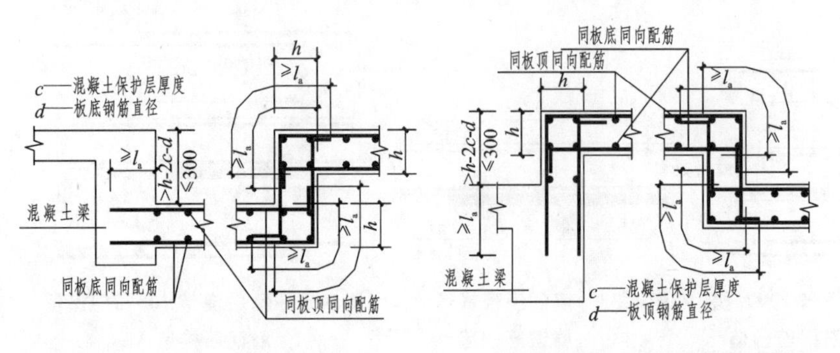

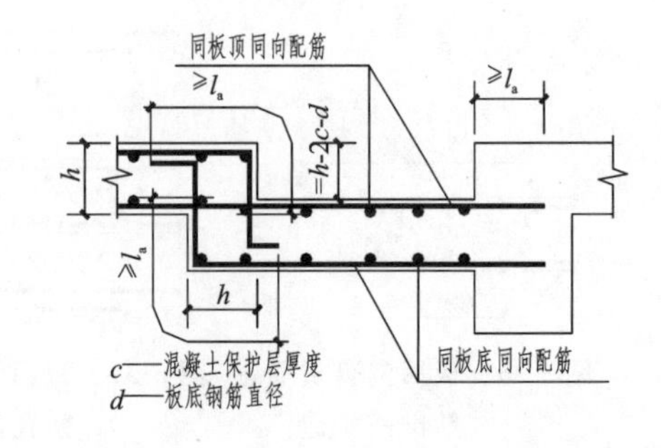

图 5-44 板、梁边局部升降构造

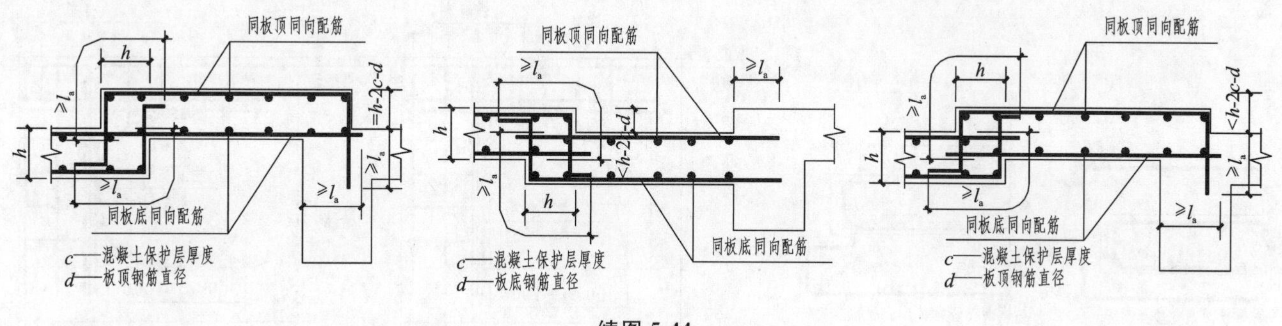

续图 5-44

知识点 7 板开洞构造

钢筋混凝土楼(屋)面板开洞是比较常见的工程现象。例如,水暖管道中的立管以及强电桥架穿过楼(屋)面板,这时都应该对楼(屋)面板做开洞加强处理。楼(屋)面板开洞时应事先预留洞口,不允许待板浇筑完成后再凿打。

楼(屋)面板开洞构造应视开洞大小、开洞形状采取不同的构造措施。

当开设洞口尺寸较小、边长或直径不大于 300 mm 时,应按图 5-45 所示处理。洞口边缘构造详图如图 5-46 所示。

当开设洞口较大,矩形洞边长或圆形洞直径大于 300 mm 却小于 1 000 mm 时,应在洞口四周设置补强钢筋,按照洞口位于板的一角、洞口紧靠板的一个边和洞口位于板中央三种情况,参照图 5-47、图 5-48、图 5-49 做好构造处理。当洞口位于板的中央时,可能出现两种情况:一种情况是该区域板上下部均有钢筋网,另一种情况是仅板底设有钢筋网。对于第一种情况,因洞口的存在而被切断的钢筋应上下互相弯折包绕闭合,钩住补强钢筋;对于第二种情况,应将底部被切断钢筋上弯并水平折回一定长度钩住补强钢筋,如图 5-50 所示。

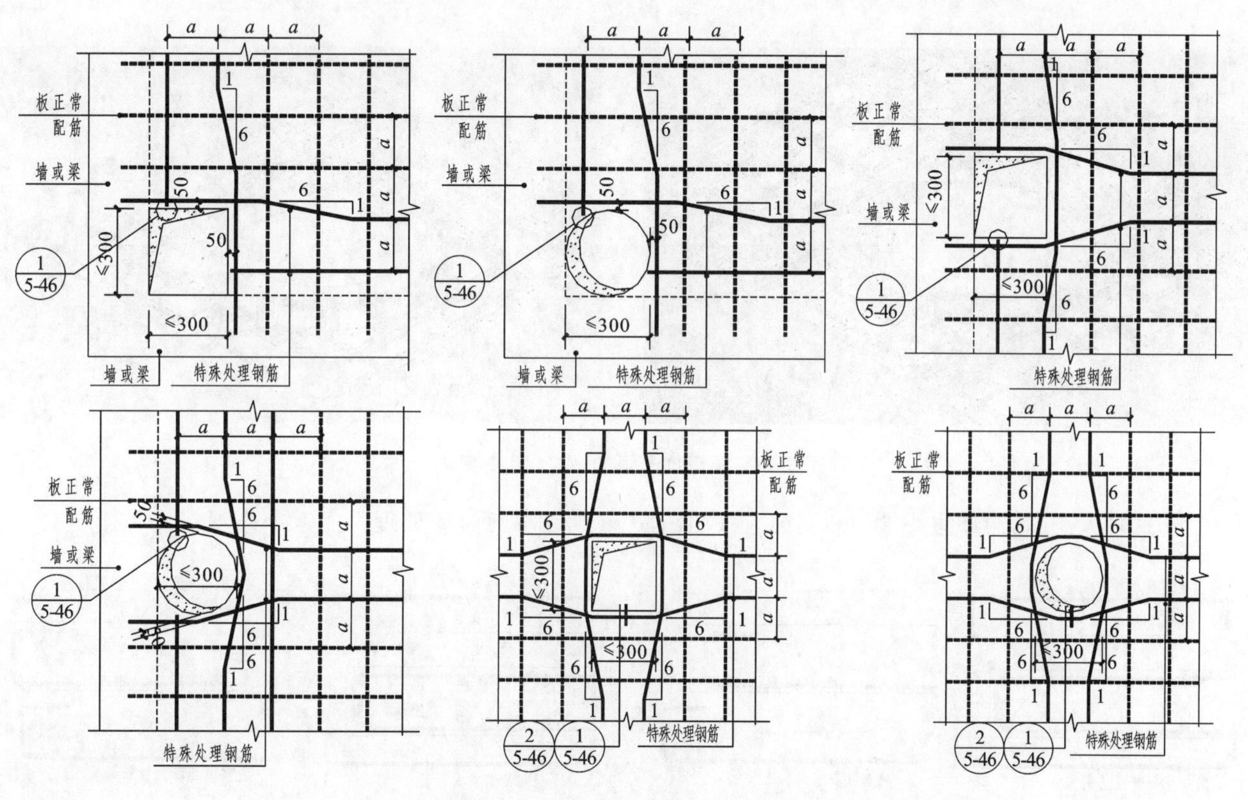

图 5-45 板开洞尺寸较小时的构造

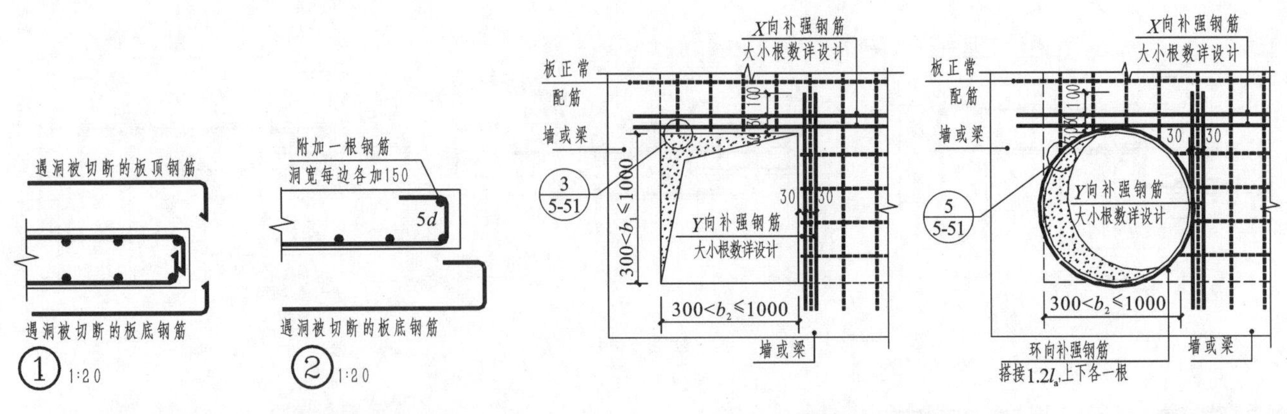

图 5-46　小洞口边缘被切断钢筋构造

图 5-47　洞口位于板的一角

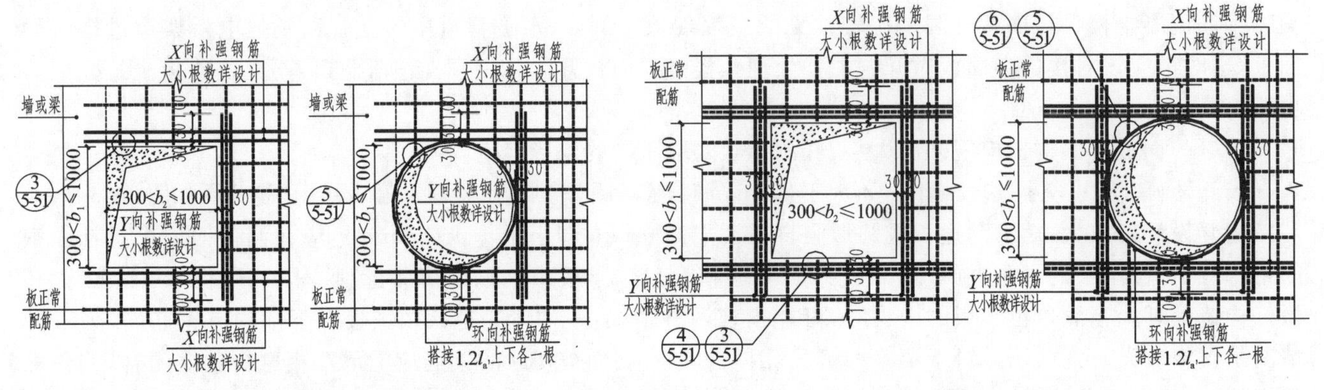

图 5-48　洞口紧靠板的一个边

图 5-49　洞口位于板的中央

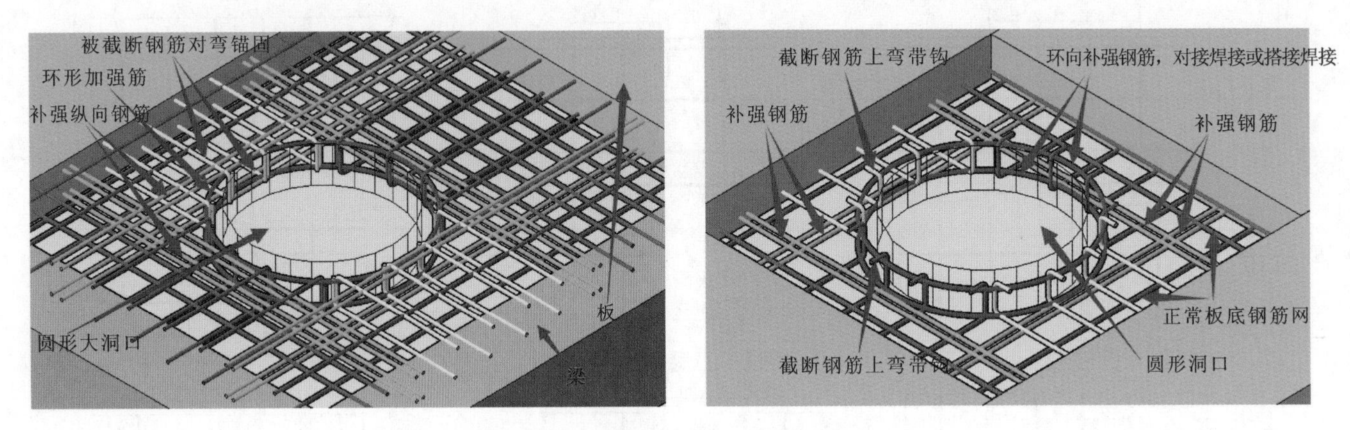

图 5-50　洞口位于板的中央（两种情况）

对于这种大洞口，洞口边缘被切断钢筋应按照图 5-51 所示做好锚固处理。

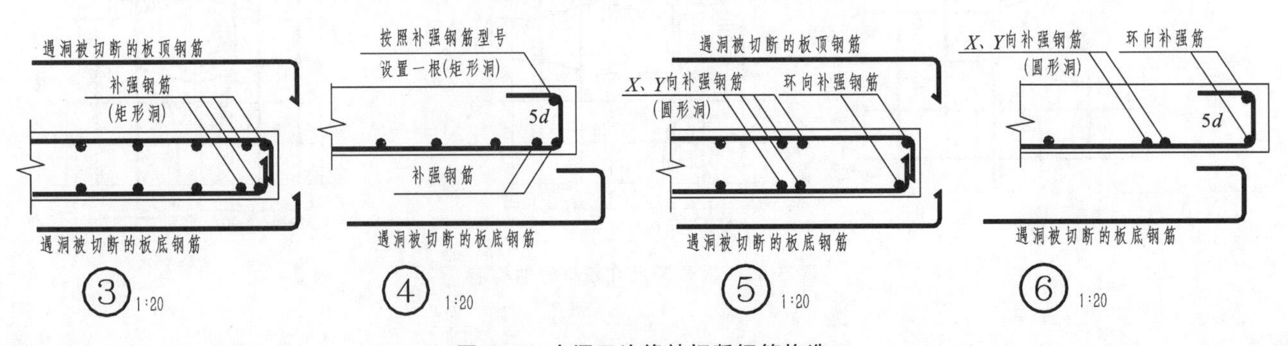

图 5-51　大洞口边缘被切断钢筋构造

知识点 8 悬挑板阴、阳角构造

在高层住宅建筑中，建筑师喜爱设计转角飘窗。这时，结构设计人员就会面临阳角悬挑板的配筋处理问题。

阳角悬挑板有两种情况，一种是从梁上伸出的纯悬挑板阳角部位，另一种是一般楼(屋)面板延伸出悬挑板的阳角部位。

当设计成梁上纯悬挑板时，其阳角部位可按图 5-52 所示设置上部放射状受力钢筋。这里应该特别关注放射状钢筋锚入梁中的直段长度和弯折长度。直段长度不应小于 $0.6l_{ab}$，而弯折长度不应小于 $15d$。

其空间效果如图 5-53 所示。

当悬挑板标高与楼面标高一致，悬挑板受力钢筋为一般楼(屋)面板钢筋延伸出挑时，可以按照图 5-54、图 5-55、图 5-56 所示之一处理放射钢筋锚固问题。

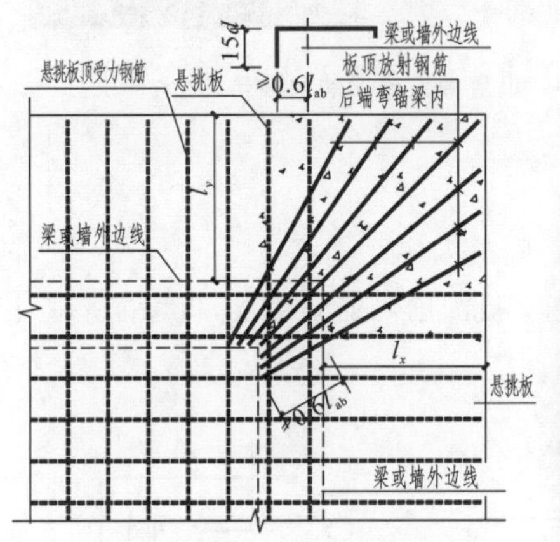

图 5-52　纯悬挑板阳角部位

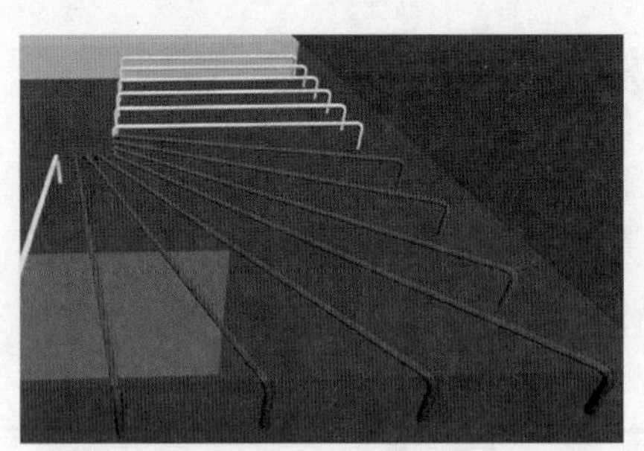

图 5-53　纯悬挑板阳角部位配筋效果

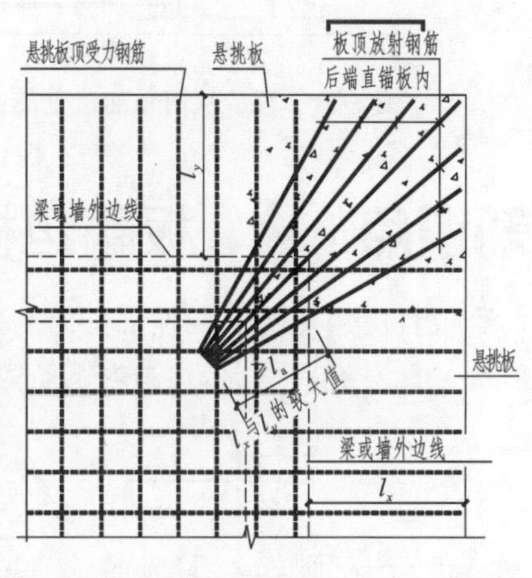

图 5-54　放射钢筋直锚在楼(屋)面板中

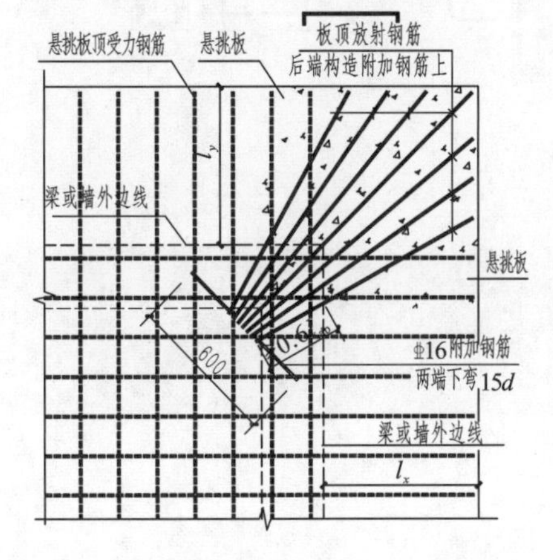

图 5-55　放射钢筋后端钩在附加钢筋上锚固

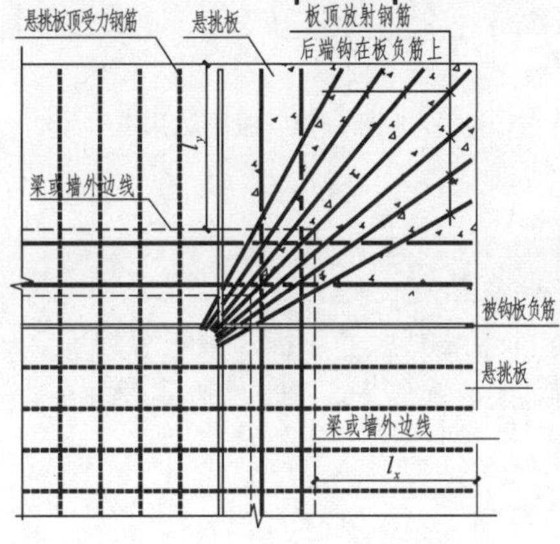

图 5-56　放射钢筋后端钩在板上部钢筋上

前面介绍了悬挑板阳角放射钢筋的设置要求，其中都没有谈到板顶分布钢筋和板底钢筋的设置问题，因为这些钢筋不是主要受力钢筋，对其构造要求不是很严格，设计人员和施工人员可以根据常规要求配置。

对于悬挑板的阴角部位，11G101 平法图集的详图中也做了一定要求，如图 5-57 所示。

知识点 9 板内纵筋加强带构造

有的时候，楼(屋)面板有些部位线性荷载较大，但又不适合设置普通钢筋混凝土梁，这时，结构设计人员会考虑在板中设置钢筋加强带的方法来处理。板中加强带有两种：一种是仅设置加强纵向钢筋，如图 5-58 所示；

另一种做法是设置加强暗梁，如图 5-59 所示。

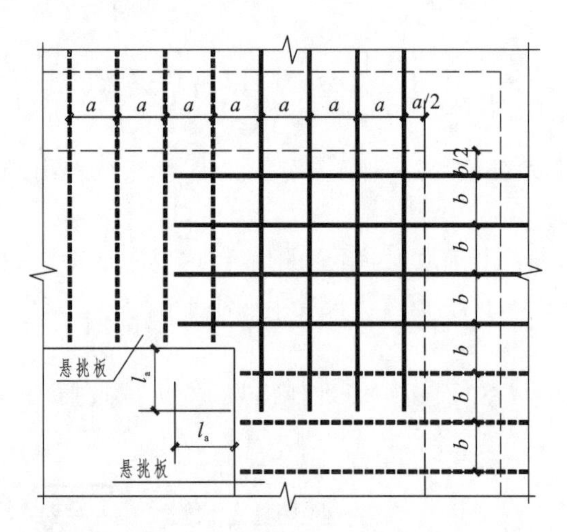

图 5-57 悬挑板阴角部位上部钢筋配置要求

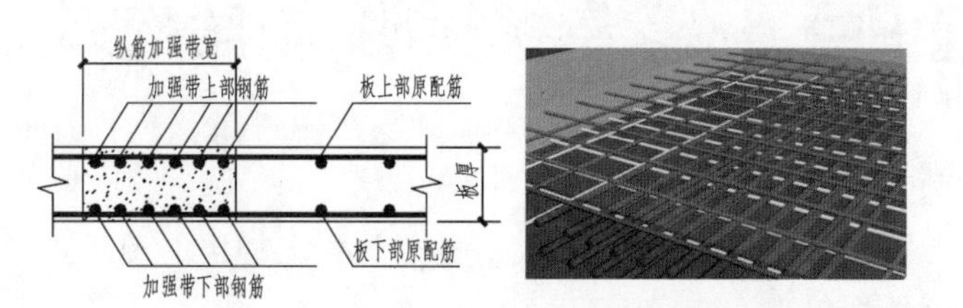

图 5-58 仅设置加强纵筋的加强带

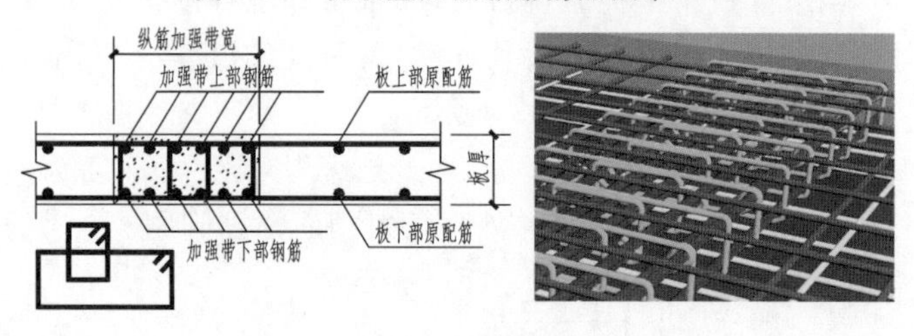

图 5-59 设置加强暗梁的加强带

知识点 10 板翻边构造要求

板自由边翻边是一种常见的工程现象。板翻边可能上翻，也可能下翻。板配筋可能是单层，也可能是上下双层。针对这些情况，翻边内钢筋构造可按照图 5-60 所示采用。

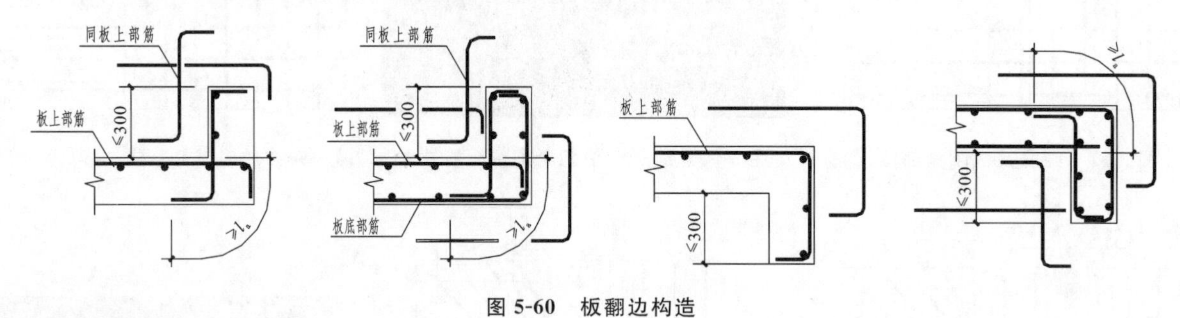

图 5-60 板翻边构造

课后任务

1. 学习 11G101 平法图集，绘制板翻边构造大样图。
2. 学习 11G101 平法图集，绘制悬挑板阴角部位构造大样图。

混凝土墙平法施工图识读

任务 1 认识钢筋混凝土墙

知识点 1 钢筋混凝土墙的类别

在建筑结构设计中，有两种情况需要设计钢筋混凝土墙。

一种情况是当建筑空间位于地下时，其外墙在建筑使用过程中应能挡土和防水，我们把这种用于阻挡地下室外围水土水平作用的钢筋混凝土墙称为地下室外墙。

另一种情况是当建筑物总高度较大，采用水平抗侧力能力较弱的框架结构，在地震作用下在顶层可能产生较大的水平剪切变形，影响使用效果。为了提高结构的抗侧力能力，设计人员会在平面适当位置设置钢筋混凝土墙，我们把这种设置在地上用于抵抗地震剪力的钢筋混凝土墙称为剪力墙。

这两种墙的主要受力状态和作用是不同的。地下室外墙主要承受垂直于墙面的水、土压力作用，并将这种作用传递给地下室外墙上的柱和地下室底板、顶板，其作用是挡土、挡水，其位置一般在室外地坪以下。剪力墙则主要用来承受因水平地震作用而产生的平行于墙面的水平剪力，其作用是抗剪和抗弯，这种结构多半位于地上。

由于两种钢筋混凝土墙的主要受力状态不同，因此，其构造差别较大。相比而言，地下室外墙内部构造要简单一些。一般地下室外墙的内部配筋为内外各一层双向钢筋网，两层钢筋网之间采用矩阵型或梅花形布置拉筋，以控制钢筋网的位置。

知识点 2 钢筋混凝土墙的外观形态

钢筋混凝土地下室外墙外观形态如图 6-1 所示。

钢筋混凝土剪力墙外观形态如图 6-2 所示。

图 6-1 钢筋混凝土地下室外墙

图 6-2 钢筋混凝土剪力墙

知识点 3 钢筋混凝土剪力墙的内部构件

根据实际情况，在钢筋混凝土剪力墙内可能分布有各种剪力墙梁和剪力墙柱。其中，剪力墙柱包括构造边缘柱、约束边缘柱、非边缘暗柱和扶壁柱四类，如图 6-3、图 6-4 和图 6-5 所示。

剪力墙梁包括边框梁、暗梁和连梁三类，如图 6-6 所示。

剪力墙梁和剪力墙柱处于墙身之中，对墙身起到约束作用，使得三者形成有效整体、共同作用，以提高建筑物的抗侧力能力。

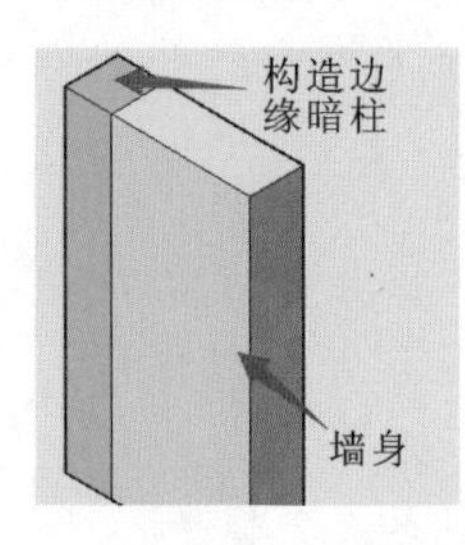

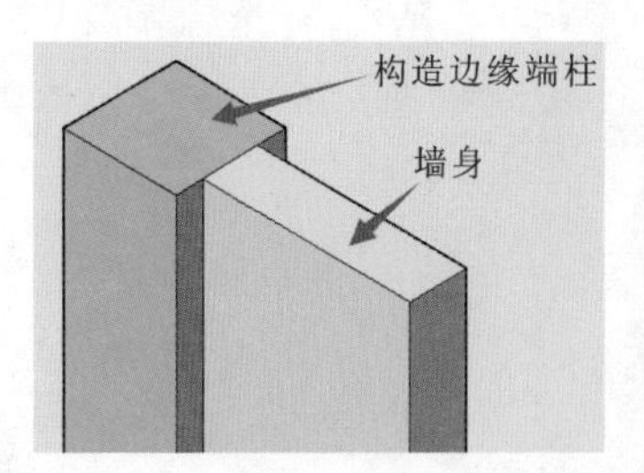

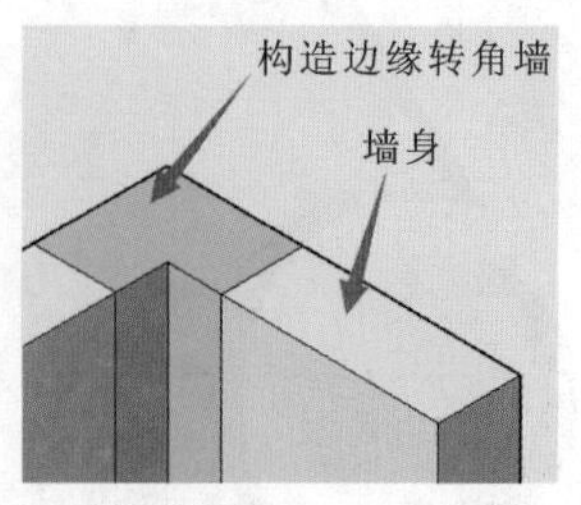

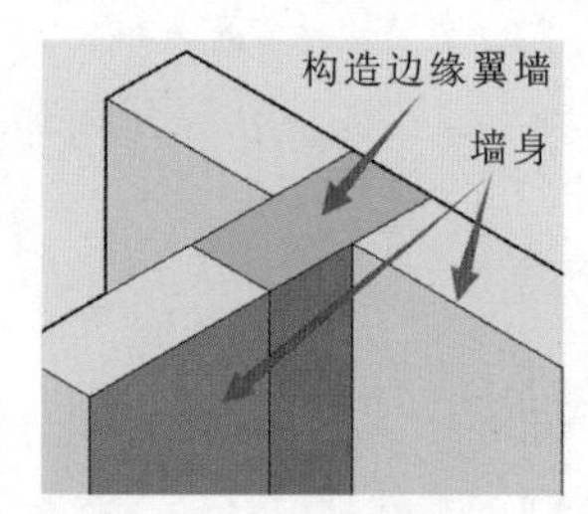

图 6-3 构造边缘柱

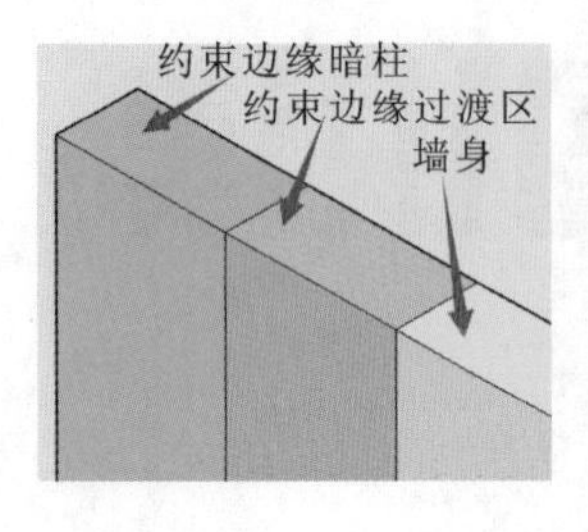

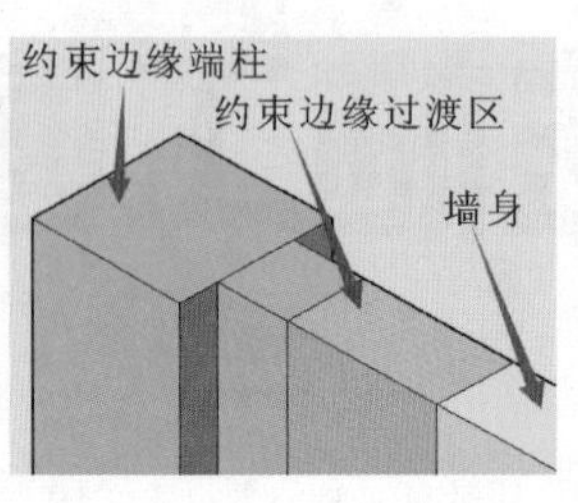

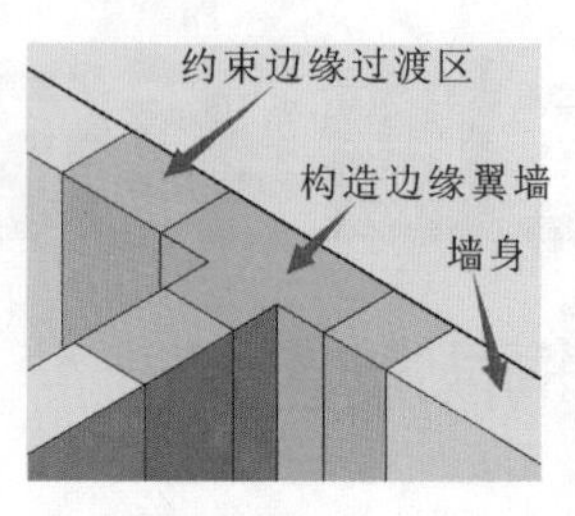

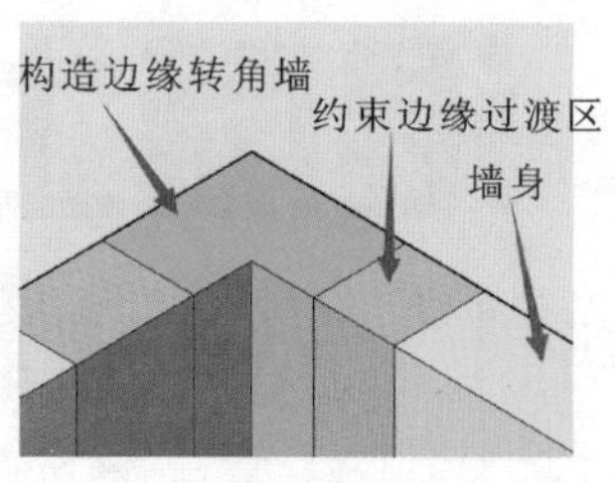

图 6-4 约束边缘柱

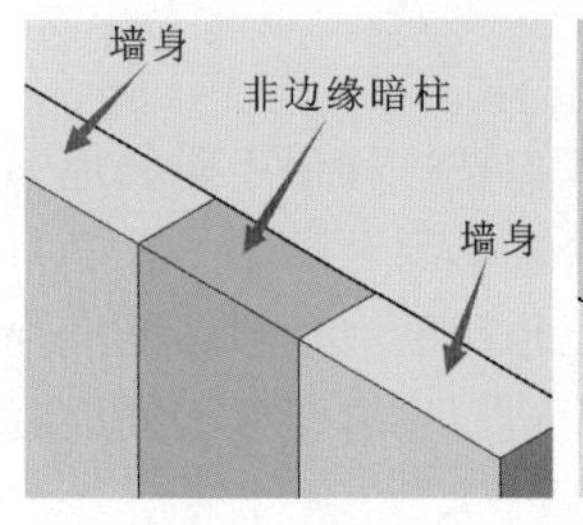

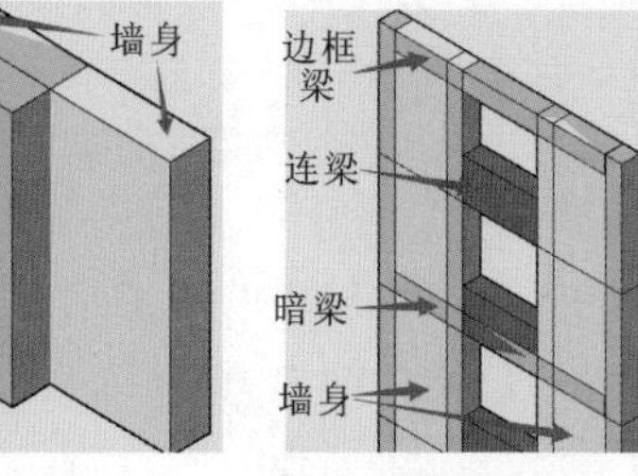

图 6-5 非边缘暗柱和扶壁柱

图 6-6 边框梁、暗梁和连梁位置

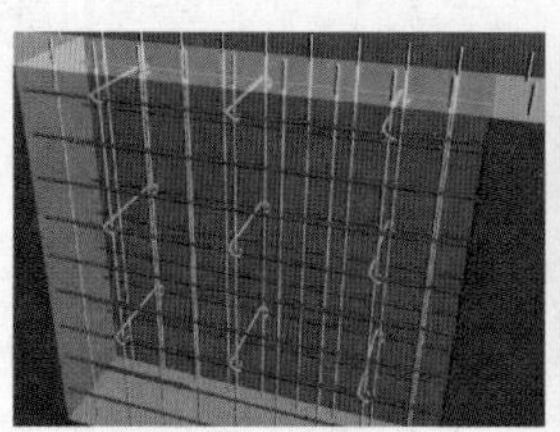

图 6-7 墙身配筋方式

知识点 4 钢筋混凝土墙身的配筋方式

墙身的配筋为双向钢筋网。如果墙厚很小，可配置一层钢筋网；如果墙厚较小，可配置双层钢筋网。若墙厚较大，应配置三层甚至四层钢筋网，方式如图 6-7 所示。

墙身四周边缘部位一般都有端柱、暗柱、暗梁和边框梁等构件，这时墙身钢筋应锚入这些构件中。偶尔也会出现墙身边缘没有剪力墙柱的，这时，墙身钢筋收边如图 6-8 所示。

剪力墙底一般都会从基础或基础梁上生根，剪力墙竖向钢筋会锚入基础或基础梁中。剪力墙顶最好设置暗梁或边框梁。若没有梁，剪力墙钢筋应锚入钢筋混凝土板中，其构造方法如图 6-9 所示。

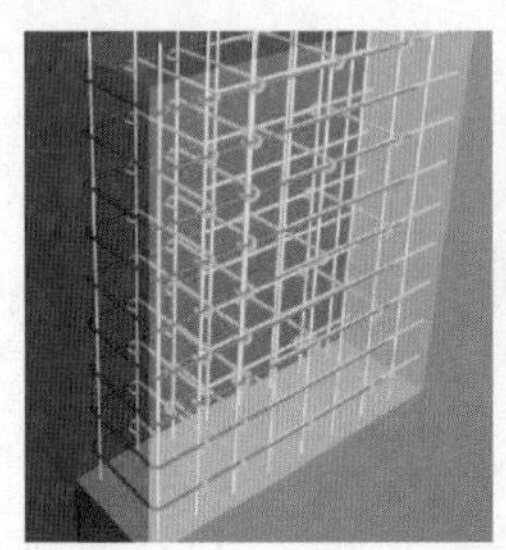

图 6-8 边缘无柱时墙身水平钢筋端部构造

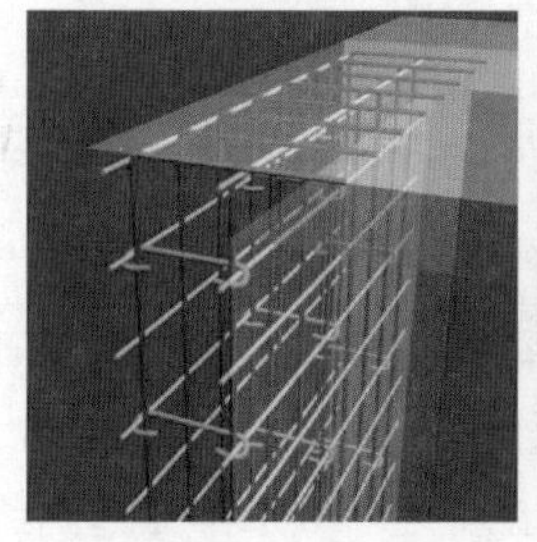
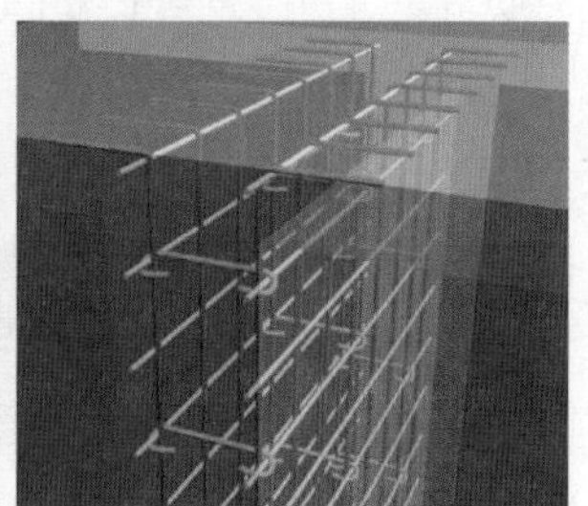

图 6-9 墙顶无梁时墙身竖向钢筋端部构造

任务2　钢筋混凝土墙传统表达方法

知识点 1　剪力墙的模板图

剪力墙构件从外观看如同垂直放置的板。如果墙上没有设置较大的突出物、较大洞口或沟槽，那么，设计人员一般不会绘制模板图。有时，即使剪力墙上存在少量规则洞口，设计人员也不愿意单独绘制模板图，而是在剪力墙平面图上标注洞口几何尺寸、平面定位和洞底（或中心）标高来表达。

知识点 2　剪力墙墙身剖面图

剪力墙墙身传统的表达方法是只绘制一个水平剖面图或者只绘制一张垂直（竖向）剖面图，如图 6-10 所示。

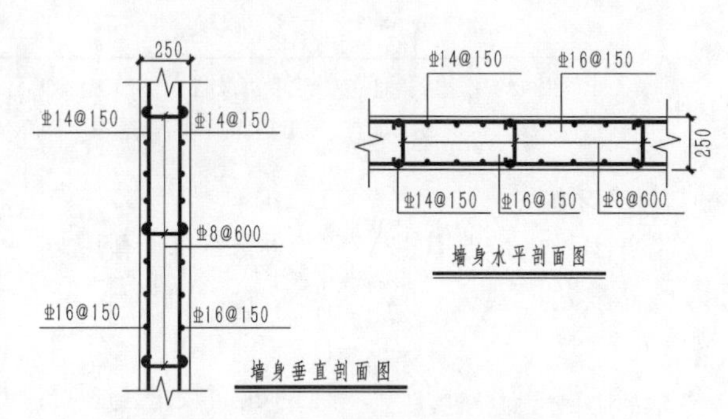

图 6-10　剪力墙墙身剖面图

知识点 3　剪力墙中的墙柱表达

一般柱的表达方法是单独绘制纵向剖面图和若干横向剖面图。由于这种墙柱上很少有洞口、突出物或沟槽，其几何形体简单，因此多半不用绘制模板图。

知识点 4　剪力墙中的墙梁表达

一般梁的表达方法是单独绘制纵向剖面图和若干横向剖面图。由于这种墙梁上很少有洞口、突出物或沟槽，其几何形体简单，因此多半不用绘制模板图。

由此可见，要表达建筑中的一片剪力墙，除了要绘制剪力墙墙身两个方向的剖面图外，还要对各剪力墙柱、剪力墙梁分别绘制纵向剖面图和若干横向剖面图，图纸量之大可想而知。

任务3　钢筋混凝土墙平法制图规则

知识点 1　剪力墙平法施工图的表示方法

（1）剪力墙平法施工图是在剪力墙平面布置图上采用列表注写方式或截面注写方式表达的施工图。

（2）剪力墙平面布置图可采用适当比例单独绘制，也可与柱或梁平面布置图合并绘制。当剪力墙较复杂或采用截面注写方式时，应按标准层分别绘制剪力墙平面布置图。

（3）在剪力墙平法施工图中，应注明各结构层的楼面标高、结构层高及相应的结构层号，还应注明上部结构嵌固部位的位置。

（4）对于轴线未居中的剪力墙（包括端柱），应标注其偏心定位尺寸。

知识点 2　剪力墙列表注写方式

1. 剪力墙

剪力墙由剪力墙柱、剪力墙梁和剪力墙身三类构件组成。

列表注写方式是分别在剪力墙柱表、剪力墙身表和剪力墙梁表中，对应于剪力墙平面布置图上的编号，采用绘制截面配筋图并注写几何尺寸与配筋具体数值的方式，来表达剪力墙平法施工图的方法。

2. 编号规定

将剪力墙按剪力墙柱、剪力墙身、剪力墙梁(简称为墙柱、墙身、墙梁)三类构件分别编号。

1) 墙柱编号

墙柱编号由墙柱类型代号和序号组成,表达形式应符合表 6-1 的规定。

表 6-1 墙柱编号

墙柱类型	代　　号	序　　号
约束边缘构件	YBZ	××
构造边缘构件	GBZ	××
非边缘暗柱	AZ	××
扶壁柱	FBZ	××

注:约束边缘构件包括约束边缘暗柱、约束边缘端柱、约束边缘翼墙、约束边缘转角墙四种;构造边缘构件包括构造边缘暗柱、构造边缘端柱、构造边缘翼墙、构造边缘转角墙四种。

2) 墙身编号

墙身编号由墙身代号、序号以及墙身所配置的水平与竖向分布钢筋的排数组成,其中,钢筋排数注写在括号内。其表达形式为:

Q××(×排)

(1) 在编号中,如果干墙柱的截面尺寸与配筋均相同,仅截面与轴线的关系不同时,可将其编为同一墙柱号;又如果干墙身的厚度尺寸和配筋均相同,仅墙厚与轴线的关系不同或墙身长度不同时,也可将其编为同一墙身号,但应在图中注明与轴线的几何关系。

(2) 当墙身所设置的水平与竖向分布钢筋的排数为 2 时可不注。

(3) 对于分布钢筋网排数的规定如下。

① 非抗震:当剪力墙厚度大于 160 mm 时,应配置双排;当其厚度不大于 160 mm 时,宜配置双排。

② 抗震:当剪力墙厚度不大于 400 mm 时,应配置双排;当剪力墙厚度大于 400 mm,但不大于 700 mm 时,宜配置三排;当剪力墙厚度大于 700 mm 时,宜配置四排。

③ 各排水平分布钢筋和竖向分布钢筋的直径与间距宜保持一致。

④ 当剪力墙配置的分布钢筋多于两排时,剪力墙拉筋两端应同时勾住外排水平纵筋和竖向纵筋,还应与剪力墙内排水平纵筋和竖向纵筋绑扎在一起。

3) 墙梁编号

墙梁编号由墙梁类型代号和序号组成,表达形式应符合表 6-2 的规定。

表 6-2 墙梁编号

墙梁类型	代　　号	序　　号
连梁	LL	××
连梁(对角暗撑配筋)	LL (JC)	××
连梁(交叉斜筋配筋)	LL (JX)	××
连梁(集中对角斜筋配筋)	LL (DX)	××
暗梁	AL	××
边框梁	BKL	××

注:在具体工程中,当某些墙身需设置暗梁或边框梁时,宜在剪力墙平法施工图中绘制暗梁或边框梁的平面布置图并编号,以明确其具体位置。

3. 剪力墙柱表中的内容

在剪力墙柱表中表达的内容,规定如下。

(1) 注写墙柱编号，绘制该墙柱的截面配筋图，标注墙柱几何尺寸。

① 约束边缘构件(见图 6-11)需注明阴影部分尺寸。

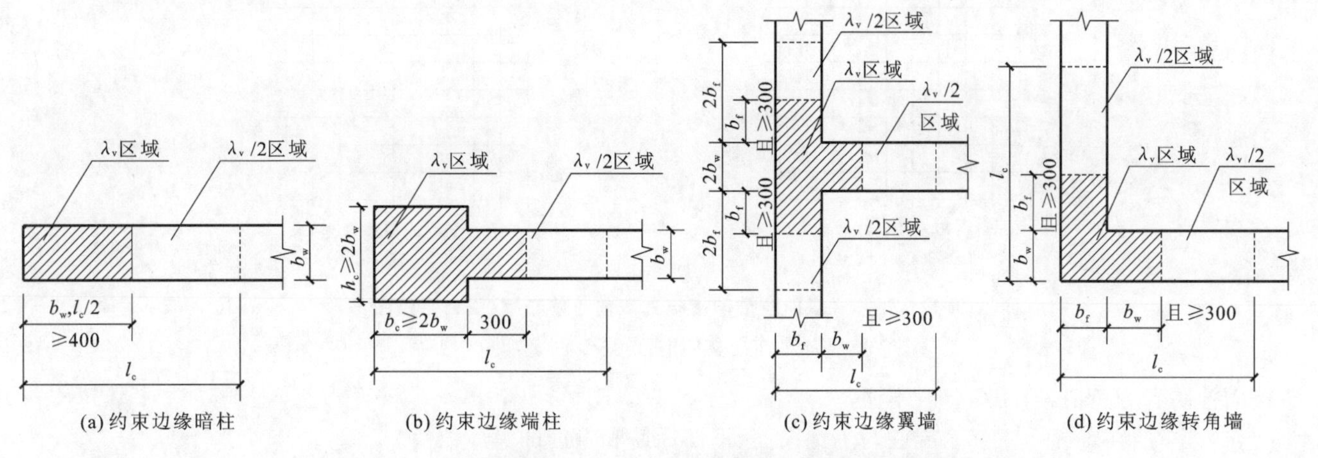

图 6-11　约束边缘构件(引自《高层建筑混凝土结构技术规程》)

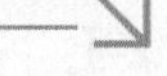

注：剪力墙平面布置图中应注明约束边缘构件沿墙肢长度 l_c(约束边缘翼墙中沿墙肢长度尺寸为 $2b_f$ 时可不注)。

② 构造边缘构件(见图 6-12)需注明阴影部分尺寸。

③ 扶壁柱和非边缘暗柱需标注几何尺寸。

(2) 注写各段墙柱的起止标高，自墙柱根部往上以变截面位置或截面未变但配筋改变处为界分段注写。墙柱根部标高一般指基础顶面标高(部分框支剪力墙结构则为框支梁顶面标高)。

(3) 注写各段墙柱的纵向钢筋和箍筋，注写值应与在表中绘制的截面配筋图对应一致。纵向钢筋注写总配筋值，墙柱箍筋的注写方式与柱箍筋相同。

约束边缘构件除注写阴影部位的箍筋外，还需在剪力墙平面布置图中注写非阴影区内布置的拉筋(或箍筋)。

设计施工时应注意：① 当约束边缘构件体积配箍率计算中计入墙身水平分布钢筋时，设计者应注明。此时还应注明墙身水平分布钢筋在阴影区域内设置的拉筋。施工时，墙身水平分布钢筋应注意采用相应的构造做法。

② 当非阴影区外圈设置箍筋时，设计者应注明箍筋的具体数值及其余拉筋。施工时，箍筋应包住阴影区内第二列竖向纵筋。当设计者采用与本构造详图不同的做法时，应另行注明。

4. 剪力墙身表中的内容

在剪力墙身表中表达的内容，规定如下。

(1) 注写墙身编号(含水平与竖向分布钢筋的排数)。

(2) 注写各段墙身起止标高，自墙身根部往上以变截面位置或截面未变但配筋改变处为界分段注写。墙身根部标高一般指基础顶面标高(部分框支剪力墙结构则为框支梁的顶面标高)。

(3) 注写水平分布钢筋、竖向分布钢筋和拉筋的具体数值。注写数值为一排水平分布钢筋和竖向分布钢筋的规格与间距，具体设置几排已经在墙身编号后面表达。拉筋应注明布置方式“矩阵双向”或“梅花双向”，如图 6-12 所示。

5. 剪力墙梁表中的内容

在剪力墙梁表中表达的内容，规定如下。

(1) 注写墙梁编号，见表 6-2。

(2) 注写墙梁所在楼层号。

(3) 注写墙梁顶面标高高差，是指相对于墙梁所在结构层楼面标高的高差值。高于楼面标高者为正值，低

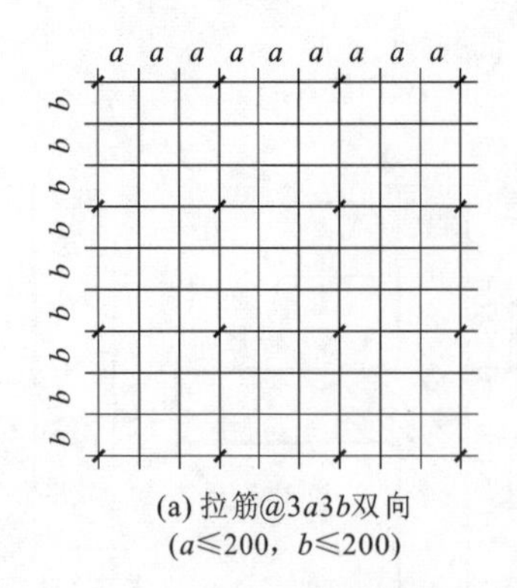

(a) 拉筋@3a3b双向
(a≤200，b≤200)

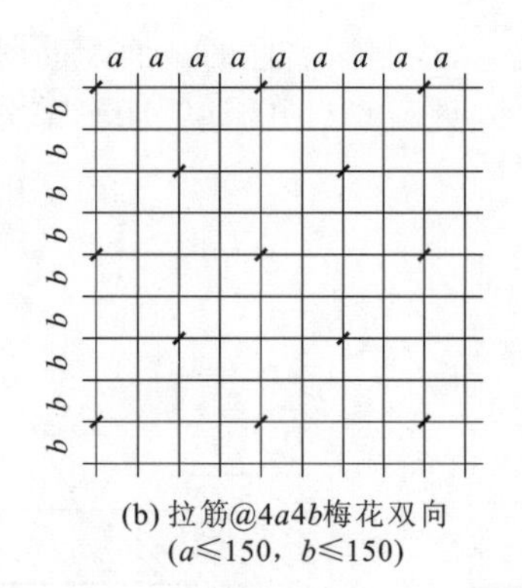

(b) 拉筋@4a4b梅花双向
(a≤150，b≤150)

图 6-12　矩阵式双向拉筋和梅花式双向拉筋布置(引自平法图集)

(图中:(a)为竖向分布钢筋间距,(b)为水平分布钢筋间距)

于楼面标高者为负值,当无高差时不注。

(4) 注写墙梁截面尺寸 $b\times h$,注写上部纵筋、下部纵筋和箍筋的具体数值。

(5) 当连梁设有对角暗撑时[代号为 LL (JC) ××]:注写暗撑的截面尺寸(箍筋外皮尺寸);注写一根暗撑的全部纵筋,并标注×2 表明有两根暗撑相互交叉;注写暗撑箍筋的具体数值。

(6) 当连梁设有交叉斜筋时[代号为 LL (JX)××]:注写连梁一侧对角斜筋的配筋值,并标注×2 表明对称设置;注写对角斜筋在连梁端部设置的拉筋根数、规格及直径,并标注×4 表示四个角都设置;注写连梁一侧折线钢筋配筋值,并标注×2 表明对称设置。

(7) 当连梁设有集中对角斜筋时[代号为 LL (DX) ××]:注写一条对角线上的对角斜筋,并标注×2 表明对称设置。墙梁侧面纵筋的配置,当墙身水平分布钢筋满足连梁、暗梁及边框梁的梁侧面纵向构造钢筋的要求时,该筋配置同墙身水平分布钢筋,表中不注,施工按标准构造详图的要求即可;当不满足时,应在表中补充注明梁侧面纵筋的具体数值(其在支座内的锚固要求同连梁中受力钢筋)。

采用列表注写方式分别表达剪力墙墙梁、墙身和墙柱的平法施工图示例如图 6-13 所示。

知识点 3　剪力墙截面注写方式

截面注写方式,是指在分标准层绘制的剪力墙平面布置图上,通过直接在墙柱、墙身、墙梁上注写截面尺寸和配筋具体数值的方式来表达剪力墙平法施工图的方式。

选用适当比例原位放大绘制剪力墙平面布置图,其中:对墙柱绘制配筋截面图;对所有墙柱、墙身、墙梁分别按平法制图规则规定进行编号,并分别在相同编号的墙柱、墙身、墙梁中选择一根墙柱、一道墙身、一根墙梁进行注写,其注写方式按下列规定进行。

(1) 从相同编号的墙柱中选择一个截面,注明几何尺寸,标注全部纵筋及箍筋的具体数值。

注意:约束边缘构件除需注明阴影部分具体尺寸外,还需注明约束边缘构件沿墙肢长度 l_c,约束边缘翼墙中沿墙肢长度尺寸为 $2b_f$ 时可以不注。除注写阴影部位的箍筋外,还需注写非阴影区内布置的拉筋(或箍筋)。当仅 l_c 不同时,可编为同一个构件,但应单独注明 l_c 的具体尺寸并标注非阴影区布置的拉筋(或箍筋)。

设计施工时应注意:当约束边缘构件体积配箍率计算中计入墙身水平分布钢筋时,设计者应注明。还应注明墙身水平分布钢筋在阴影区域内设置的拉筋。施工时,墙身水平分布钢筋应注意采用相应的构造做法。

(2) 从相同编号的墙身中选择一道墙身,按顺序引注的内容有墙身编号(应包括注写在括号内墙身所配置的水平与竖向分布钢筋的排数)、墙厚尺寸、水平分布钢筋、竖向分布钢筋和拉筋的具体数值。

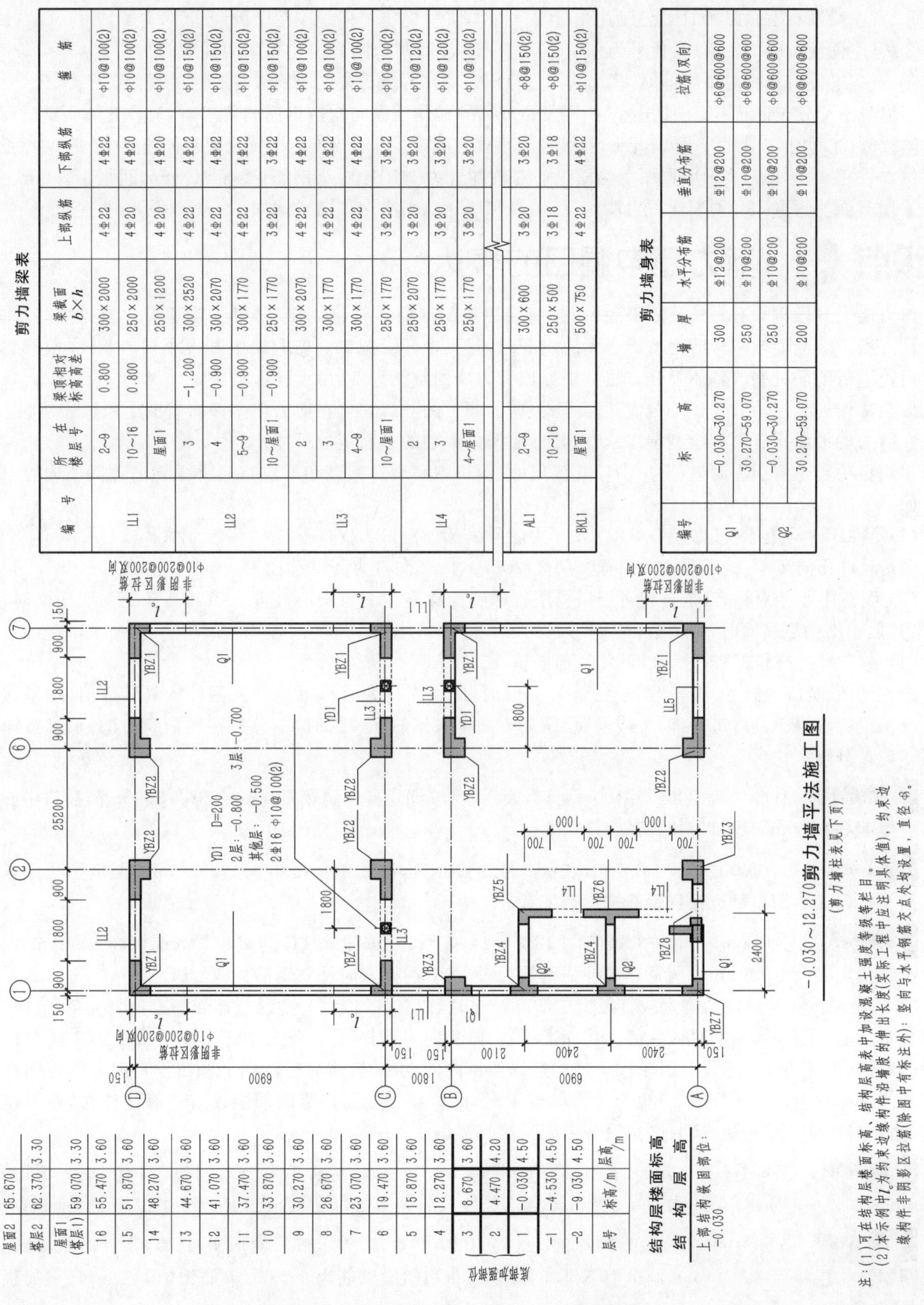

结构层楼面标高、结构层高

层号	标高/m	层高/m
屋面2	65.670	
塔层2	62.370	3.30
屋面1（塔层1）	59.070	3.30
16	55.470	3.60
15	51.870	3.60
14	48.270	3.60
13	44.670	3.60
12	41.070	3.60
11	37.470	3.60
10	33.870	3.60
9	30.270	3.60
8	26.670	3.60
7	23.070	3.60
6	19.470	3.60
5	15.870	3.60
4	12.270	3.60
3	8.670	3.60
2	4.470	4.20
1	-0.030	4.50
-1	-4.530	4.50
-2	-9.030	4.50

剪力墙梁表

编号	所在楼层号	梁顶相对标高高差	梁截面 $b \times h$	上部纵筋	下部纵筋	箍筋
LL1	2～9	0.800	300×2000	4⊈22	4⊈22	Φ10@100(2)
	10～16	0.800	250×2000	4⊈20	4⊈20	Φ10@100(2)
	屋面1		250×1200	4⊈20	4⊈20	Φ10@100(2)
LL2	3	-1.200	300×2520	4⊈22	4⊈22	Φ10@150(2)
	4	-0.900	300×2070	4⊈22	4⊈22	Φ10@150(2)
	5～9	-0.900	300×1770	4⊈22	4⊈22	Φ10@150(2)
	10～屋面1	-0.900	250×1770	3⊈22	3⊈22	Φ10@150(2)
LL3	2		300×2070	4⊈22	4⊈22	Φ10@100(2)
	3		300×1770	4⊈22	4⊈22	Φ10@100(2)
	4～9		300×1770	4⊈22	4⊈22	Φ10@100(2)
	10～屋面1		250×1770	3⊈22	3⊈22	Φ10@100(2)
LL4	2		250×2070	3⊈20	3⊈20	Φ10@120(2)
	3		250×1770	3⊈20	3⊈20	Φ10@120(2)
	4～屋面1		250×1770	3⊈20	3⊈20	Φ10@120(2)
AL1	2～9		300×600	3⊈20	3⊈20	Φ8@150(2)
	10～16		250×500	3⊈18	3⊈18	Φ8@150(2)
BKL1	屋面1		500×750	4⊈22	4⊈22	Φ10@150(2)

剪力墙身表

编号	标高	墙厚	水平分布筋	垂直分布筋	拉筋(双向)
Q1	-0.030～30.270	300	⊈12@200	⊈12@200	Φ6@600@600
	30.270～59.070	250	⊈10@200	⊈10@200	Φ6@600@600
Q2	-0.030～30.270	250	⊈10@200	⊈10@200	Φ6@600@600
	30.270～59.070	200	⊈10@200	⊈10@200	Φ6@600@600

图 6-13 剪力墙列表注写方式（引自平法图集）

(3) 从相同编号的墙梁中选择一根墙梁，按顺序引注的内容如下。

① 注写墙梁编号、墙梁截面尺寸 $b \times h$、墙梁箍筋、上部纵筋、下部纵筋和墙梁顶面标高高差的具体数值。

② 当连梁设有对角暗撑时[代号为 LL(JC)××],注写规定同列表注写中的规定。

③ 当连梁设有交叉斜筋时[代号为 LL (JX)××],注写规定同列表注写中的规定。

④ 当连梁设有集中对角斜筋时[代号为 LL (DX) ××],注写规定同列表注写中的规定。

当墙身水平分布钢筋不能满足连梁、暗梁及边框梁的梁侧面纵向构造钢筋的要求时,应补充注明梁侧面纵筋的具体数值;注写时,以大写字母 N 开头,接续注写直径与间距。其在支座内的锚固要求同连梁中的受力钢筋。

例如:N ⌀10@150,表示墙梁两个侧面纵筋对称配置为 HRB400 级钢筋,直径 10 mm,间距 150 mm。

采用截面注写方式分别表达剪力墙墙梁、墙身和墙柱的平法施工图示例如图 6-14 所示。

知识点 4 剪力墙中洞口的表达

剪力墙上开设洞口有时是难以避免的,如高层建筑的消防横管、通风或防排烟管道等。遇到这些管道,结构设计人员一般会要求避开剪力墙。当无法避开时,就只得开设洞口。剪力墙上开设了洞口后,一般都要求对洞口周边进行配筋补强。具体补强方法应根据该剪力墙的重要程度,由设计人员决定。

无论采用列表注写方式还是截面注写方式,剪力墙上的洞口均可在剪力墙平面布置图上原位表达。

在剪力墙平面布置图上绘制洞口示意,并标注洞口中心的平面定位尺寸。

在洞口中心位置引注洞口编号、洞口几何尺寸、洞口中心相对标高和洞口每边补强钢筋等四项内容。具体规定如下。

(1) 洞口编号:矩形洞口为 JD×× (××为序号),圆形洞口为 YD×× (××为序号)。

(2) 洞口几何尺寸:矩形洞口为洞宽×洞高($b×h$),圆形洞口为洞口直径 D。

(3) 洞口中心相对标高,是指相对于结构层楼(地)面标高的洞口中心高度。当其高于结构层楼面时,为正值;当其低于结构层楼面时,为负值。

(4) 洞口每边补强钢筋,分为以下几种不同情况。

① 当矩形洞口的洞宽、洞高均不大于 800 mm 时,此项注写为洞口每边补强钢筋的具体数值(如果按标准构造详图设置补强钢筋时可不注)。当洞宽、洞高方向补强钢筋不一致时,应分别注写洞宽方向、洞高方向补强钢筋,以“/”分隔。

例 6-1 JD2 400×300+3.100 3⌀14,表示 2 号矩形洞口,洞宽 400 mm,洞高 300 mm,洞口中心距本结构层楼面 3 100 mm,洞口每边补强钢筋为 3⌀14。

例 6-2 JD3 400×300+3.100,表示 3 号矩形洞口,洞宽 400 mm,洞高 300 mm,洞口中心距本结构层楼面 3 100 mm,洞口每边补强钢筋按构造配置。

例 6-3 JD4 800×300+3.100 3⌀18/3⌀14,表示 4 号矩形洞口,洞宽 800 mm、洞高 300 mm,洞口中心距本结构层楼面 3 100 mm,洞宽方向补强钢筋为 3⌀18,洞高方向补强钢筋为 3⌀14。

② 当矩形或圆形洞口的洞宽或直径大于 800 mm 时,在洞口的上、下需设置补强暗梁,此项注写为洞口上、下每边暗梁的纵筋与箍筋的具体数值。在标准构造详图中,补强暗梁梁高一律定为 400 mm,施工时按标准构造详图取值,设计不注。当设计者采用与该构造详图不同的做法时,应另行注明。圆形洞口时还需注明环向加强钢筋的具体数值。当洞口上、下边为剪力墙连梁时,此项免注。洞口竖向两侧设置边缘构件时,亦不在此项表达(当洞口两侧不设置边缘构件时,设计者应给出具体做法)。

例 6-4 JD5 1 800×2 100+1.800 6⌀20 ϕ8@150,表示 5 号矩形洞口,洞宽 1 800 mm、洞高 2 100 mm,洞口中心距本结构层楼面 1 800 mm,洞口上下设补强暗梁,每边暗梁纵筋为 6⌀20,箍筋为ϕ8@150。

例 6-5 YD5 1000+1.800 6⌀20 ϕ8@150 2⌀16,表示 5 号圆形洞口,直径为 1 000 mm,洞口中心距本结构层楼面 1 800 mm,洞口上下设补强暗梁,每边暗梁纵筋为 6⌀20,箍筋为ϕ8@150,环向加强钢筋为 2⌀16。

③ 当圆形洞口设置在连梁中部 1/3 范围,且圆洞直径不应大于 1/3 梁高时,需注写在圆洞上下水平设置的每边补强纵筋与箍筋。

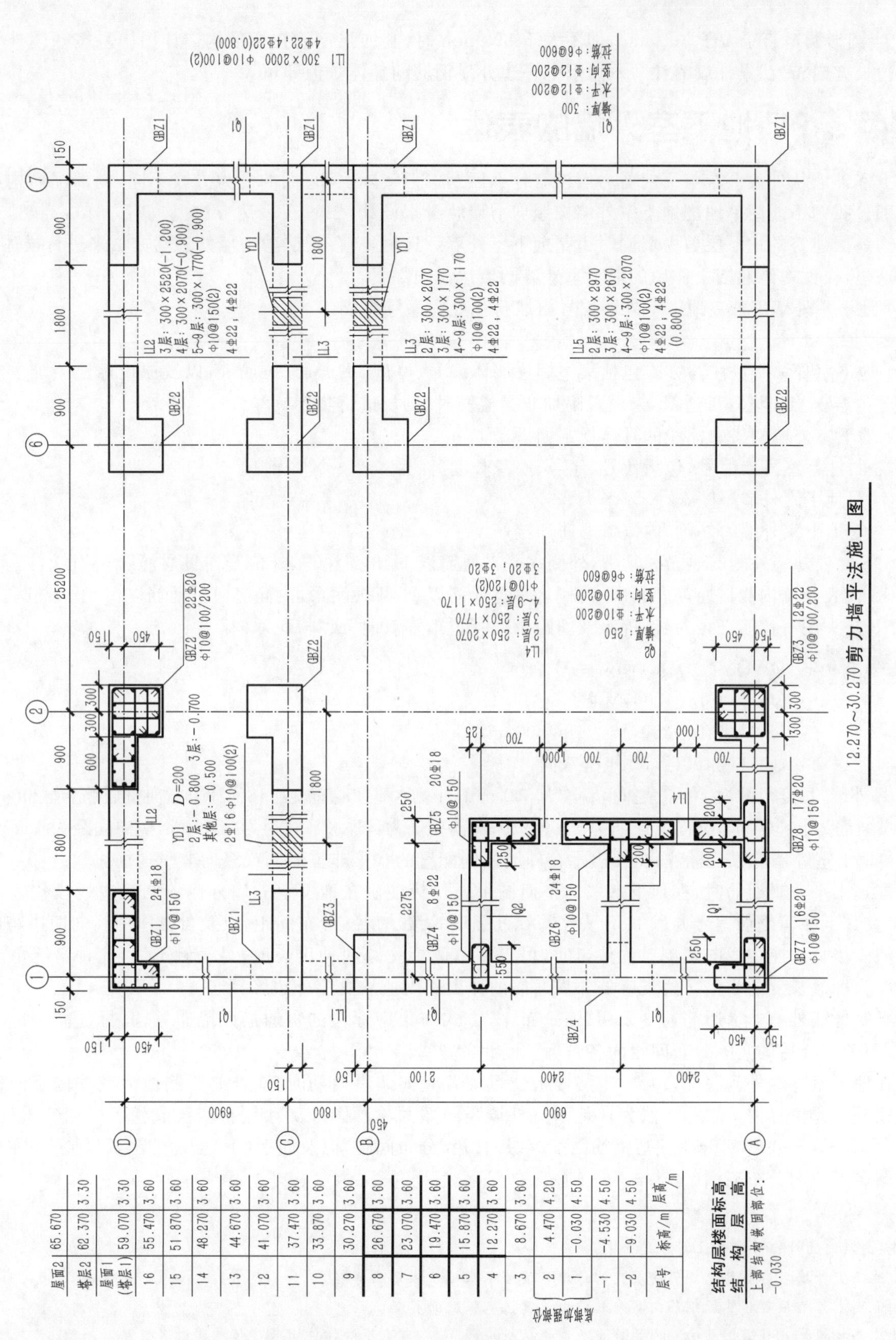

图 6-14　剪力墙截面注写方式

④ 当圆形洞口设置在墙身或暗梁、边框梁位置，且洞口直径不大于 300 mm 时，此项注写为洞口上下左右每边布置的补强纵筋的具体数值。

⑤ 当圆形洞口直径大于 300 mm，但不大于 800 mm 时，其加强钢筋在标准构造详图中系按照圆外切正六边形的边长方向布置，设计仅需注写六边形中一边补强钢筋的具体数值即可。

知识点 5 地下室外墙的表达

地下室外墙从外表上看与一般剪力墙没有什么区别。但实际上，它们的受力方式不同，内部配筋构造也有一定差别。我们不能简单地把地下室外墙按照剪力墙墙身来设计，二者在表达方法上也不一样。当然，有的剪力墙结构高层建筑的地下层剪力墙同时也是地下室外墙。这时，应该按照剪力墙的表达方法来进行描述。

在这里，仅就单纯起挡土作用的地下室外墙的表达说明如下。

(1) 地下室外墙编号。地下室外墙编号由墙身代号和序号组成。

DWQ××

(2) 地下室外墙平法注写方式包括集中标注墙体编号、厚度、贯通筋、拉筋等，以及原位标注附加非贯通筋等两部分内容。当仅设置贯通筋，未设置附加非贯通筋时，则仅进行集中标注。

(3) 地下室外墙的集中标注的具体规定如下。

① 注写地下室外墙编号，包括代号、序号、墙身长度(注为××～××轴)。

② 注写地下室外墙厚度 b_w= ×××。

③ 注写地下室外墙的外侧、内侧贯通筋和拉筋。

以 OS 代表外墙外侧贯通筋。其中，外侧水平贯通筋以 H 开头注写，外侧竖向贯通筋以 V 开头注写。

以 IS 代表外墙内侧贯通筋。其中，内侧水平贯通筋以 H 开头注写，内侧竖向贯通筋以 V 开头注写。

以 tb 开头注写拉筋直径、强度等级及间距，并注明“矩阵双向”或“梅花双向”。

例 6-6 DWQ2(①—⑥)，bw = 300
OS：H⌀18@200，V⌀20@200
IS：H⌀16@200，V⌀18@200
tb⌀6@400@400 矩阵双向

表示：2 号外墙，长度范围为①～⑥之间，墙厚为 300 mm；外侧水平贯通筋为⌀18@200，竖向贯通筋为⌀20@200；内侧水平贯通筋为⌀16@200，竖向贯通筋为⌀18@200；双向拉筋为⌀6，水平间距为 400 mm，竖向间距为 400 mm。

(4) 地下室外墙的原位标注，主要表示在外墙外侧配置的水平非贯通筋或竖向非贯通筋。

当配置水平非贯通筋时，在地下室墙体平面图上原位标注。在地下室外墙外侧绘制粗实线段代表水平非贯通筋，在其上注写钢筋编号并以 H 开头注写钢筋强度等级、直径、分布间距，以及自支座中线向两边跨内的伸出长度值。当自支座中线向两侧对称伸出时，可仅在单侧标注跨内伸出长度，另一侧不注，此种情况下非贯通筋总长度为标注长度的 2 倍。边支座处非贯通筋的伸出长度值从支座外边缘算起。

地下室外墙外侧非贯通筋通常采用“隔一布一”方式与集中标注的贯通筋间隔布置，其标注间距应与贯通筋相同，两者组合后的实际分布间距为各自标注间距的 1/2。

当在地下室外墙外侧底部、顶部、中层楼板位置配置竖向非贯通筋时，应补充绘制地下室外墙竖向截面轮廓图并在其上原位标注。表示方法为在地下室外墙竖向截面轮廓图外侧绘制粗实线段代表竖向非贯通筋，在其上注写钢筋编号并以 V 开头注写钢筋强度等级、直径、分布间距，以及向上(下)层的伸出长度值，并在外墙竖向截面图名下注明分布范围(××～××轴)。

注：向层内的伸出长度值注写方式如下。
① 地下室外墙底部非贯通钢筋向层内的伸出长度值从基础底板顶面算起。
② 地下室外墙顶部非贯通钢筋向层内的伸出长度值从板底面算起。
③ 中层楼板处非贯通钢筋向层内的伸出长度值从板中间算起，当上下两侧伸出长度值相同时可仅注写一侧。

地下室外墙外侧水平、竖向非贯通筋配置相同者，可仅选择一处注写，其他可仅注写编号。

当在地下室外墙顶部设置通长加强钢筋时应注明。

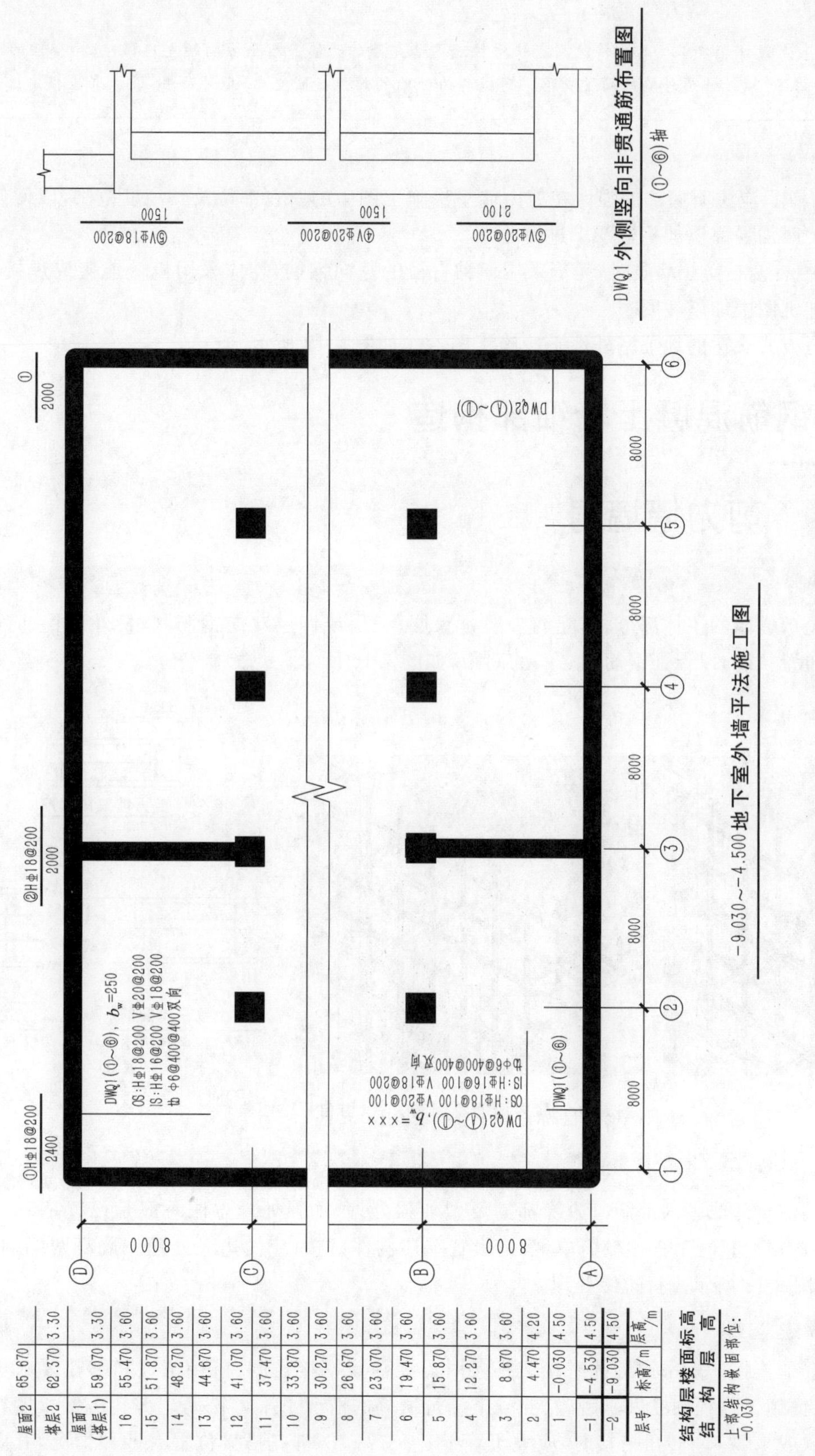

图6-15　地下室外墙平法施工图（引自平法图集）

设计时应注意：① 设计者应根据具体情况判定扶壁柱或内墙是否作为墙身水平方向的支座，以选择合理的配筋方式；② 平法图集提供了“顶板作为外墙的简支支承”“顶板作为外墙的弹性嵌固支承”两种做法，设计者应指定选用何种做法。

（5）其他。

① 在抗震设计中，应注明底部加强区在剪力墙平法施工图中的所在部位及其高度范围，以便使施工人员明确在该范围内应按照加强部位的构造要求进行施工。

② 当剪力墙中有偏心受拉墙肢时，无论采用何种直径的竖向钢筋，均应采用机械连接或焊接接长，设计者应在剪力墙平法施工图中加以注明。

采用平面注写方式表达的地下室外墙平法施工图示例如图 6-15 所示。

任务 4　钢筋混凝土墙细部构造

知识点 1　剪力墙墙身

1. 墙身一般形式

剪力墙墙身是剪力墙的主体部分，其配筋一般是双层、三层或四层双向钢筋网，最外层钢筋网之间应采用矩阵式或梅花式布置拉筋，以保证钢筋网之间的间距，如图 6-16 所示。

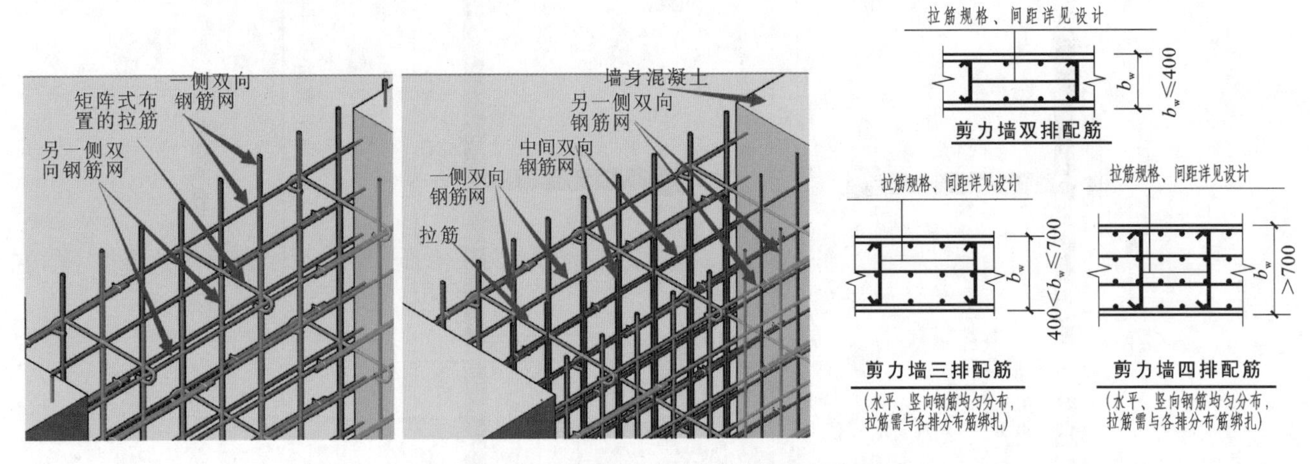

图 6-16　剪力墙墙身配筋方式（引自平法图集）

2. 边缘处理

墙身底、顶、两侧端部或者内部洞口边缘都需要做加强处理，加强处理方法一般是设置基础、基础梁、剪力墙梁、剪力墙柱等构件。有时工程比较简单，没有设置上述构件，这时应做边缘处理。墙身两侧端部无墙柱的，应按照图 6-17 和图 6-18 所示进行边缘处理。

3. 墙身水平钢筋连接

墙身水平钢筋的连接一般采用绑扎搭接。搭接时需要注意搭接长度、搭接位置和绑扎要求等。搭接的绑扎必须牢固，应保证施工过程中在人工触碰、混凝土浇筑振捣的情况下不得松动。绑扎搭接长度在直接连接时应大于等于 $1.2l_a$（或 $1.2l_{aE}$）；转角搭接时，应大于等于 l_l（或 l_{lE}）。绑扎搭接位置有四种情况，其要求也各不相同。墙身内侧水平钢筋在转角均弯锚连接，如图 6-19 所示。

水平钢筋应交错连接，要求同层内外钢筋连接位置应错开，同侧上下钢筋连接位置也应该错开，如图 6-20 所示。

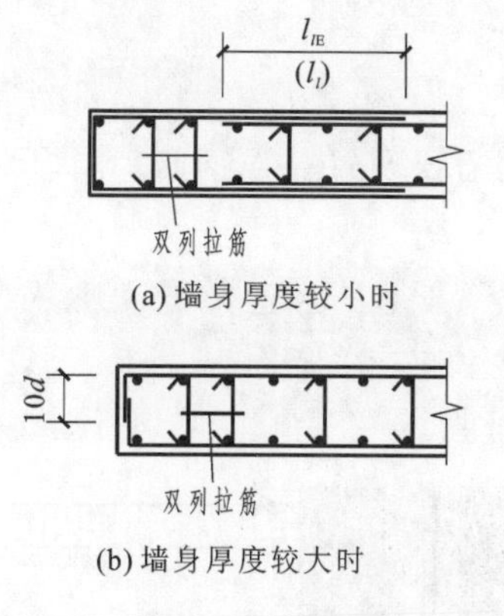

(a) 墙身厚度较小时

(b) 墙身厚度较大时

图 6-17　墙端无墙柱时边缘处理

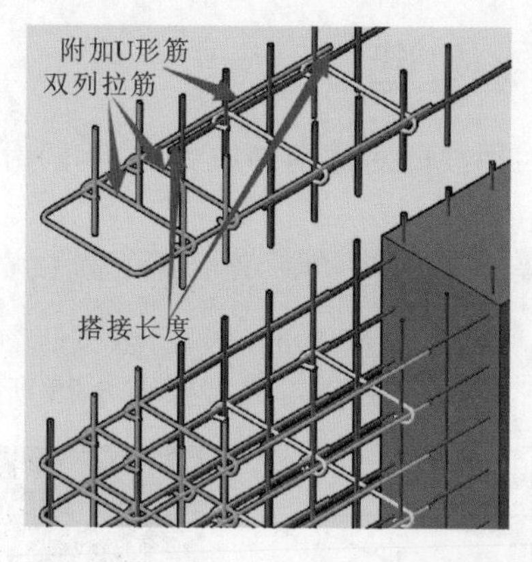

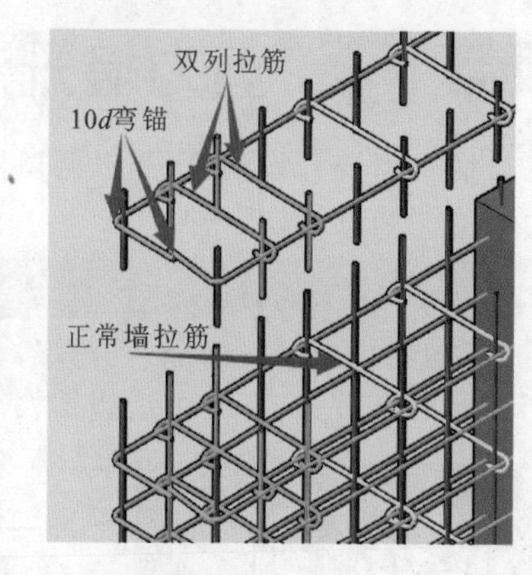

图 6-18　墙端无墙柱时边缘处理效果

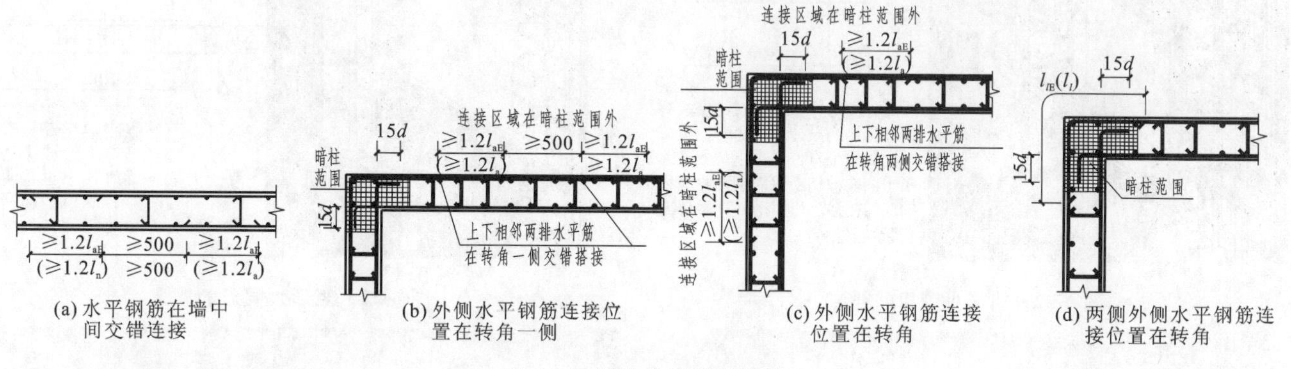

(a) 水平钢筋在墙中间交错连接　(b) 外侧水平钢筋连接位置在转角一侧　(c) 外侧水平钢筋连接位置在转角　(d) 两侧外侧水平钢筋连接位置在转角

图 6-19　墙身水平钢筋连接

4. 墙身竖向钢筋连接

墙身竖向钢筋一般一个楼层一次连接。连接可采用在两个截面上进行机械连接和焊接连接，也可采用在一个截面上进行绑扎搭接，还可以在两个截面上进行绑扎搭接。一般来说，若竖向钢筋直径较大，宜采用焊接或机械连接；若竖向钢筋直径较小，可采用绑扎搭接。重要建筑的结构关键部位应分两个截面绑扎搭接，其他的可以采用在一个截面上绑扎搭接。如图 6-21 所示。

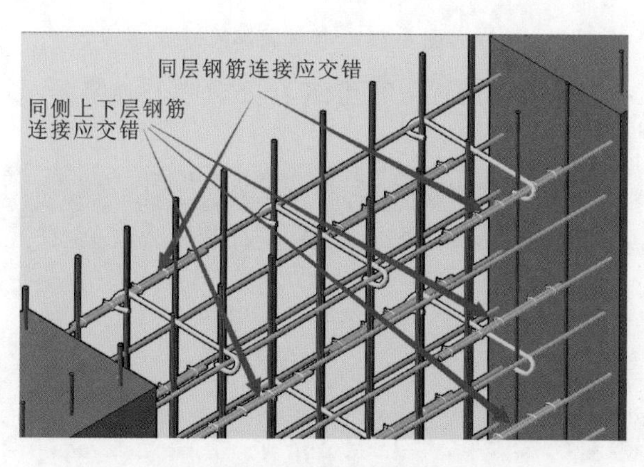

图 6-20　水平钢筋交错连接

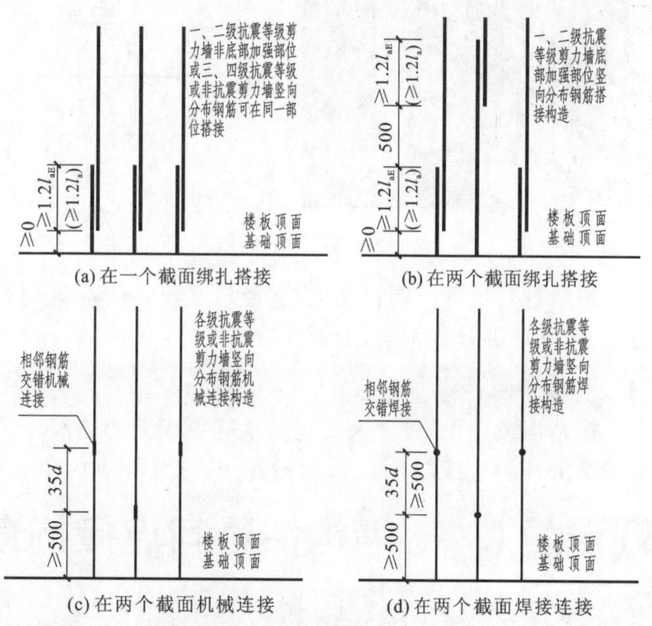

(a) 在一个截面绑扎搭接　(b) 在两个截面绑扎搭接　(c) 在两个截面机械连接　(d) 在两个截面焊接连接

图 6-21　剪力墙墙身竖向钢筋连接

知识点 2 剪力墙开洞构造

有时墙身需要开设洞口，那么洞口四周被截断的钢筋应做处理，同时，还需要设置补强钢筋。洞口形式通常分为矩形洞和圆形洞两种。

1. 墙身开设矩形洞

对于矩形洞，当洞口较小，各边边长均不大于 800 mm 时，可以按照图 6-22 所示补强。

当矩形洞口较大，有一个边边长大于 800 mm 时，可以按照图 6-23 所示补强。

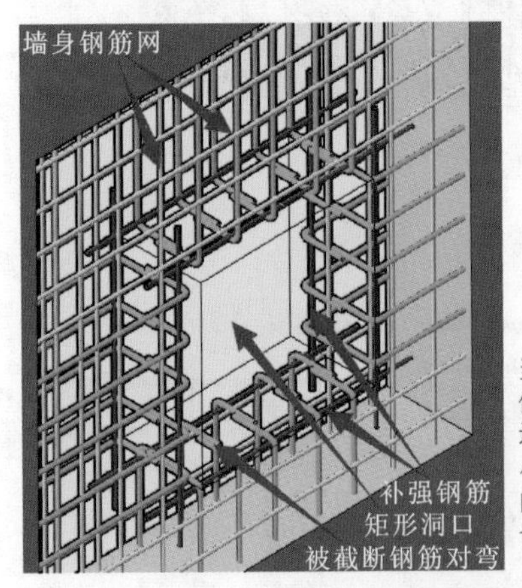

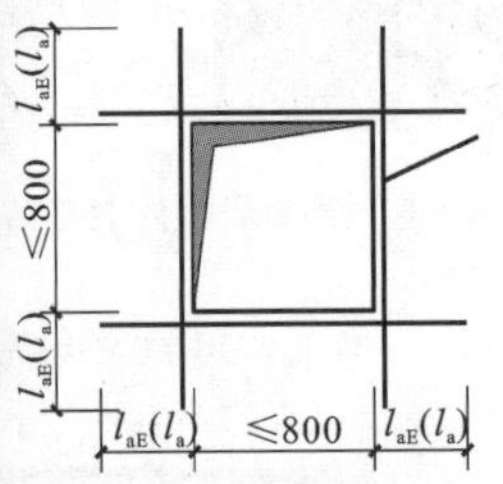

当设计注写补强纵筋时，按注写值补强；当设计未注写时，按每边配置两根直径不小于12 mm且不小于同向被切断纵向钢筋总面积的50%补强。补强钢筋种类与被切断钢筋相同

图 6-22 矩形小洞口的补强

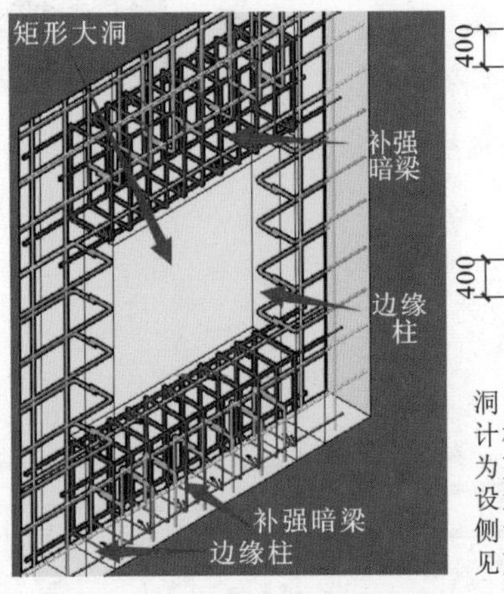

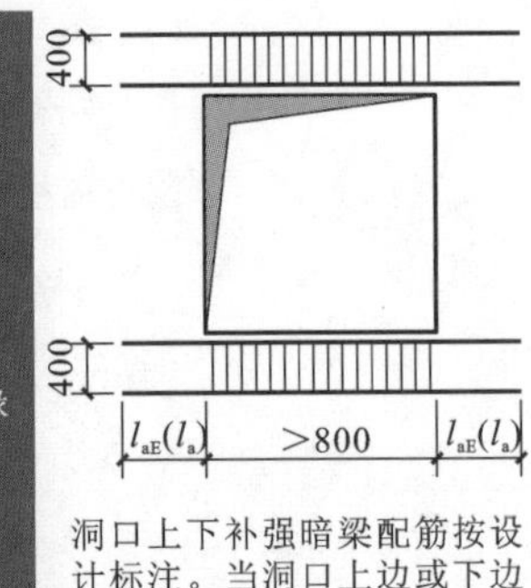

洞口上下补强暗梁配筋按设计标注。当洞口上边或下边为剪力墙连梁时，不再重复设置补强暗梁。洞口竖向两侧设置剪力墙边缘构件，详见剪力墙墙柱设计

图 6-23 矩形大洞口的补强

2. 墙身开设圆洞

如果剪力墙墙身上需要开设圆形洞口，当洞口很小，直径不大于 300 mm 时，按图 6-24 所示补强。

如果圆形洞口较大，直径在 300 mm 到 800 mm 范围内，可以按图 6-25 所示补强。

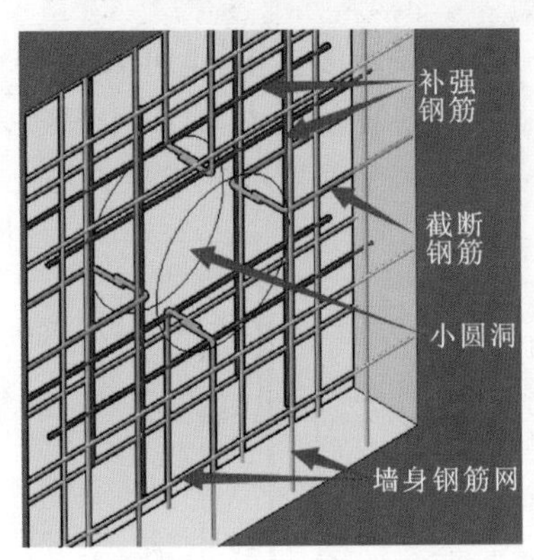

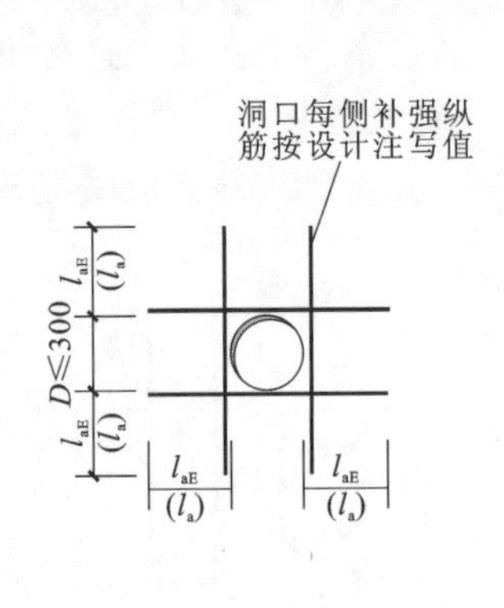

图 6-24 小圆洞的补强

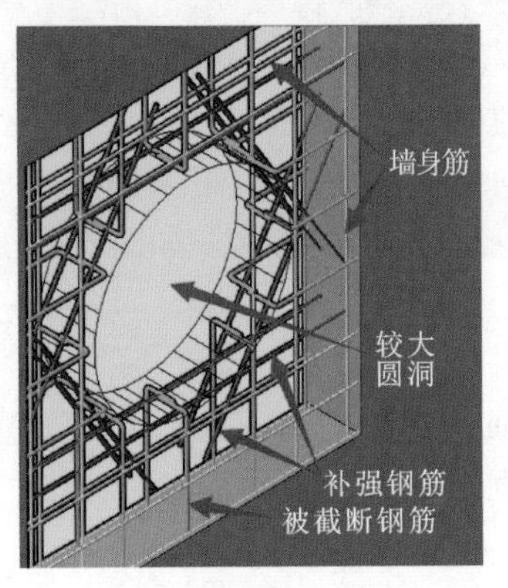

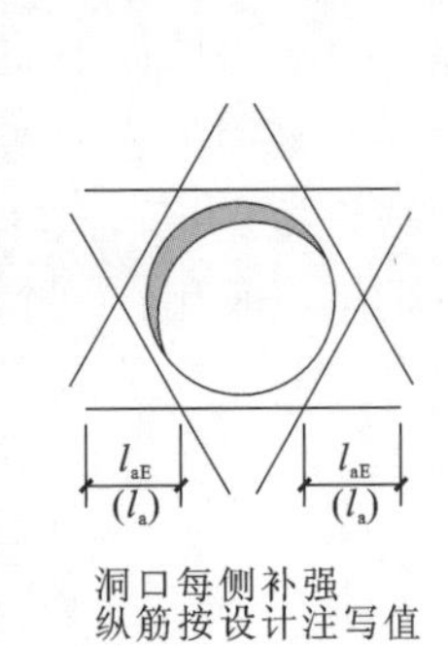

图 6-25 较大圆洞的补强

若墙身开设的圆洞特别大，直径超过 800 mm，这时应该在洞口两侧设置边缘构件，上下设置补强暗梁，同时，应设置环形补强钢筋，如图 6-26 所示。

3. 剪力墙梁开洞

在结构设计中，设计人员应尽量避免在剪力墙梁上开洞，一般不在剪力墙柱上开洞。如果无法避免，在剪力墙梁上开洞应按图 6-27 所示做好构造处理。

知识点 3 墙构件竖向连接构造

1. 墙身根部连接

墙身根部可能与两种构件连接：一种是钢筋混凝土基础，如与墙身同长的条形基础、阀板基础等；另一种是

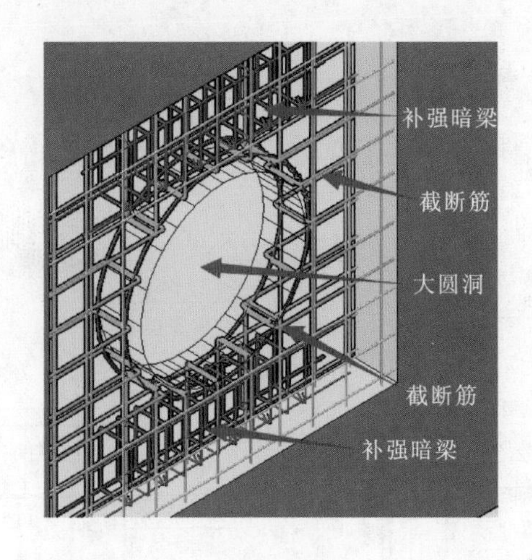

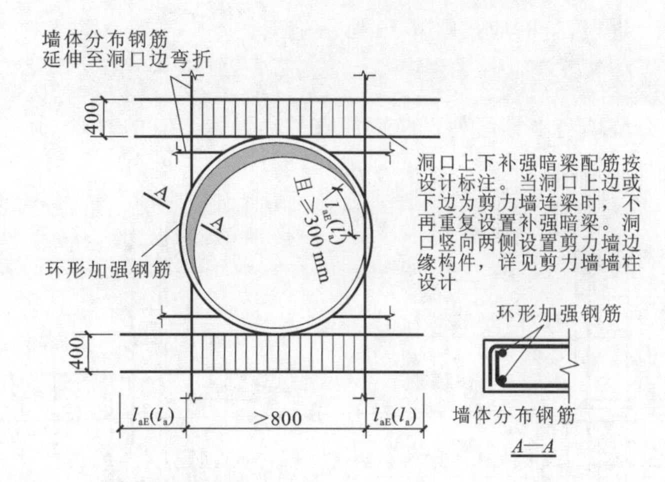

图 6-26　大圆洞的补强

钢筋混凝土梁，可能是钢筋混凝土基础梁，也可能是钢筋混凝土框支梁。不管墙身根部连接的是基础还是梁，都只需要考虑基础（或梁）的截面高度和墙身竖向钢筋外侧混凝土保护层的厚度两个要素。

总体来说，当剪力墙竖向钢筋锚固在基础或基础梁的中间部位时，当基础（或梁）的截面高度较大，大于 l_{aE}（或 l_a）的，墙竖向钢筋可以插到基础底面，并做 $6d$ 长弯钩即可。如果基础（或梁）的截面高度较小，小于 l_{aE}（或 l_a）的，这时应要求基础截面高度不得小于 $0.6l_{aE}$（或 l_a），竖向钢筋插到基础底后做 $15d$ 的弯钩，如图 6-27 所示。

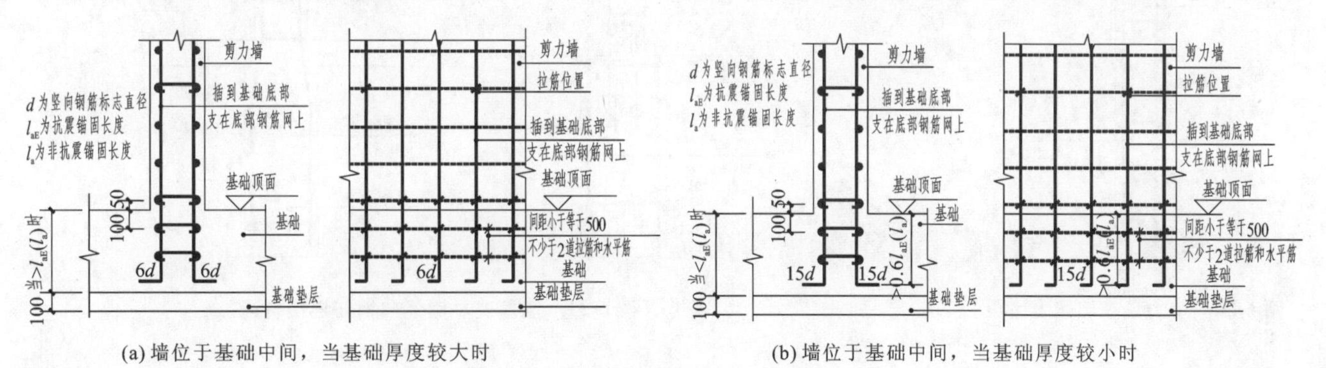

(a) 墙位于基础中间，当基础厚度较大时

(b) 墙位于基础中间，当基础厚度较小时

图 6-27　墙身竖向钢筋位于基础中间部位

当墙身位于基础边缘，竖向钢筋伸入基础（或梁）的部分外侧混凝土厚度小于 $5d$ 时，应在墙身竖向钢筋锚固区外侧设置横向钢筋加强，如图 6-28 所示。

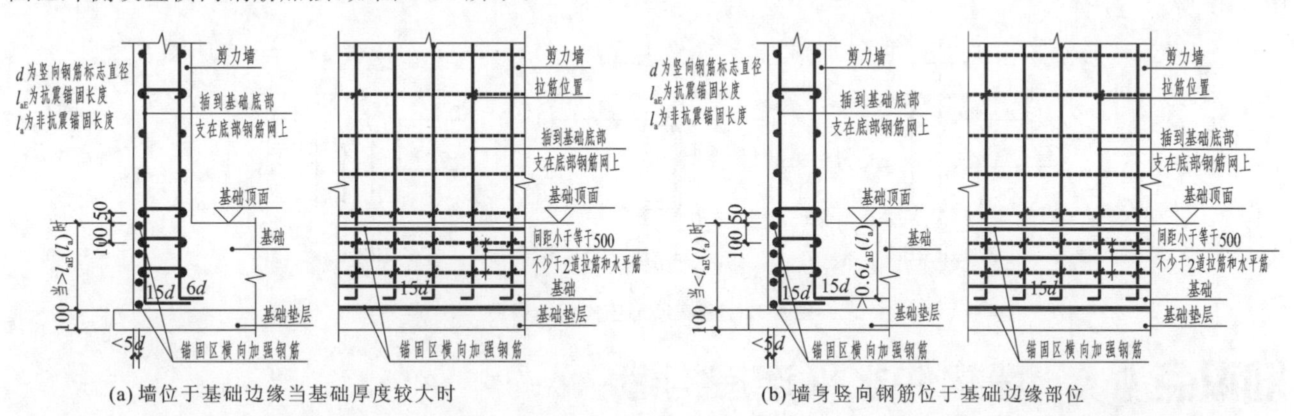

(a) 墙位于基础边缘当基础厚度较大时

(b) 墙身竖向钢筋位于基础边缘部位

图 6-28　墙身竖向钢筋位于基础边缘部位

如果剪力墙是在框支梁上生根的，那么，墙竖向钢筋应按照图 6-29 所示的构造要求施工。有时剪力墙需要

在连梁上生根，这时应按图 6-30 所示施工。

2. 墙身楼层处连接

剪力墙墙身在楼层处竖向钢筋宜贯通设置。有的时候，剪力墙厚度发生了变化，这时应按照图 6-31 所示构造连接竖向钢筋。

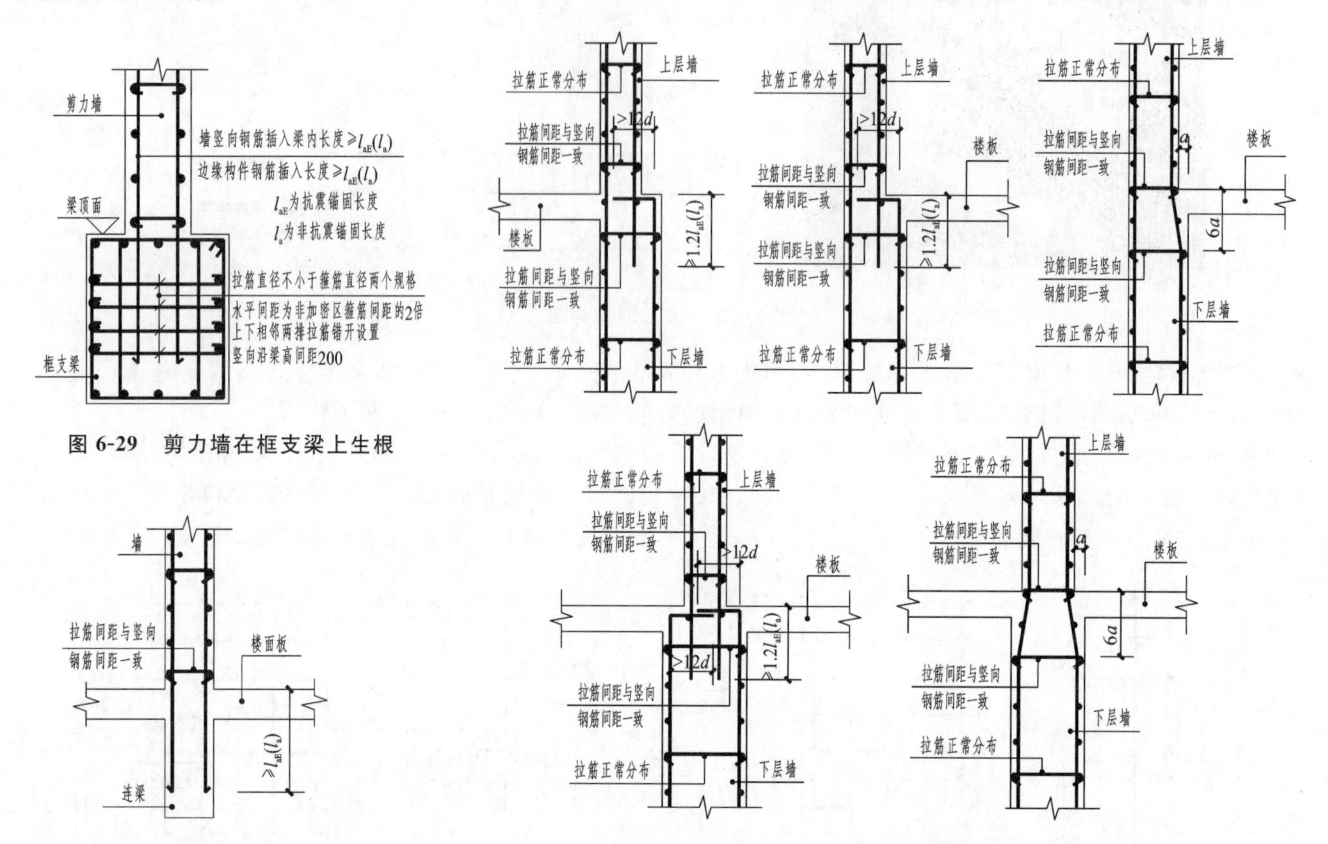

图 6-29　剪力墙在框支梁上生根

图 6-30　剪力墙在连梁上生根

图 6-31　墙厚变小时竖向钢筋连接构造

3. 墙身顶部连接

剪力墙顶部一般会与梁连接，有的时候顶部没有设置梁，只有与楼面或屋面板连接。若与板连接，墙竖向钢筋应伸入板顶并弯成 90°弯钩，锚入现浇楼屋面板中，锚入长度为 $12d$。若锚入梁中，要达到锚固长度要求，如图 6-32 所示。

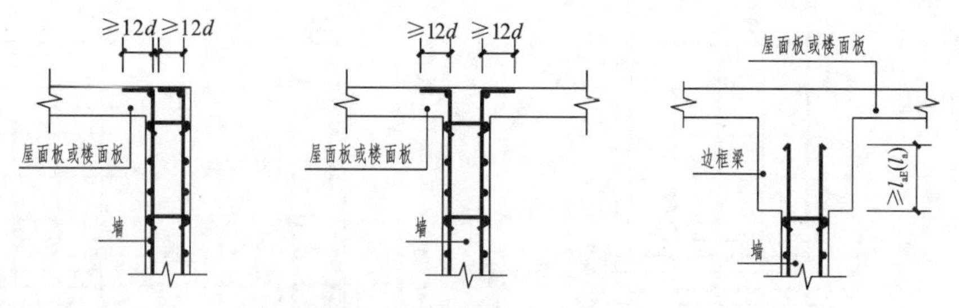

图 6-32　墙身顶部竖向钢筋构造

知识点 4　墙构件水平连接构造

如果墙身端部设置了剪力墙柱，墙身水平钢筋与墙柱之间的连接就需要细致考虑。我们知道，剪力墙柱分为构造边缘柱、约束边缘柱、非边缘暗柱和扶壁柱四大类。在构造边缘和约束边缘构件中，分为边缘暗柱、端柱翼墙和转角墙等。

1. 非边缘暗柱和扶壁柱处水平连接构造

对于非边缘暗柱和扶壁柱来说，如果柱两侧墙身在一个面上，由于墙柱位于墙身中间，墙身水平钢筋一般都是连续穿过墙柱，如图 6-33 所示。

若墙身穿过暗柱或扶壁柱后，平面上发生了转折，应根据情况区别处理。若为暗柱转折墙，可以按图 6-34 所示处理。

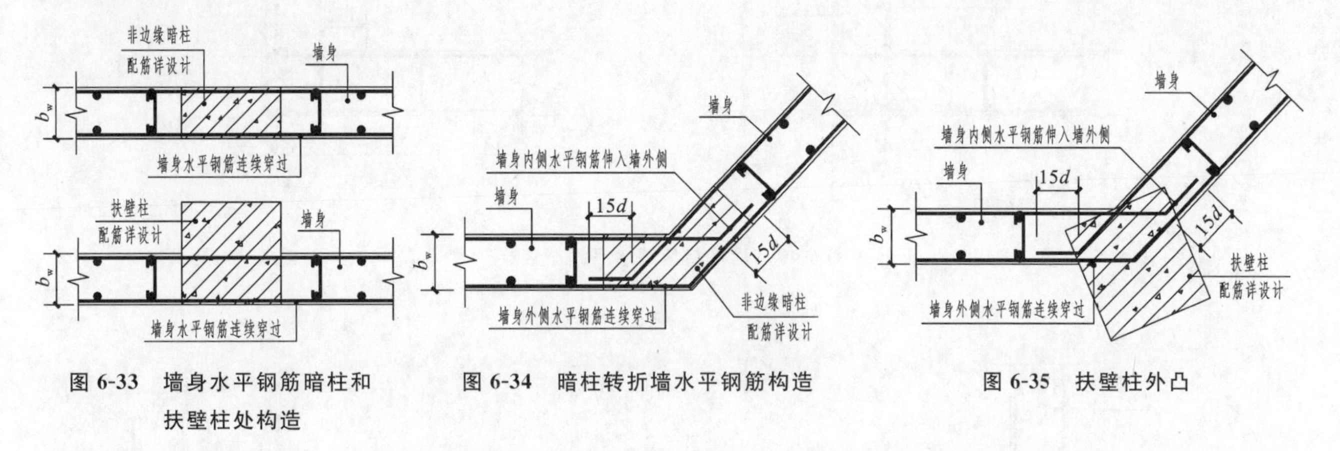

图 6-33　墙身水平钢筋暗柱和扶壁柱处构造　　图 6-34　暗柱转折墙水平钢筋构造　　图 6-35　扶壁柱外凸

若为扶壁柱转折墙，可区别情况按图 6-35、图 6-36 和图 6-37 施工。

2. 约束或构造边缘构件处水平连接构造

不管是约束边缘构件，还是构造边缘构件，墙身水平钢筋在这些构件中的锚固都根据边缘构件与墙身的关系综合确定。

墙身端部设置边缘暗柱时，应让墙身水平钢筋包绕暗柱竖向钢筋外侧，用扎丝扎牢，如图 6-38 所示。

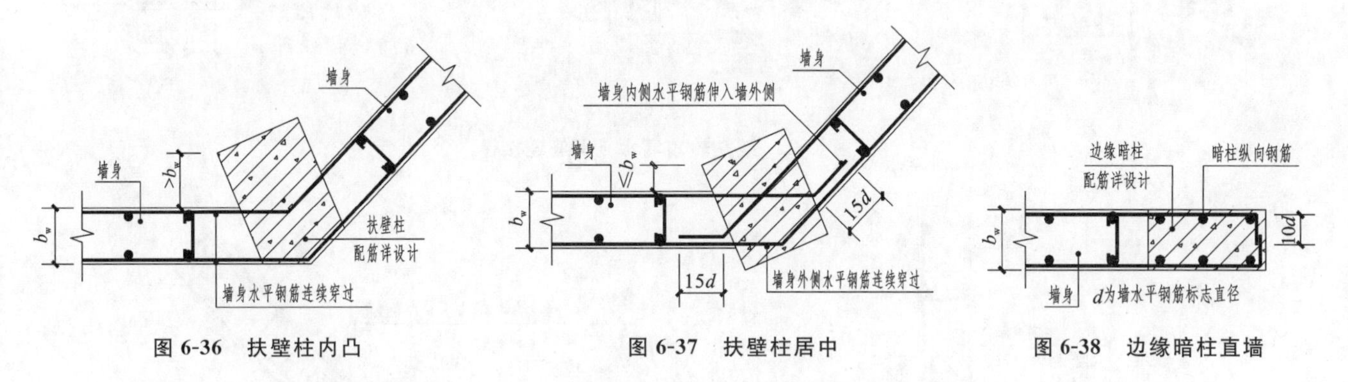

图 6-36　扶壁柱内凸　　图 6-37　扶壁柱居中　　图 6-38　边缘暗柱直墙

若墙身端部设置了端柱，则墙身水平钢筋应伸到端柱另一侧弯锚，如图 6-39 所示。

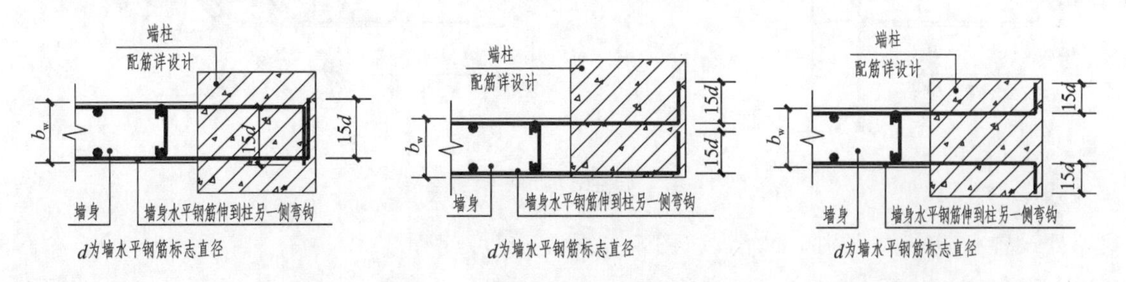

图 6-39　边缘端柱直墙水平钢筋连接

转角墙的情况，当在转角墙处设置的是转角暗柱时，则应按图 6-40 所示来考虑墙身水平钢筋的锚固。

若转角墙处不是设置暗柱，而是端柱，则应按图 6-41 所示来处理。

对于翼墙部位，若只设置了暗柱，应按图 6-42 所示做好墙身水平钢筋的锚固。

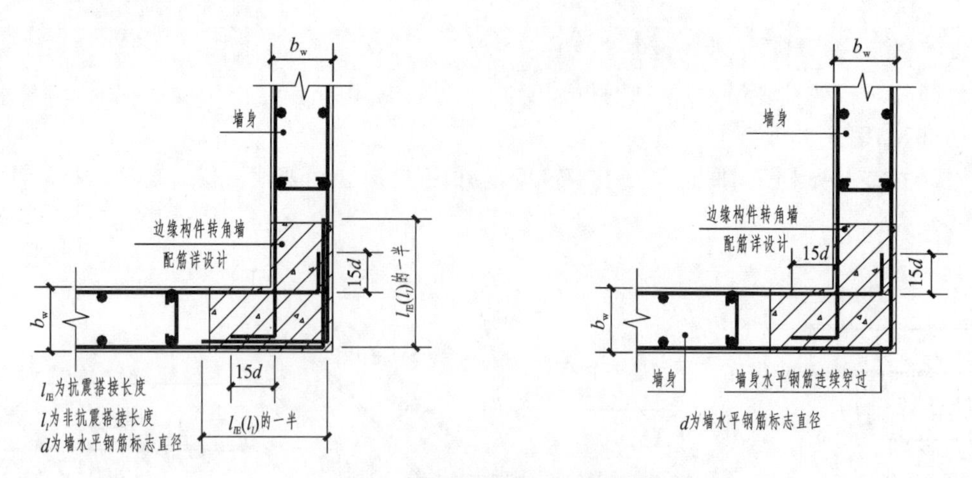

图 6-40 暗柱转角墙水平钢筋连接

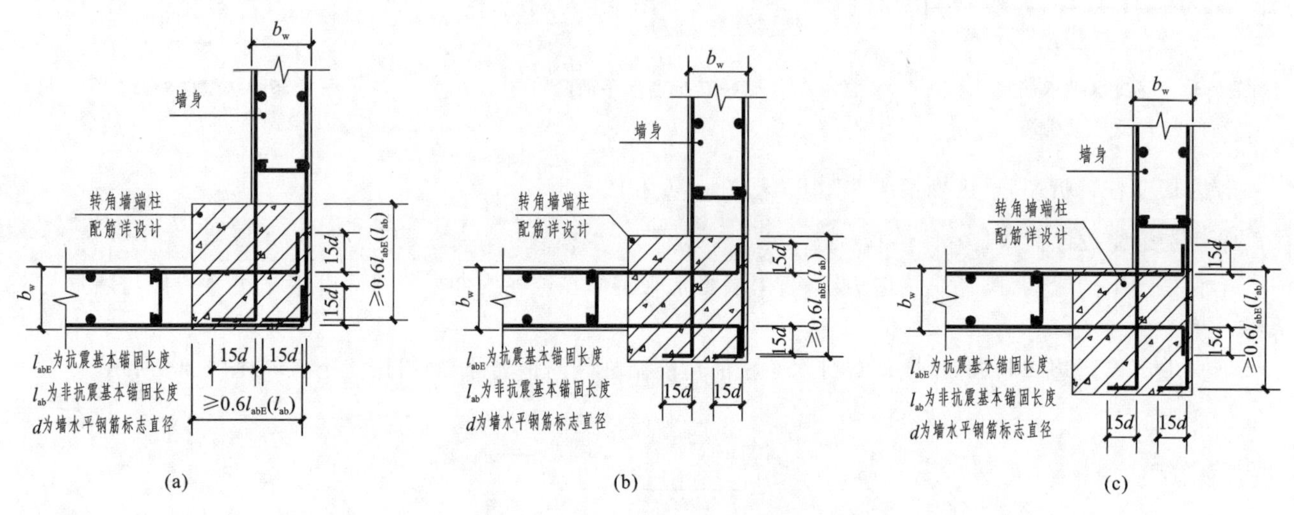

图 6-41 端柱转角墙水平钢筋连接

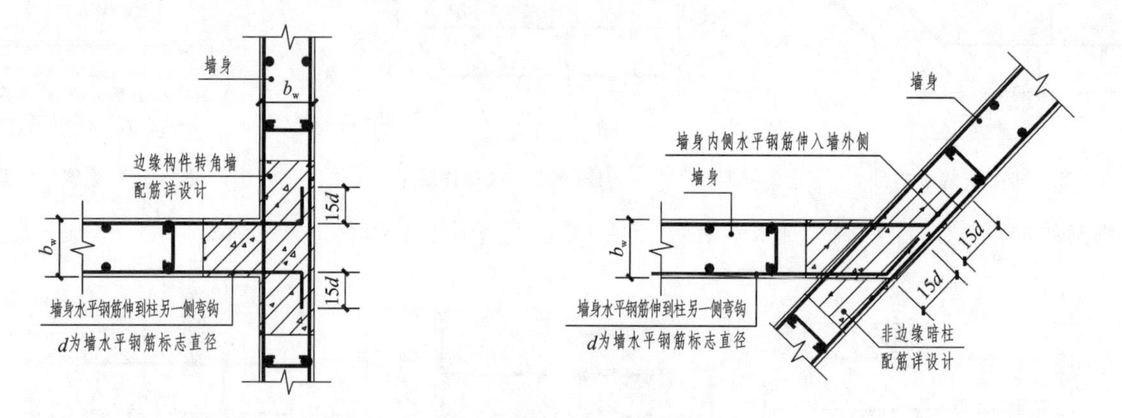

图 6-42 暗柱翼墙水平钢筋连接

若翼墙处设置有端柱，应区别不同情况按图 6-43 所示进行处理。

注：对于墙身钢筋锚入端柱的情况，若直锚长度大于等于 l_{aE}（或 l_a）时，钢筋端部可以不做弯钩。

3. 墙身厚度变化处水平连接构造

不同厚度的剪力墙进行水平连接时，一般都选择在转角或者翼墙等部位。如果需要不同厚度剪力墙进行

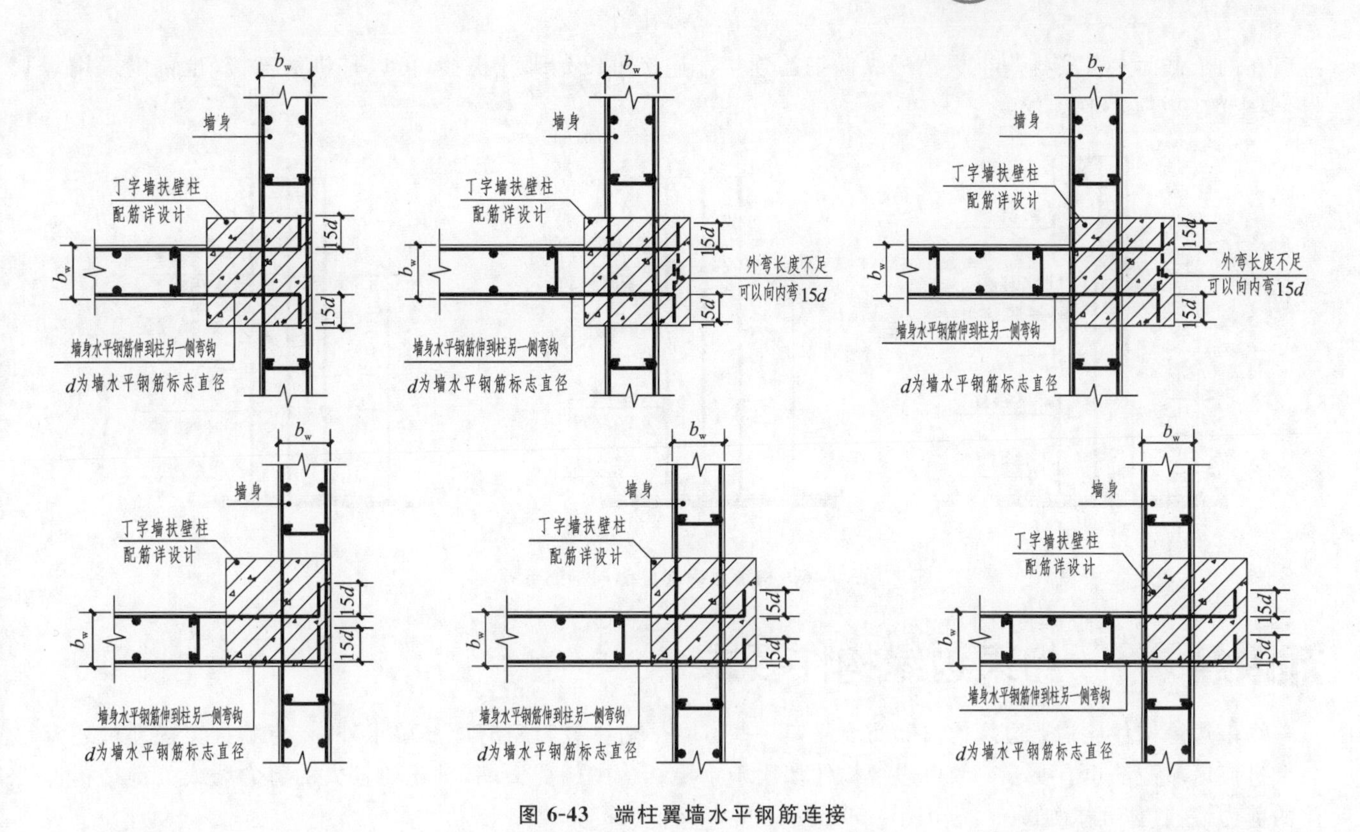

图 6-43　端柱翼墙水平钢筋连接

水平直线连接，那么，设计人员一般都会选择在连接部位增加设置扶壁柱。有了扶壁柱，则两侧剪力墙水平钢筋就可以锚入扶壁柱中。

对于不同厚度墙体转角连接的情况，其水平钢筋构造方法与同厚度墙转角连接方法基本相同，在此不进行描述。下面仅对不同厚度墙身在扶壁柱两侧和在翼墙处连接的构造进行描述，如图 6-44 所示。

知识点 5　构造边缘构件要求

剪力墙端部和较大洞口两侧应设置边缘（柱）构件以增强剪力墙的整体性。边缘构件分为约束边缘构件和构造边缘构件。构造边缘构件要求较低，多用于不是特别重要以及不是十分关键部位的剪力墙。构造边缘构件要求如图 6-45 所示。

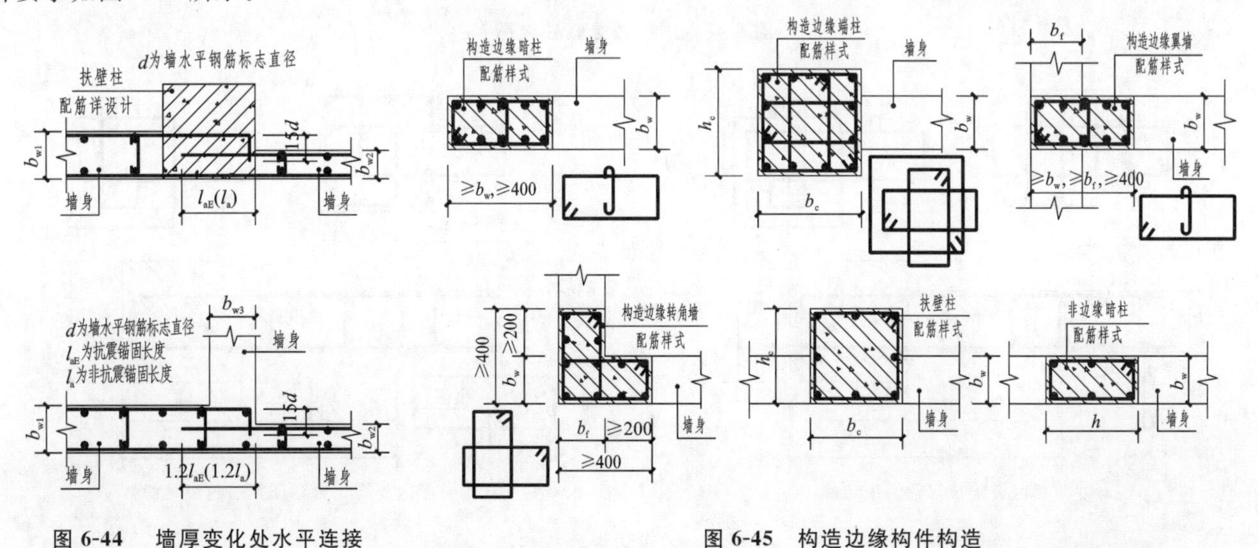

图 6-44　墙厚变化处水平连接　　　　图 6-45　构造边缘构件构造

构造边缘构件的内部配筋大小依据设计要求施工。构造边缘构件纵向钢筋需要每一层连接一次，每次连接应在两个截面上各安排一半根数的纵向钢筋连接。连接可以是绑扎搭接，可以是机械连接，也可以采用焊接，要求如图 6-46 所示。

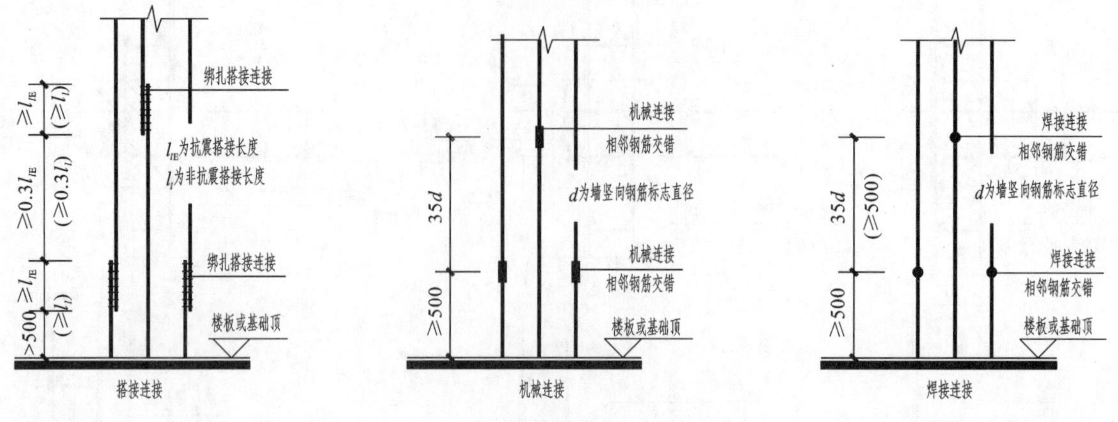

图 6-46　构造边缘构件纵向钢筋连接

知识点 6　约束边缘构件要求

约束边缘构件比构造边缘构件配筋要复杂一些。除了边缘柱自身有配筋要求外，在与墙身交接部位还有一个过渡区域配筋也有要求。约束边缘构件多用于重要结构中的剪力墙、轴压比较大的剪力墙或关键结构部位的剪力墙，具体要求如图 6-47 至图 6-50 所示。

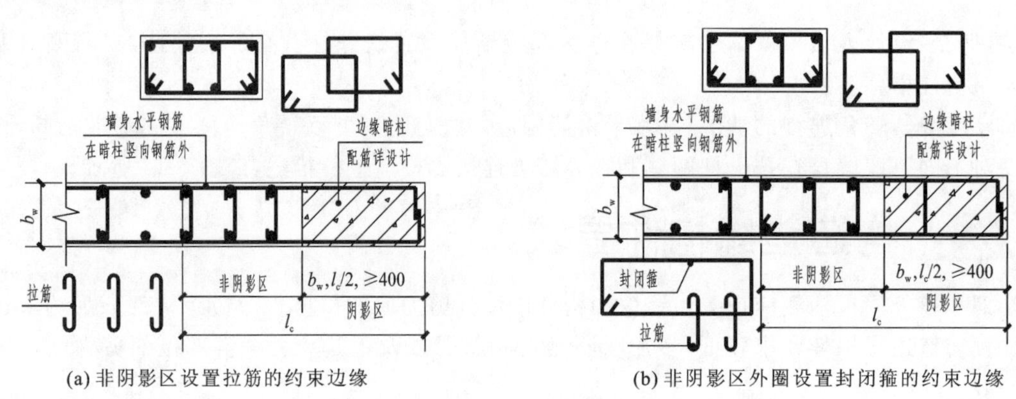

(a) 非阴影区设置拉筋的约束边缘　　(b) 非阴影区外圈设置封闭箍的约束边缘

图 6-47　约束边缘暗柱构造

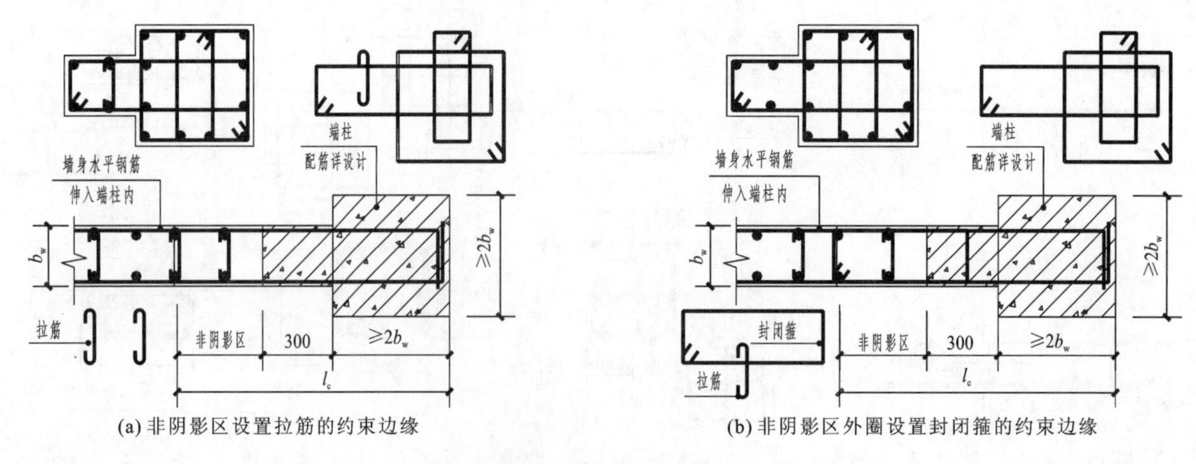

(a) 非阴影区设置拉筋的约束边缘　　(b) 非阴影区外圈设置封闭箍的约束边缘

图 6-48　约束边缘端柱构造

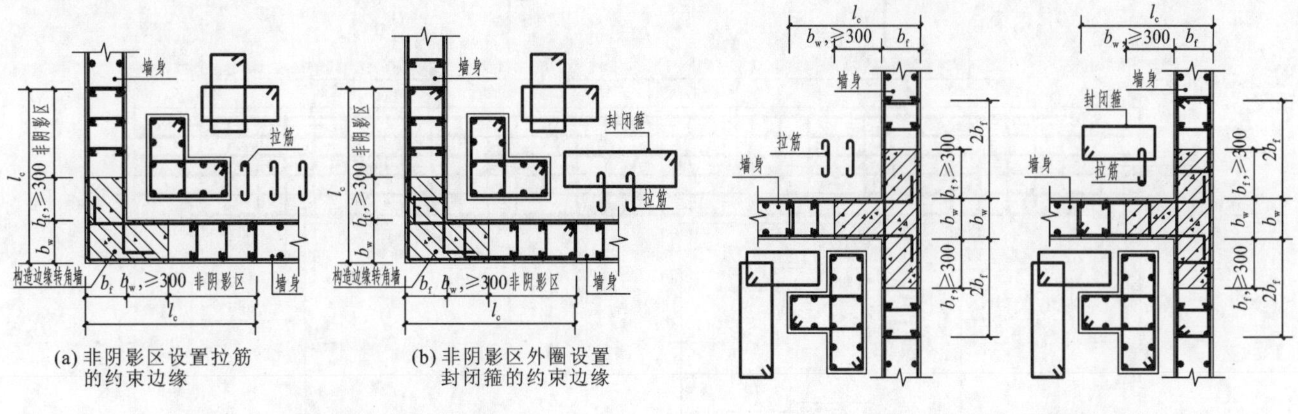

(a) 非阴影区设置拉筋的约束边缘　(b) 非阴影区外圈设置封闭箍的约束边缘

图 6-49　约束边缘转角墙构造

图 6-50　约束边缘翼墙构造

约束边缘构件纵向钢筋需要每一层连接一次，每次连接应在两个截面上各安排一半根数的纵向钢筋连接。连接可以采用绑扎搭接或机械连接，也可以采用焊接。

知识点 7　连梁配筋构造

剪力墙中的连梁是指两片剪力墙之间的连接梁，多半处于窗洞口上、下的位置。从作用上看，连梁除了起到分隔上、下层窗的作用外，更重要的是当建筑受到地震作用时，优先使得连梁破坏而消耗能量，避免竖向构件被破坏。

当连梁截面宽度较小时，可以采用类似常见梁的配筋方法，这种做法在工程中比较常见，如图 6-51 所示。

如果连梁截面宽度不小于 250 mm，可以采用交叉斜筋方式配筋。若连梁截面宽度不小于 400 mm，还可以采用集中对角配筋方式和对角暗撑配筋方式，如图 6-52 所示。

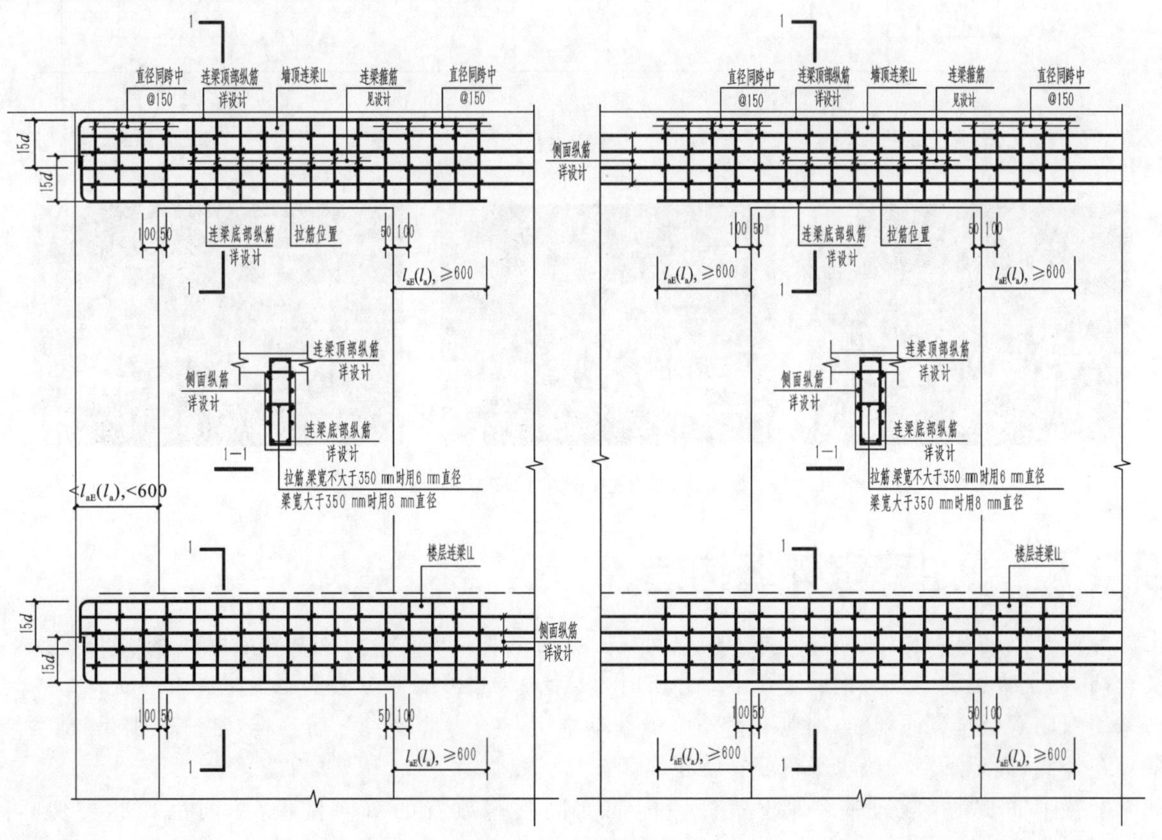

图 6-51　连梁配筋构造

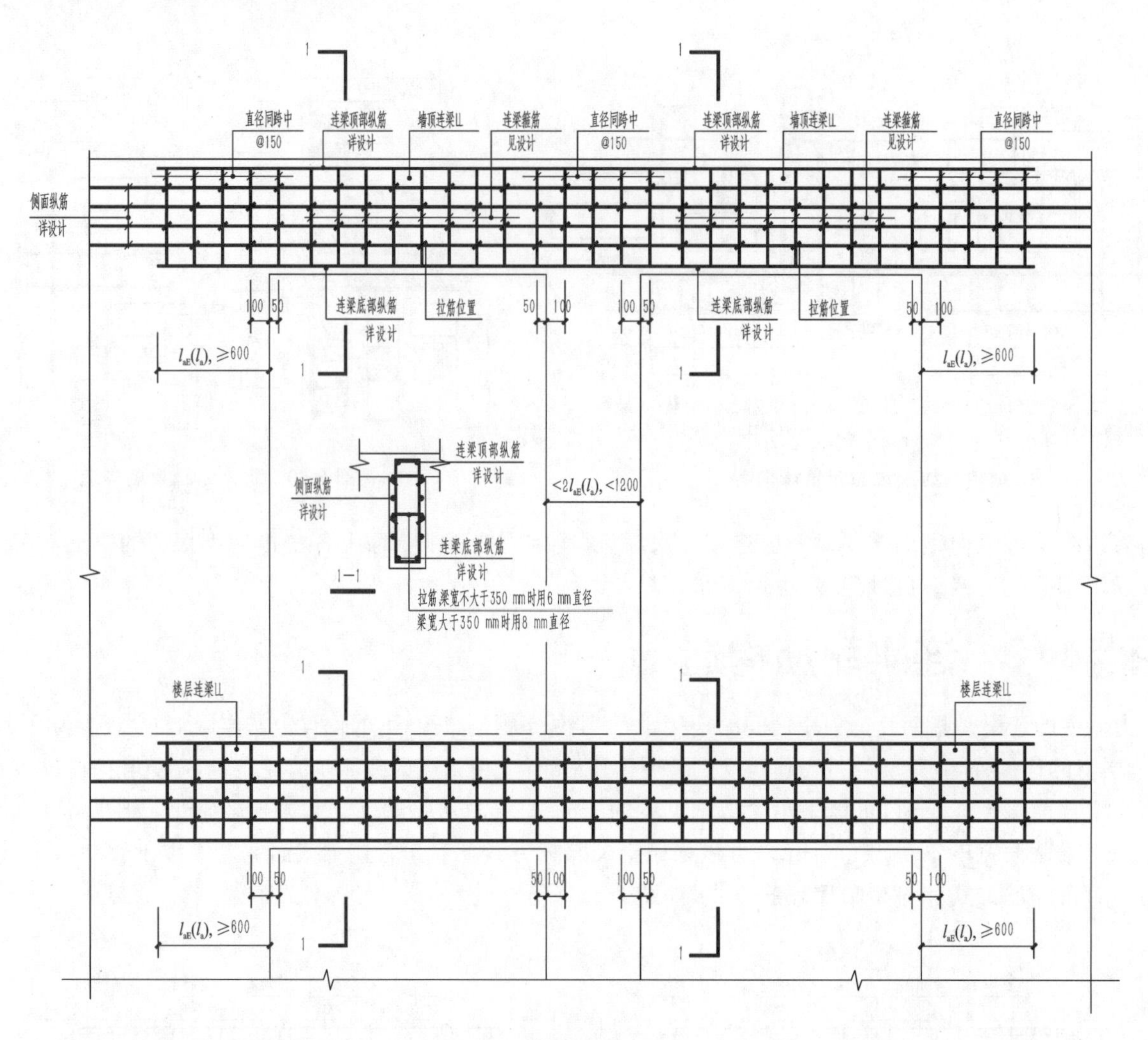

续图 6-51

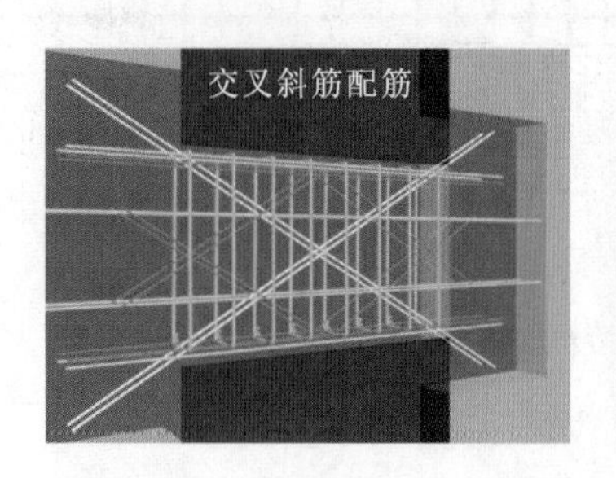

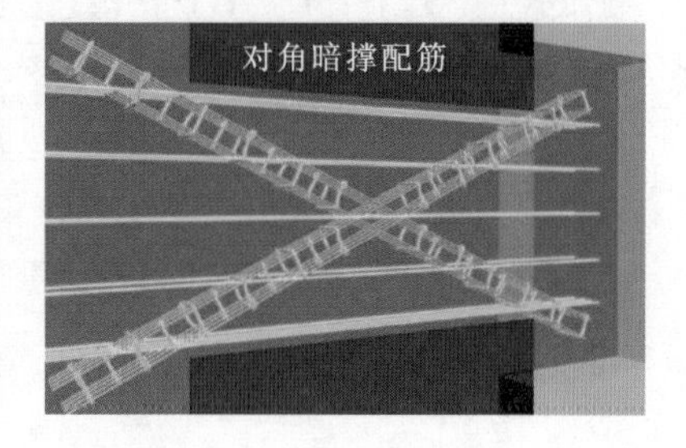

图 6-52 连梁其他配筋方式

知识点 8 地下室外墙构造

大部分情况下，设计地下室外墙时都采用双向双层贯通钢筋。只有当地下室外墙纵向支承间距较大，地下室层高较高，完全采用双向双层钢筋觉得不太经济时，设计人员才可能考虑适量配置非贯通钢筋。

若采用双向双层全贯通配筋，则地下室外墙配筋基本上与剪力墙墙身配筋一样，唯一区别是：剪力墙水平钢筋安装在外侧，而地下室外墙水平钢筋安装在内侧。

如果配置了非贯通钢筋，那么地下室外墙配筋如同垂直放置的双向楼板，配筋也如此类似，可查阅11G101—1 图集第 77 页。

项目 7

混凝土基础平法施工图识读

任务 1 认识钢筋混凝土基础

基础是建筑结构系统中处于最下端的构件，其主要作用是将上部结构的荷载传递给建筑地基。一般地基土的抗压强度小于首层柱混凝土，为减少建筑下沉，保证建筑稳定，多将基础设计成扩大块体。

如果建筑地基中的坚硬土层埋深较小，则可以采用浅基础。如果建筑地基中的坚硬土层埋置深度较大，则需要设置较长的竖向传力构件将墙柱下端的力传递到下层坚硬的岩土层中，这种基础称为深基础。

浅基础分柱下独立基础和墙下条形基础两类。

柱下独立基础与其上柱之间的关系包括现浇连接和预留杯口插入柱固定两种。前者是在基础施工时预留插筋，之后接长钢筋、支模、现场浇筑柱混凝土的施工方法，称为现浇独立基础。后者要求柱提前预制好，然后吊装固定就位，这种基础称为杯口基础。在工程实际中，现浇独立基础的应用较广泛。现浇柱下独立基础又分为阶形和坡形两种，如图 7-1 所示。

图 7-1 阶形和坡形柱下独立基础

如果基础是在墙下，一般会设置条形基础，如图 7-2 所示。

图 7-2 墙下条形基础

深基础多采用桩基础。桩分为预制桩和现场灌注桩两种。不管采用哪种桩，其下端应埋入持力层，上端应与墙、柱以及基础梁连接成整体。连接时，如果桩直径较大，柱可以直接从桩中间生根，做成一柱一桩。如果桩直径较小，需要多个桩抬起一根柱，可以做成一柱多桩。凡一柱多桩的，都必须在桩顶柱底设置一个钢筋混凝土块体，将桩、柱纵向钢筋锚在其中，这种钢筋混凝土块体称为桩基承台。根据一个承台下连接桩的数量不同，桩基承台可分为两桩承台、三桩承台、四桩承台，甚至五桩承台、六桩承台等，如图 7-3 所示。

本书重点介绍工程实践中应用十分普通的现浇柱下独立基础、钢筋混凝土条形基础和桩承台等三类基础构件的平法表达方法。其他类型基础的平法表达方法，读者可在需要时参考 11G101—3 图集。

图 7-3　三桩承台

任务 2　钢筋混凝土基础传统表达方法

建筑基础的传统表达方法主要是三视图加辅助剖面法。例如，表达一个柱下独立基础，需要绘制基础顶面、前面和右面视图，如图 7-4 所示。

除此之外，还要补充绘制水平剖面图和两个方向的竖向剖面图，如图 7-5 所示。

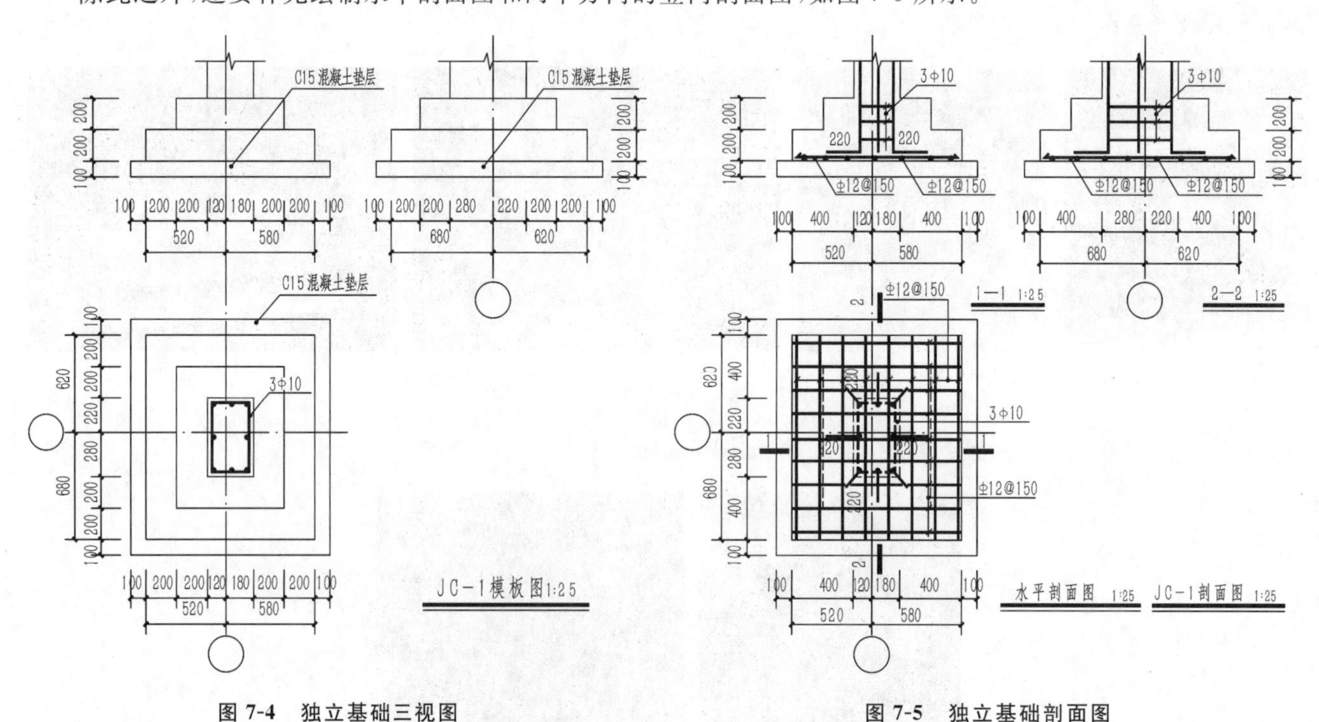

图 7-4　独立基础三视图　　　　图 7-5　独立基础剖面图

条形基础的传统表达法是绘制若干典型剖面图，如图 7-6 所示。

可见，采用传统表达方法绘图量大，劳动强度高。

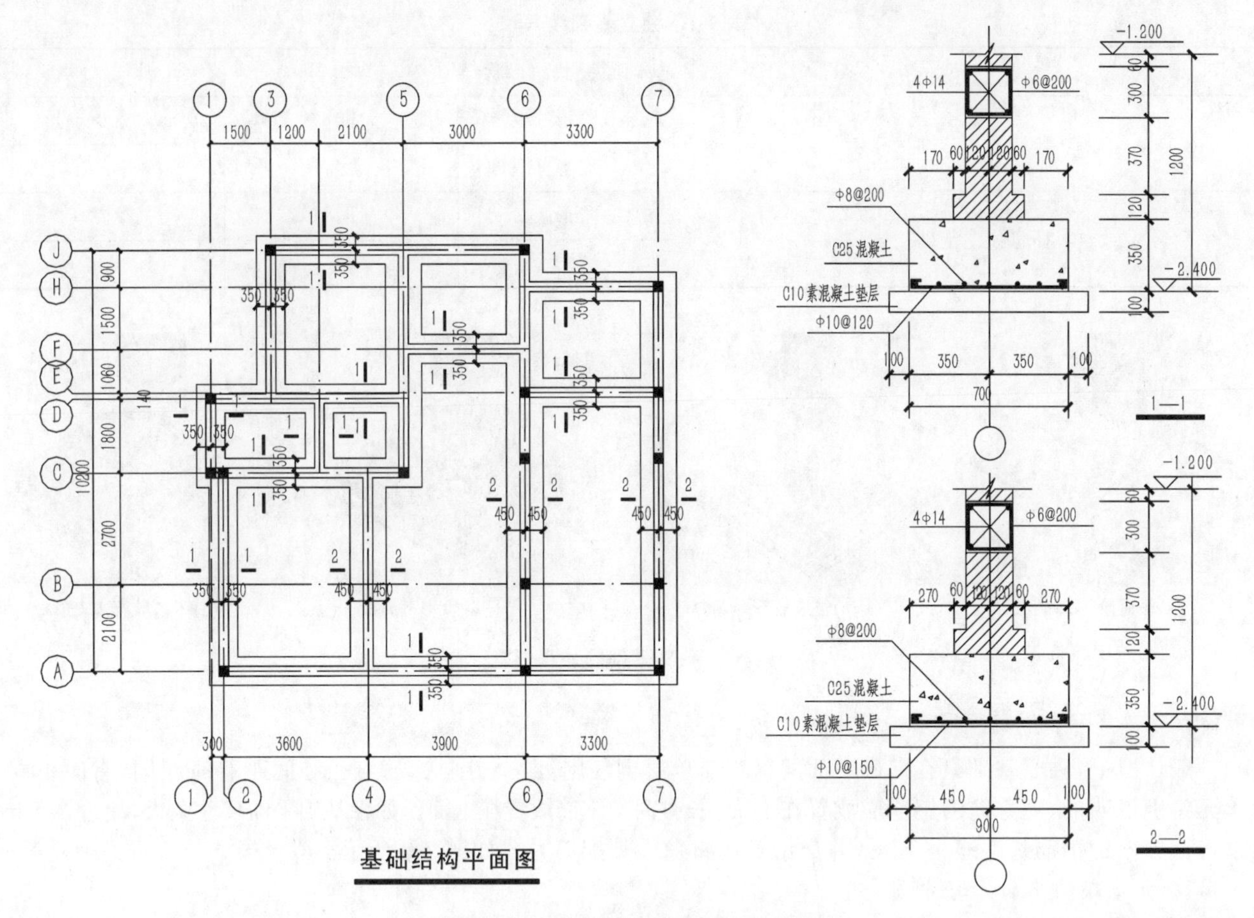

图 7-6 条形基础的传统表达方法

任务 3 钢筋混凝土基础平法制图规则

知识点 1 现浇柱下独立基础平法制图规则

1. 独立基础平法施工图的表达方法

独立基础平法施工图有平面注写与截面注写两种表达方法，设计人员可根据具体工程情况选择其中一种方法或采用两种方法相结合的方式进行独立基础的施工图设计。

当绘制独立基础平面布置图时，应将独立基础平面与基础所支承的柱一起绘制。当设置基础连系梁时，可根据图面的疏密情况，将基础连系梁与基础平面布置图一起绘制，或者将基础连系梁布置图单独绘制。

在独立基础平面布置图上应标注基础定位尺寸；当独立基础的柱中心线或杯口中心线与建筑轴线不重合时，应标注其定位尺寸。编号相同且定位尺寸相同的基础，可仅选择一个进行标注。

2. 独立基础编号

各种独立基础应按照表 7-1 的要求进行编号。

独立基础形式如图 7-7 所示。

表 7-1 独立基础编号

类　　型	基础底板截面形状	代　　号	序　　号
普通独立基础	阶形	DJ_J	××
	坡形	DJ_P	××
杯口独立基础	阶形	BJ_J	××
	坡形	BJ_P	××

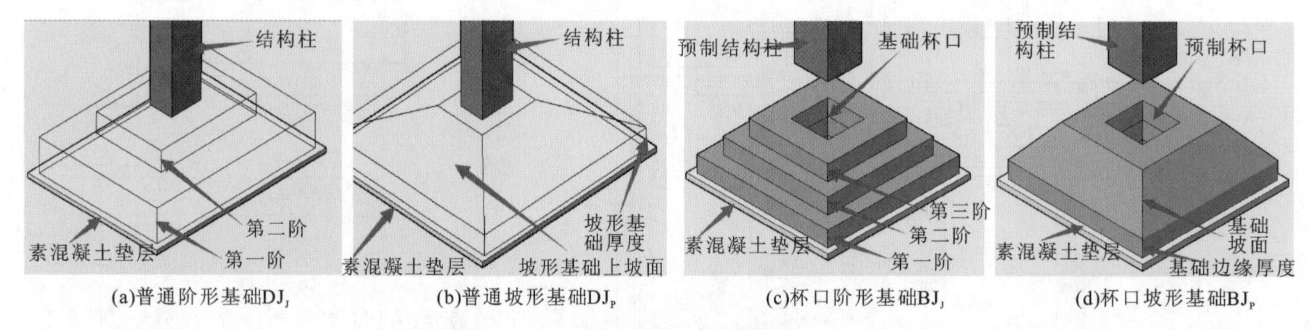

(a)普通阶形基础DJ_J　(b)普通坡形基础DJ_P　(c)杯口阶形基础BJ_J　(d)杯口坡形基础BJ_P

图 7-7 独立基础的外观形式

3. 独立基础的平面注写方式

一般情况下，独立基础只在基础底面配置双向单层钢筋网，两个方向钢筋直径和间距有时相同，有时不同。设计无特别说明的，短方向的钢筋应放置在下面，长方向的钢筋放置在上面。如果基础平面尺寸太大，超过 2.5 m，可以将该方向的钢筋长度缩小 10%，并交错对齐布置。其配筋方式如图 7-8 所示。

1) 独立基础的平面注写方式

独立基础的平面注写方式分为集中标注和原位标注两部分。

(1) 集中标注。

普通独立基础的集中标注，是在基础平面图上集中引注基础编号、截面竖向尺寸、配筋这三项必注内容，以及基础底面标高（与基础底面基准标高不同时）和必要的文字注解两项选注内容。素混凝土普通独立基础的集中标注，除无基础配筋内容外均与钢筋混凝土普通独立基础相同。

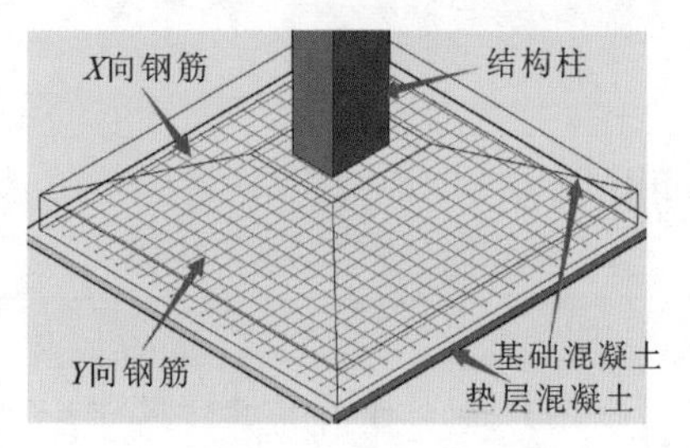

图 7-8 独立基础配筋方式

独立基础集中标注的具体内容，规定如下。

① 注写独立基础编号和平面尺寸（必注内容），如表 7-1 所示。独立基础底板的截面形状通常有以下两种。

- 阶形截面编号加下标“J”，如 DJ_J××、BJ_J××。
- 坡形截面编号加下标“P”，如 DJ_P××、BJ_P××。

② 注写独立基础截面竖向尺寸（必注内容）。

- 当基础为阶形截面时，h_1、h_2、h_3 依次表示由下到上各阶高度，如图 7-9(a)所示。

例 7-1 当阶形截面普通独立基础 DJ_J××的竖向尺寸注写为“400/300/300”时，表示 $h_1=400$、$h_2=300$、$h_3=300$，基础底板总厚度为 1 000 mm。当为更多阶时，各阶尺寸自下而上用“/”分隔顺写。当基础为单阶时，其竖向尺寸仅为一个，且为基础总厚度。

- 当基础为坡形截面时，注写为 h_1/h_2，如图 7-9(b)所示。

例 7-2 当坡形截面普通独立基础 DJ_P××的竖向尺寸注写为 350/300 时，表示 $h_1=350$，$h_2=300$，基础底板总厚度为 650 mm。

③ 注写独立基础配筋（必注内容）。底部双向配筋注写的规定如下。

- 以 B 代表各种独立基础底板的底部配筋。

● X 向配筋以“X”开头，Y 向配筋以“Y”开头注写；当两向配筋相同时，则以“X&Y”开头注写。如图 7-9 所示。

例 7-3 当独立基础底板配筋标注为“B：X ⏀16@150，Y ⏀16@200”时，表示基础底板底部配置 HRB400 级钢筋，X 向直径为⏀16，分布间距为 150 mm；Y 向直径为⏀16，分布间距为 200 mm。

④ 注写基础底面标高（选注内容）。当独立基础的底面标高与基础底面基准标高不同时，应将独立基础底面标高直接注写在“（ ）”内。

⑤ 必要的文字注解（选注内容）。当独立基础的设计有特殊要求时，宜增加必要的文字注解。例如，基础底板配筋长度是否采用减短方式等，可在该项内注明。

(2) 原位标注。钢筋混凝土和素混凝土独立基础的原位标注，是在基础平面布置图上标注独立基础的平面尺寸。对相同编号的基础，可选择其中一个进行原位标注（当平面图形较小时，可将所选定进行原位标注的基础按比例适当放大），其他相同编号者仅标注编号。

原位标注的具体内容规定如下。

原位标注 A_i、B_i，x_c、y_c（或圆柱直径 d_c），x_i、y_i，$i=1,2,3,\cdots$。其中，A_i、B_i 为普通独立基础两向定位尺寸，x_c、y_c 为柱截面尺寸，x_i、y_i 为阶宽或坡形平面尺寸。

原位标注和集中标注的图中，各符号的意义如图 7-9 所示。

2) 设置短柱的独立基础的注写方式

有时候，柱下独立基础埋深较大，需要在基础顶部设置一段截面较大的短柱以提高框架柱底部的刚度，如图 7-10 所示。

这时，平面注写基础时，不仅注写基础底板配筋，还必须附加注写短柱部分的内容。短柱部分应按一般柱配筋模式，设置纵向角钢筋、边钢筋和箍筋，如图 7-11 所示。

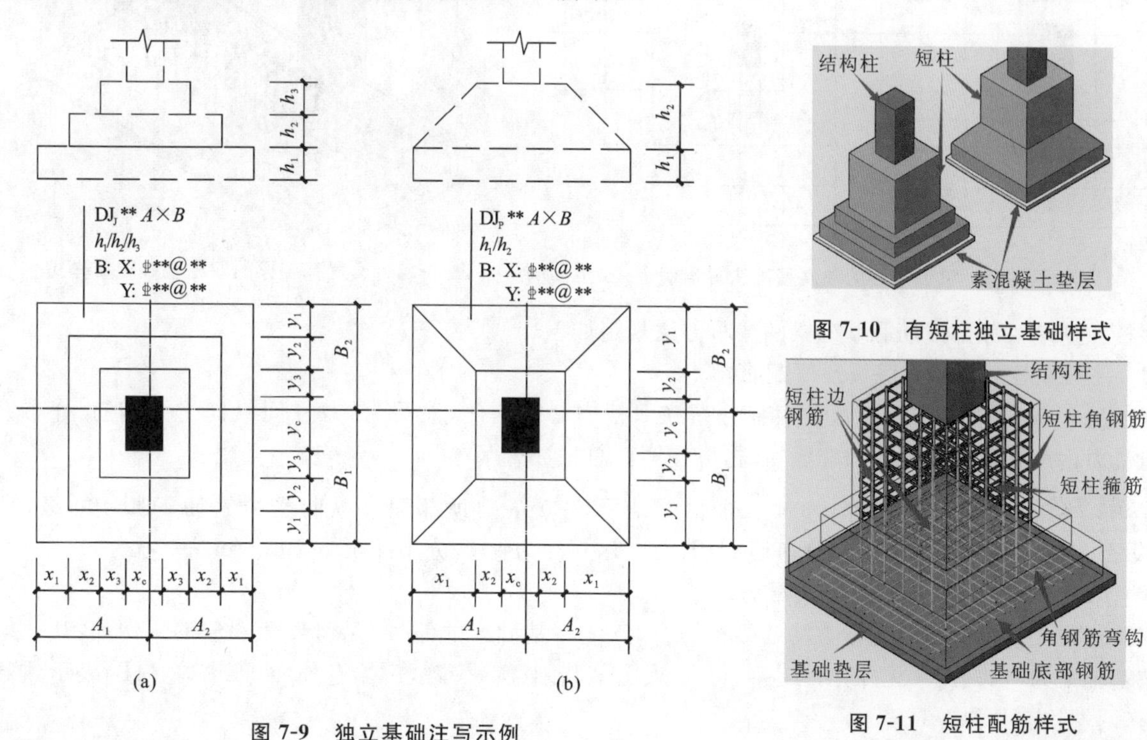

图 7-9 独立基础注写示例

图 7-10 有短柱独立基础样式

图 7-11 短柱配筋样式

具体注写规定如下。

(1) 以 DZ 代表普通独立深基础短柱。

(2) 先注写短柱纵筋，再注写箍筋，最后注写短柱标高范围。注写为：角筋/长边中部筋/短边中部筋，箍筋，短柱标高范围。当短柱水平截面为正方形时，注写为：角筋/X 边中部筋/Y 边中部筋，箍筋，短柱标高范围。

例 7-4 当短柱配筋标注为“DZ 4⌀20/5⌀18/5⌀18,⌀10@100,－2.500～－0.050”,表示独立基础的短柱设置在－2.500～－0.050 的高度范围内,配置 HRB400 级竖向钢筋 HPB300 级箍筋,其竖向钢筋为 4⌀20角筋、X 边中部筋 5⌀18 和 Y 边中部筋 5⌀18,其箍筋直径为⌀10,间距为 100 mm。

设置短柱的独立基础注写图中,各符号的意义如图 7-12 所示。

3) *多柱独立基础的注写方式*

独立基础通常为单柱独立基础,有时会遇到多柱共一个独立基础(双柱或四柱等)的情况。多柱独立基础的编号、几何尺寸和配筋的标注方法与单柱独立基础相同。

当为双柱独立基础且柱距较小时,通常仅配置基础底部钢筋;当柱距较大时,除基础底部配筋外,还需在两柱间配置基础顶部钢筋或设置基础梁,如图 7-13 和图 7-14 所示。

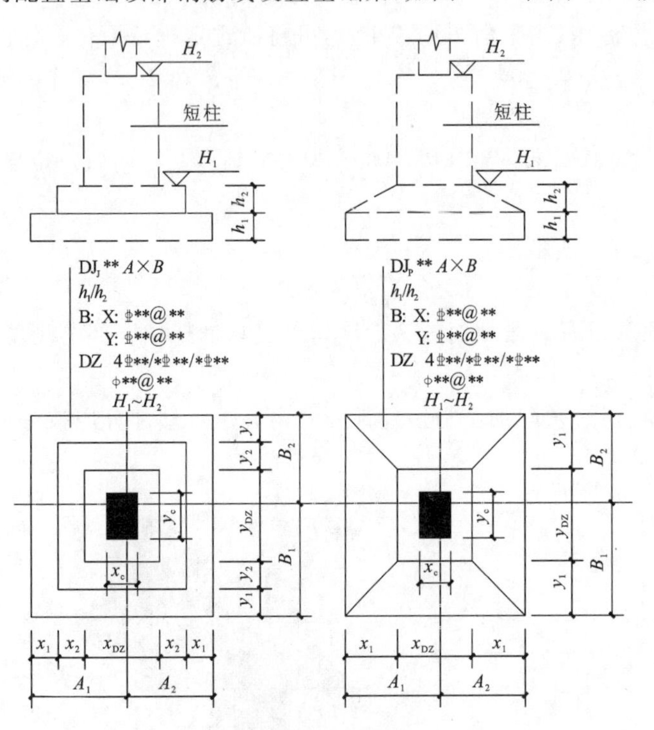

图 7-12 设置短柱的独立基础注写示例

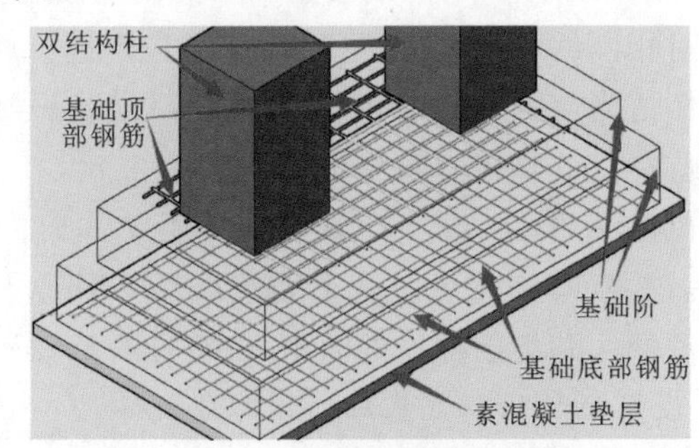

图 7-13 双柱基础配筋样式

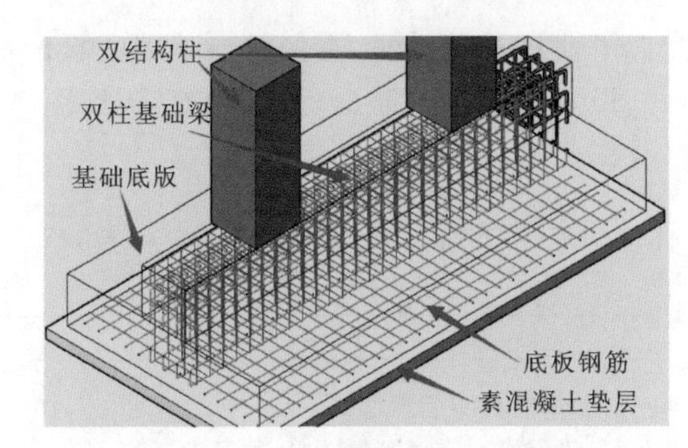

图 7-14 设置基础梁的双柱基础配筋样式

多柱独立基础顶部配筋和基础梁的注写方法规定如下。

(1) 注写双柱独立基础底板顶部配筋。

双柱独立基础的顶部配筋,通常对称分布在双柱中心线两侧,注写为“双柱间纵向受力钢筋/分布钢筋”。当纵向受力钢筋在基础底板顶面非满布时,应注明其总根数。

例 7-5 “T:11⌀18@100/⌀10@200”表示独立基础顶部配置纵向受力钢筋 HRB400 级,直径为⌀18,设置 11 根,间距为 100 mm;分布筋 HPB300 级,直径为⌀10,分布间距为 200 mm。

(2) 注写双柱独立基础的基础梁配筋。

当双柱独立基础为基础底板与基础梁相结合时,注写基础梁的编号、几何尺寸和配筋。例如:JL×× (1) 表示该基础梁为一跨,两端无外伸;JL××(1A)表示该基础梁为一跨,一端有外伸;JL×× (1B)表示该基础梁为一跨,两端均有外伸。

通常情况下,双柱独立基础宜采用端部有外伸的基础梁,基础底板则采用受力明确、构造简单的单向受力配筋与分布筋。基础梁宽度宜比柱截面宽出不小于 100 mm(每边不小于 50 mm)。基础梁的注写规定与条形基础的基础梁注写规定相同。

(3) 注写双柱独立基础的底板配筋。

双柱独立基础底板配筋的注写,可以按条形基础底板的注写规定,也可以按独立基础底板的注写规定。

(4) 注写配置两道基础梁的四柱独立基础底板顶部配筋。

当四柱独立基础已设置两道平行的基础梁时，根据内力需要可在双梁之间及梁的长度范围内配置基础顶部钢筋，注写为“梁间受力钢筋/分布钢筋”。

例 7-6 “T:⏀16@120/ϕ10@200”表示在四柱独立基础顶部两道基础梁之间配置受力钢筋 HRB400 级，直径为 16 mm，间距为 120 mm；分布筋 HPB300 级，直径为 10 mm，分布间距为 200 mm。

4）独立基础平面注写示例

一般独立基础的平面注写示例如图 7-15 所示。

设置有短柱的独立基础的平面注写示例如图 7-16 所示。

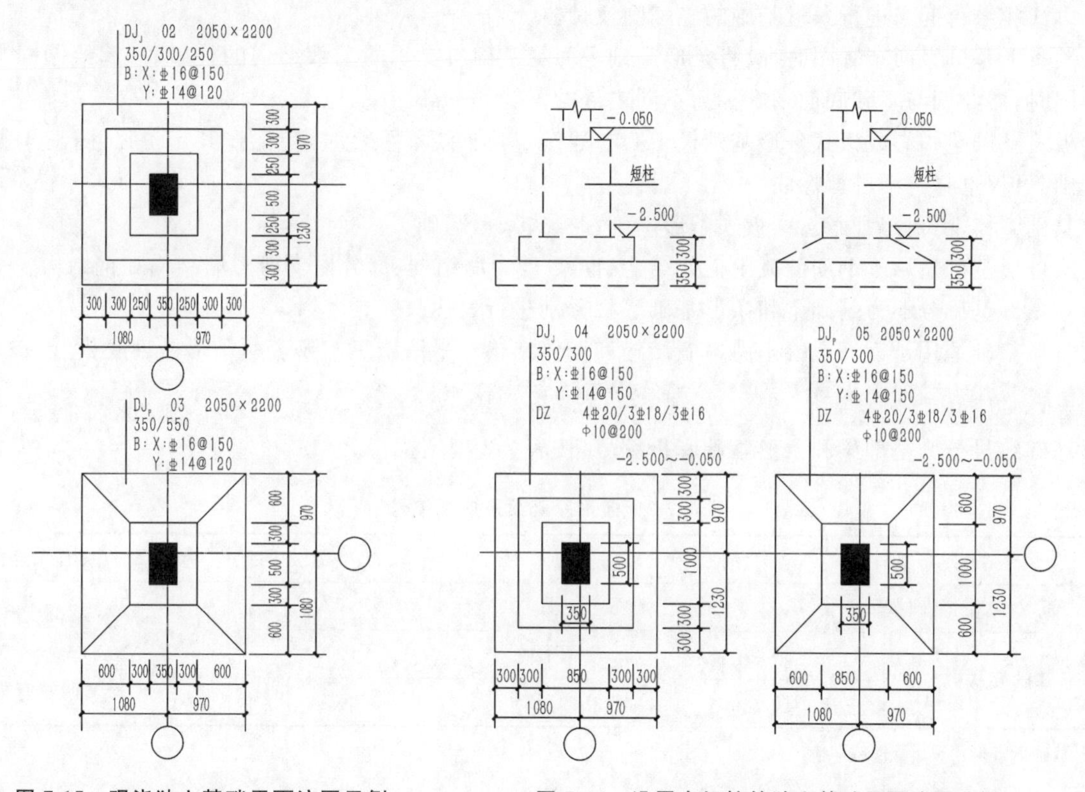

图 7-15 现浇独立基础平面注写示例

图 7-16 设置有短柱的独立基础平面注写示例

双柱独立基础的平面注写示例如图 7-17 所示。基础板的标注按照独立基础执行，基础梁的标注可以按照一般框架梁的标注原则执行，如图 7-18 所示。

多柱独立基础，如果在柱之间设置有基础梁，则可以分别标注基础板和基础梁。

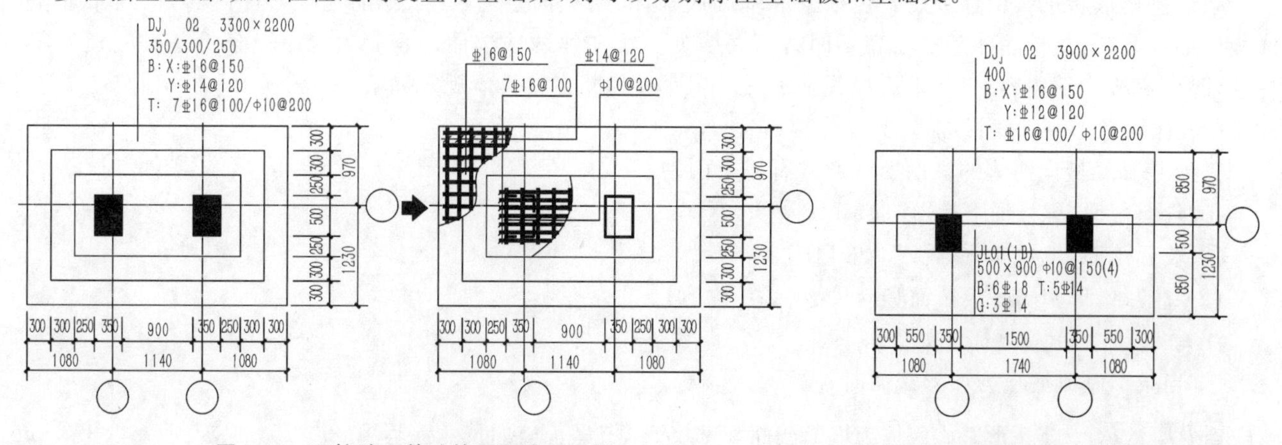

图 7-17 双柱独立基础的平面注写示例

图 7-18 双柱独立基础之间设置了基础梁

4. 独立基础的截面注写方式

独立基础的截面注写方式不直观，故不常用，此处不做介绍。若有兴趣，可查阅 11G101—3 图集中第 19 页至第 20 页。

知识点 2 钢筋混凝土条形基础平法制图规则

1. 条形基础平法施工图表达方法

条形基础平法施工图有平面注写与截面注写两种表达方式，设计者可根据具体工程情况选择其中一种，或者将两种方式相结合起来进行条形基础的施工图设计。

当绘制条形基础平面布置图时，应将条形基础平面与基础所支承的上部结构的柱、墙一起绘制。当基础底面标高不同时，需注明与基础底面基准标高不同之处的范围和标高。

当梁板式基础梁中心或板式条形基础板中心与建筑定位轴线不重合时，应标注其定位尺寸；对于编号相同的条形基础，可仅选择一个进行标注。

条形基础整体上可分为两类：梁板式条形基础和板式条形基础。

梁板式条形基础适用于钢筋混凝土框架结构、框架-剪力墙结构、部分框支剪力墙结构和钢结构。平法施工图将梁板式条形基础分解为基础梁和条形基础底板分别进行表达。

板式条形基础适用于钢筋混凝土剪力墙结构和砌体结构。平法施工图仅表达条形基础底板。

2. 条形基础编号

条形基础编号分为基础梁和条形基础底板编号，按表 7-2 规定执行。

表 7-2 条形基础梁及底板编号

类型		代号	序号	跨数及有无外伸
基础梁		JL	××	(××)端部无外伸 (××A)一端有外伸 (××B)两端有外伸
条形基础底板	坡形	TJB_P	××	
	阶形	TJB_J	××	

注：条形基础通常采用坡形截面或单阶形截面。

3. 条形基础的平面注写方式

条形基础底板 TJB_P、TJB_J 的平面注写方式，分集中标注和原位标注两部分内容。

1）集中标注

条形基础底板的集中标注内容包括条形基础底板编号、截面竖向尺寸、配筋三项必注内容，以及条形基础底板底面标高（与基础底面基准标高不同时）、必要的文字注解两项选注内容。素混凝土条形基础底板的集中标注，除无底板配筋内容外，与钢筋混凝土条形基础底板相同。其具体规定如下。

（1）注写条形基础底板编号（必注内容）。

条形基础底板向两侧的截面形状通常有以下两种。

① 阶形截面，编号加下标“J”，如 TJB_J××（××）。

② 坡形截面，编号加下标“P”，如 TJB_P××（××）。

（2）注写条形基础底板截面竖向尺寸（必注内容）。

注写 $h_1/h_2/\cdots$，具体标注如下。

① 当条形基础底板为坡形截面时，注写为 h_1/h_2。

例 7-7 当条形基础底板为坡形截面 TJB_P××，其截面竖向尺寸注写为 300/250 时，表示 $h_1=300$ mm、$h_2=250$ mm，基础底板根部总厚度为 550 mm。

② 当条形基础底板为阶形截面时，注写为 h_1。

例 7-8 当条形基础底板为阶形截面 TJB_J××，其截面竖向尺寸注写为 300 时，表示 $h_1=300$ mm，且为基础底板总厚度。

(3) 注写条形基础底板底部及顶部配筋(必注内容)。

以 B 开头，注写条形基础底板底部的横向受力钢筋；以 T 开头，注写条形基础底板顶部的横向受力钢筋；注写时，用“/”分隔条形基础底板的横向受力钢筋与构造配筋。

例 7-9 当条形基础底板配筋标注为“B:⌀14@150/φ8@250”，表示条形基础底板底部配置 HRB400 级横向受力钢筋，直径为 14 mm，间距为 150 mm；配置 HPB300 级纵向构造钢筋，直径为 8 mm，分布间距 250 mm。

当为双梁(或双墙)条形基础底板时，除在底板底部配置钢筋外，一般还需在两根梁或两道墙之间的底板顶部配置钢筋，其中横向受力钢筋的锚固从梁的内边缘(或墙边缘)算起。

(4) 注写条形基础底板底面标高(选注内容)。

当条形基础底板的底面标高与条形基础底面基准标高不同时，应将条形基础底板底面标高注写在“(　)”内。

(5) 必要的文字注解(选注内容)。

当条形基础底板有特殊要求时，应增加必要的文字注解。

2) 原位标注

条形基础底板的原位标注规定如下。

(1) 原位注写条形基础底板的平面尺寸。

原位标注 b、b_i($i=1,2,3,\cdots$)，其中，b 为基础底板总宽度，b_i 为基础底板台阶的宽度。当基础底板采用对称于基础梁的坡形截面或单阶形截面时，b_i 可不注写。

素混凝土条形基础底板的原位标注与钢筋混凝土条形基础底板相同。

对于相同编号的条形基础底板，可仅选择一个进行标注。

梁板式条形基础存在双梁共用同一基础底板、墙下条形基础也存在双墙共用同一基础底板的情况，当为双梁或双墙且梁或墙的荷载差别较大时，条形基础两侧可取不同的宽度，实际宽度以原位标注的基础底板两侧非对称的不同台阶宽度 b_i 进行表达。

(2) 原位注写修正内容。

当在条形基础底板上集中标注的某项内容，如底板截面竖向尺寸、底板配筋、底板底面标高等，不适用于条形基础底板的某跨或某外伸部分时，可将其修正内容原位标注在该跨或该外伸部位，施工时原位标注取值优先。

4. 基础梁的平面注写方式

这里所说的基础梁是指位于结构墙、柱底，连接上部多个竖向结构构件，梁底双侧设置有一定宽度的基础底板，承受向上的线性地基反力作用的梁。若某个梁虽位于建筑室内地坪以下，但梁底没有设置基础板，不能起到承受地基反力的作用，那么这种梁应该按照一般框架梁来设计和注写。

基础梁 JL 的平面注写方式分为集中标注和原位标注两部分内容。

1) 基础梁 JL 的集中标注

基础梁的集中标注内容包括基础梁编号、截面尺寸、配筋三项必注内容，以及基础梁底面标高(与基础底面基准标高不同时)和必要的文字注解两项选注内容。其具体规定如下。

(1) 注写基础梁编号(必注内容)。

(2) 注写基础梁截面尺寸(必注内容)。注写 $b\times h$，表示梁截面宽度与高度。当为加腋梁时，用 $b\times h$ $YC_1\times C_2$ 表示，其中，C_1 为腋长，C_2 为腋高。

(3) 注写基础梁配筋(必注内容)。

① 注写基础梁箍筋。

- 当具体设计仅采用一种箍筋间距时，注写钢筋级别、直径、间距与肢数。

● 当具体设计采用两种箍筋时，用"/"分隔不同箍筋，按照从基础梁两端向跨中的顺序注写。先注写第一段箍筋并在前面加注箍筋道数，在斜线后再注写第二段箍筋。

例 7-10 "9⏀16@100/⏀16@200(6)"表示配置两种 HRB400 级箍筋，直径为 16 mm，从梁两端起向跨内按间距 100 mm 设置 9 道，梁其余部位的间距为 200 mm，均为六肢箍。

施工时应注意：两向基础梁相交的柱下区域，应有一向截面较高的基础梁按梁端箍筋贯通设置；当两向基础梁高度相同时，任选一向基础梁箍筋贯通设置。

② 注写基础梁底部、顶部及侧面纵向钢筋。

● 以 B 开头，注写梁底部贯通纵筋(不应少于梁底部受力钢筋总截面面积的 1/3)。当跨中所注根数少于箍筋肢数时，需要在跨中增设梁底部架立筋以固定箍筋，采用"＋"将贯通纵筋与架立筋相连，架立筋注写在加号后面的括号内，如"B:4⏀22＋(2⏀14)"。

● 以 T 开头，注写梁顶部贯通纵筋。注写时用分号"；"将底部与顶部贯通纵筋分隔开，如有个别跨与其不同者，原位注写，如"B:4⏀22＋(2⏀14)；T:6⏀25"。

● 当梁底部或顶部贯通纵筋多于一排时，用"/"将各排纵筋自上而下分开。

例 7-11 "B:4⏀25；T:12⏀25 7/5"表示梁底部配置贯通纵筋为 4⏀25，梁顶部配置贯通纵筋上一排为 7⏀25，下一排为 5⏀25，共 12⏀25。

注：基础梁的底部贯通纵筋，可在跨中 1/3 净跨长度范围内采用搭接连接、机械连接或焊接；基础梁的顶部贯通纵筋，可在距柱根 1/4 净跨长度范围内采用搭接连接，或在柱根附近采用机械连接或焊接，并且应严格控制接头百分率。

● 以大写字母 G 开头注写梁两侧面对称设置的纵向构造钢筋的总配筋值(当梁腹板净高 h_w 不小于450 mm 时，根据需要配置)。

例 7-12 "G8⏀14"表示梁每个侧面配置纵向构造钢筋 4⏀14，共配置 8⏀14。

(4) 注写基础梁底面标高(选注内容)。

当条形基础的底面标高与基础底面基准标高不同时，将条形基础底面标高注写在"(　)"内。

(5) 必要的文字注解(选注内容)。

当基础梁的设计有特殊要求时，宜增加必要的文字注解。

2) 基础梁 JL 的原位标注

基础梁 JL 的原位标注的规定如下。

(1) 原位标注基础梁端或梁在柱下区域的底部全部纵筋(包括底部非贯通纵筋和已集中注写的底部贯通纵筋)。

① 当梁端或梁在柱下区域的底部纵筋多于一排时，用"/"将各排纵筋自上而下分开。

② 当同排纵筋有两种直径时，用"＋"将两种直径的纵筋相连。

③ 当梁中间支座或梁在柱下区域两边的底部纵筋配置不同时，需在支座两边分别标注；当梁中间支座两边的底部纵筋相同时，可仅在支座的一边标注。

④ 当梁端(柱下)区域的底部全部纵筋与集中注写过的底部贯通纵筋相同时，可不再重复做原位标注。

设计时应注意：当对底部一平的梁支座(柱下)两边的底部非贯通纵筋采用不同配筋值时("底部一平"为"柱下两边的梁底部在同一个平面上"的缩略词)，应先按较小一边的配筋值选配相同直径的纵筋贯穿支座，再将较大一边的配筋差值选配适当直径的钢筋锚入支座，避免造成支座两边大部分钢筋直径不相同的不合理配置结果。

施工及预算时应注意：当底部贯通纵筋经原位注写修正，出现两种不同配置的底部贯通纵筋时，应在两毗邻跨中配置较小一跨的跨中连接区域进行连接（即配置较大一跨的底部贯通纵筋需伸出至毗邻跨的跨中连接区）。

（2）原位注写基础梁的附加箍筋或（反扣）吊筋。

当两向基础梁十字交叉，但交叉位置无柱时，应根据抗力需要设置附加箍筋或（反扣）吊筋。附加箍筋或（反扣）吊筋应直接画在平面图十字交叉梁中刚度较大的条形基础主梁上，原位直接引注总配筋值（附加箍筋的肢数注在括号内）。当多数附加箍筋或（反扣）吊筋相同时，可以在条形基础平法施工图中统一说明。少数与统一注明值不同的，再原位标注。

施工时应注意：附加箍筋或（反扣）吊筋的几何尺寸应按照标准构造详图，结合其所在位置的主梁和次梁的截面尺寸确定。

（3）原位注写基础梁外伸部位的变截面高度尺寸。

当基础梁外伸部位采用变截面高度时，在该部位原位注写 $b \times h_1/h_2$，h_1 为根部截面高度，h_2 为尽端截面高度。

（4）原位注写修正内容。

当在基础梁上集中标注的某项内容（如截面尺寸、箍筋、底部与顶部贯通纵筋或架立筋、梁侧面纵向构造钢筋、梁底面标高等）不适用于某跨或某外伸部位时，将其修正内容原位标注在该跨或该外伸部位，施工时原位标注取值优先。

当在多跨基础梁的集中标注中已注明加腋，而该梁某跨根部不需要加腋时，则应在该跨原位标注无 $YC_1 \times C_2$ 的 $b \times h$，以修正集中标注中的加腋要求。

3）基础梁底部非贯通纵筋的长度规定

（1）为方便施工，凡基础梁柱下区域底部非贯通纵筋的伸出长度 a_0 值：当配置不多于两排时，在标准构造详图中统一取值为自柱边向跨内伸出至 $l_n/3$ 位置；当非贯通纵筋配置多于两排时，从第三排起向跨内的伸出长度值应由设计者注明。l_n 的取值规定为：边跨边支座的底部非贯通纵筋，l_n 取本边跨的净跨长度值；对于中间支座的底部非贯通纵筋，l_n 取支座两边较大一跨的净跨长度值。

（2）基础梁外伸部位底部纵筋的伸出长度 a_0 值，在标准构造详图中统一取值为：第一排伸出至梁端头后，全部上弯 $12d$；其他排钢筋伸至梁端头后截断。

（3）设计要求与以上规定不同的，应特殊说明。

5. 条形基础的截面注写方式

条形基础的截面注写方式不直观，故不常用，此处不做详细介绍。若有兴趣，可查阅 11G101—3 图集中第 28 页到第 29 页。

知识点 3 桩基承台平法制图规则

1. 桩基承台平法施工图的表示方法

桩基承台平法施工图有平面注写与截面注写两种表达方式，设计人员可根据具体工程情况选择一种，或将两种方式相结合进行桩基承台施工图设计。

当绘制桩基承台平面布置图时，应将承台下的桩位和承台所支承的柱、墙一起绘制。当设置基础连系梁时，可根据图面的疏密情况，将基础连系梁与基础平面布置图一起绘制，或将基础连系梁布置图单独绘制。

当桩基承台的柱中心线或墙中心线与建筑定位轴线不重合时，应标注其定位尺寸；编号相同的桩基承台，可仅选择一个进行标注。

2. 桩基承台编号

桩基承台分为独立承台和承台梁两类，分别按表7-3和表7-4的规定编号。

表7-3 独立承台编号

类 型	截面形状	代 号	序 号	说 明
独立承台	阶形	CT_J	××	单阶截面即为平板式独立承台
	坡形	CT_P	××	

表7-4 承台梁编号

类 型	代 号	序 号	跨数及有无外伸
承台梁	CTL	××	(××)端部无外伸
			(××A) 端有外伸
			(××B)两端有外伸

阶形、坡形承台和承台梁如图7-19、图7-20、图7-21所示。

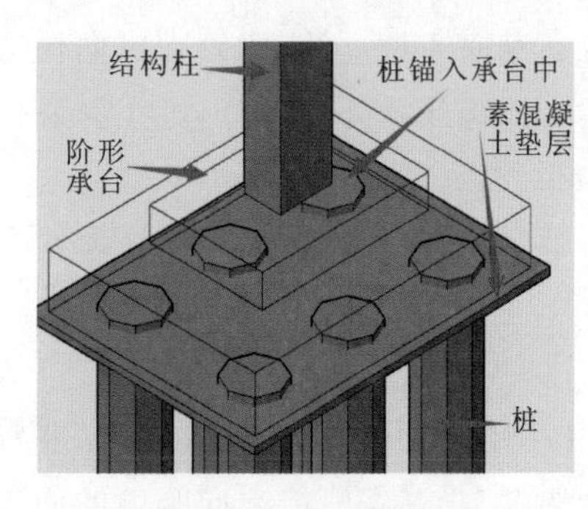

图7-19 阶形承台

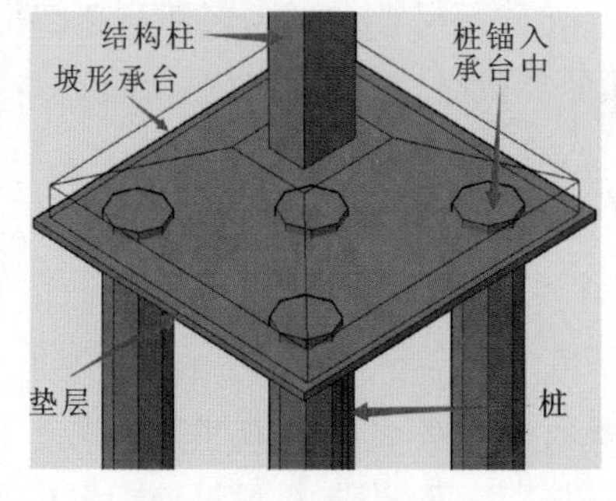

图7-20 坡形承台

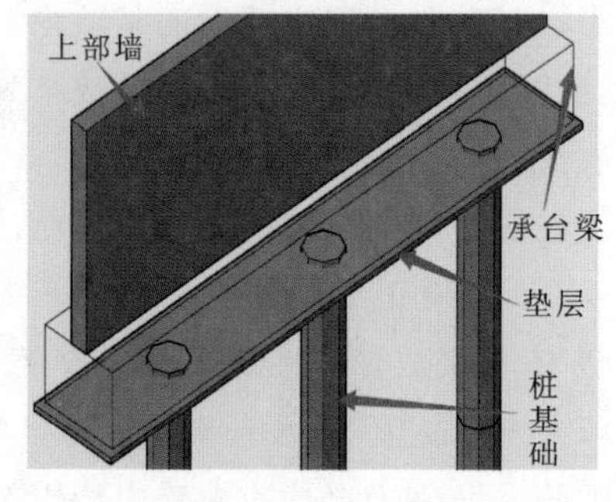

图7-21 承台梁

3. 独立承台的平面注写方式

独立承台的平面注写方式分为集中标注和原位标注两部分内容。

1) 独立承台的集中标注

独立承台的集中标注，是在承台平面上集中引注独立承台编号、截面竖向尺寸、配筋三项必注内容，以及承台板底面标高(与承台底面基准标高不同时)和必要的文字注解两项选注内容。其具体规定如下。

(1) 注写独立承台编号(必注内容)。

独立承台的截面形式通常有以下两种。

① 阶形截面，编号加下标"J"，如CT_J××。

② 坡形截面，编号加下标"P"，如CT_P××。

(2) 注写独立承台截面竖向尺寸(必注内容)，即注写$h_1/h_2/\cdots$，具体标注如下。

① 当独立承台为阶形截面时，各阶尺寸自下而上用"/"分隔顺写。当阶形截面独立承台为单阶时，截面竖向尺寸仅为一个，且为独立承台总厚度。

② 当独立承台为坡形截面时，截面竖向尺寸注写为h_1/h_2。

(3) 注写独立承台配筋(必注内容)。

底部与顶部双向配筋应分别注写，顶部配筋仅用于双柱或四柱等独立承台。当独立承台顶部无配筋时则不注顶部。注写规定如下。

① 以B开头注写底部配筋，以T开头注写顶部配筋。

② 矩形承台 X 向配筋以 X 开头，Y 向配筋以 Y 开头；当两向配筋相同时，则以 X&Y 开头。

③ 当为等边三桩承台时，以"△"开头，注写三角布置的各边受力钢筋（注明根数并在配筋值后注写"×3"），在"/"后注写分布钢筋。

例 7-13 △5Φ18@150×3/φ10@200。

④ 当为等腰三桩承台时，以"△"开头注写等腰三角形底边的受力钢筋及两对称斜边的受力钢筋（注明根数并在两对称配筋值后注写"×2"），在"/"后注写分布钢筋。

例 7-14 △5Φ18@150+5Φ20@150×2/φ10@200。

⑤ 当为多边形（五边形或六边形）承台或异形独立承台，且采用 X 向和 Y 向正交配筋时，注写方式与矩形独立承台相同。

⑥ 两桩承台可按承台梁进行标注。

设计和施工时应注意：三桩承台的底部受力钢筋应按三向板带均匀布置，且最里面的三根钢筋围成的三角形应在柱截面范围内。

（4）注写基础底面标高（选注内容）。

当独立承台的底面标高与桩基承台底面基准标高不同时，应将独立承台底面标高注写在"（ ）"内。

（5）必要的文字注解（选注内容）。

当独立承台的设计有特殊要求时，宜增加必要的文字注解。例如：当独立承台底部和顶部均配置钢筋时，注明承台板侧面是否采用钢筋封边以及采用何种形式的封边构造等。

2）独立承台的原位标注

独立承台的原位标注是在桩基承台平面布置图上标注独立承台的几何尺寸和平面定位，相同编号的独立承台，可仅选择一个进行几何尺寸标注，其他仅标注编号和定位尺寸。注写规定如下。

（1）矩形独立承台：原位标注 x、y，x_c、y_c（或圆柱直径 d_c），x_i、y_i，a_i、b_i（i=1,2,3,…）。其中，x、y 为独立承台两向边长，x_c、y_c 为柱截面尺寸，x_i、y_i 为阶宽或坡形平面尺寸，a_i、b_i 为桩的中心距及边距（a_i、b_i 根据具体情况可不注）。

（2）三桩承台。结合 X、Y 双向定位，原位标注 x 或 y，x_c、y_c（或圆柱直径 d_c），x_i、y_i（i=1,2,3,…），a。其中，x 或 y 为三桩独立承台平面垂直于底边的高度，x_c、y_c 为柱截面尺寸，x_i、y_i 为承台分尺寸和定位尺寸，a 为桩中心距切角边缘的距离。

（3）多边形独立承台。结合 X、Y 双向定位，原位标注 x 或 y，x_c、y_c（或圆柱直径 d_c），x_i、y_i，a_i（i=1,2,3,…）。具体设计时，可参照矩形独立承台或三桩独立承台的原位标注规定。

4. 承台梁的平面注写方式

承台梁 CTL 的平面注写方式分集中标注和原位标注两部分内容。

1）承台梁 CTL 的集中标注

承台梁的集中标注内容包括承台梁编号、截面尺寸、配筋三项必注内容，以及承台梁底面标高（与承台底面基准标高不同时）、必要的文字注解两项选注内容。其具体规定如下。

（1）注写承台梁编号（必注内容）。

（2）注写承台梁截面尺寸（必注内容）。

即注写 $b \times h$，表示梁截面宽度与高度。

（3）注写承台梁配筋（必注内容）。

① 注写承台梁箍筋。

- 当具体设计仅采用一种箍筋间距时，应注写钢筋级别、直径、间距与肢数（箍筋肢数写在括号内，下同）。
- 当具体设计采用两种箍筋间距时，用"/"分隔不同箍筋的间距。此时，设计应指定其中一种箍筋间距的布置范围。

施工时应注意：在两向承台梁相交位置，应有一向截面较高的承台梁箍筋贯通设置；当两向承台梁等高时，可任选一向承台梁的箍筋贯通设置。

② 注写承台梁底部、顶部及侧面纵向钢筋。

- 以 B 开头，注写承台梁底部贯通纵筋。
- 以 T 开头，注写承台梁顶部贯通纵筋。

例 7-15　“B:5⏀25；T:7⏀25”表示承台梁底部配置贯通纵筋 5⏀25，梁顶部配置贯通纵筋 7⏀25。

- 当梁底部或顶部贯通纵筋多于一排时，用“/”将各排纵筋自上而下分开。
- 以大写字母 G 开头注写承台梁侧面对称设置的纵向构造钢筋的总配筋值（当梁腹板净高 $h_w \geqslant 450$ mm 时，根据需要配置）。

例 7-16　“G8⏀14”表示梁每个侧面配置纵向构造钢筋 4⏀14，共配置 8⏀14。

(4) 注写承台梁底面标高（选注内容）。

当承台梁底面标高与桩基承台底面基准标高不同时，将承台梁底面标高注写在“(　)”内。

(5) 必要的文字注解（选注内容）。

当承台梁的设计有特殊要求对，宜增加必要的文字注解。

2) 承台梁的原位标注

(1) 原位标注承台梁的附加箍筋或（反扣）吊筋。

当需要设置附加箍筋或（反扣）吊筋时，将附加箍筋或（反扣）吊筋直接画在平面图中的承台梁上，原位直接引注总配筋值（附加箍筋的肢数注在括号内）。当多数梁的附加箍筋或（反扣）吊筋相同时，可在桩基承台平法施工图上统一注明，少数与统一注明值不同时，再原位直接引注。

施工时应注意：附加箍筋或（反扣）吊筋的几何尺寸应参照标准构造详图，结合其所在位置的主梁和次梁的截面尺寸而定。

(2) 原位注写承台梁外伸部位的变截面高度尺寸。

当承台梁外伸部位采用变截面高度时，在该部位原位注写 $b \times h_1 / h_2$，h_1 为根部截面高度，h_2 为尽端截面高度。

(3) 原位注写修正内容。

当在承台梁上集中标注的某项内容（如截面尺寸、箍筋、底部与顶部贯通纵筋或架立筋、梁侧面纵向构造钢筋、梁底面标高等）不适用于某跨或某外伸部位时，将其修正内容原位标注在该跨或该外伸部位，施工时原位标注取值优先。

5. 承台的截面注写方式

桩基承台的截面注写方式，可分为截面标注和列表注写（结合截面示意图）两种表达方式。采用截面注写方式，应在桩基平面布置图上对所有桩基进行编号。

桩基承台的截面注写方式，可参照独立基础及条形基础的截面注写方式，进行设计施工图的表达。

任务 4　钢筋混凝土基础细部构造

大部分设计单位在进行基础设计时，对基础细部构造都补充绘制了大样，工程技术人员应按照设计大样施工和预算，因此，本书不对该部分进行介绍。若需要了解相关知识，可阅读 11G101—3 图集中的相关内容。

混凝土板式楼梯平法施工图识读

任务 1　认识混凝土板式楼梯

知识点 1　混凝土板式楼梯简介

建筑中的楼梯是实现人员垂直交通的主要设施(除此之外,还有电梯、自动扶梯、自动坡道和坡道等)。

在混凝土结构房屋中,楼梯一般由梯段、梯梁、梯柱、平台和扶手栏杆等组成。梯梁和梯柱组成的结构主要用于承担转向平台、梯段的重量,并将重量传递给梯柱下端的框架梁。楼梯楼层梁、楼层平台板一般与楼层框架梁相连接,在楼层梁、板平法图中表达,如图 8-1 所示。

在混合结构房屋中,梯柱、转向平台外角的框架柱一般设计为嵌固在砌体墙中的构造柱,其他构件与混凝土框架结构房屋楼梯相似。

如图 8-1 所示,梯段一端支承在楼梯楼层梁上,一端支承在转向平台的梯梁上,其受力与单向楼板相同,我们把这种楼梯称为板式楼梯。板式楼梯是居住建筑和普通公共建筑中最常用的楼梯形式。

除了板式楼梯外,还有梁式楼梯、螺旋楼梯、悬挑式楼梯等形式,如图 8-2 所示。

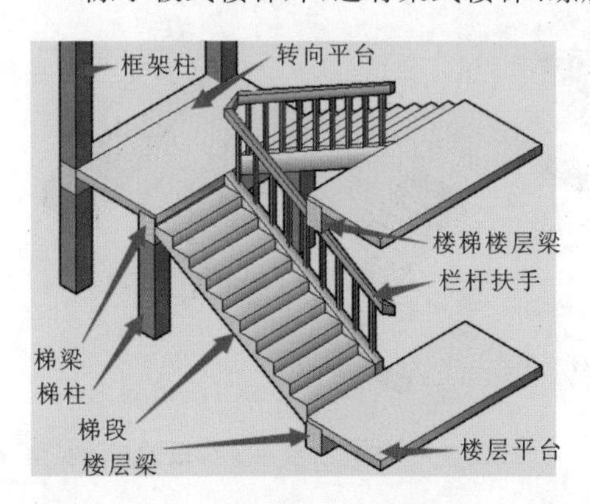

图 8-1　板式楼梯的结构组成

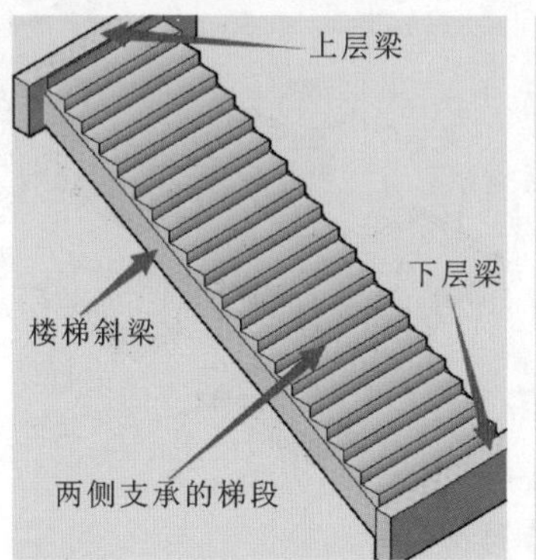

图 8-2　梁式楼梯和螺旋楼梯

由于板式楼梯在建筑工程中使用比较频繁,因此,本项目重点介绍板式楼梯的平法表达方法。

知识点 2　板式楼梯的类型

板式楼梯中有梯梁、梯柱、梯板和梯段板等结构构件类型,其中最为特殊的是梯段板。梯梁、梯柱、梯板的表达可以按照前面项目中介绍的梁、柱、板的平法表达方法来表达。梯段板虽然是一种板,但因其外观形状不是简单的几何体，而且内部配筋也有特别之处。因此，描述楼梯最困难的是描述梯段板。

梯段板种类繁多，但综合起来可以归纳为以下八类。不考虑抗震因素的梯段有 AT 型、BT 型、CT 型、DT 型、ET 型、FT 型、GT 型和 HT 型八类，依次排列如图 8-3 所示。

其中，FT 型、GT 型和 HT 型三类楼梯的梯段板表面上看与 DT 型相同。但由于其高、低端平板支承情况不同，受力状况也不一样，因此，其内部配筋构造也会不同。

在以上八类梯段类型中，AT 型是建筑工程中最常用的一种类型，其次是 BT 型、CT 型和 ET 型。其他类型梯段在工程中应用较少。

建筑在地震作用下，地基可能产生水平和竖向无规律振动，振动上传到建筑基础和主体后，整栋建筑也会产生复杂晃动。作为水平结构构件的梁、板和作为竖向结构构件的墙、柱之间形成一个个矩形结构系统，这种由矩形组成的结构系统，在建筑晃动过程中，可以通过构件弯曲变形而消耗能量，可以避免在震级较小的情况下使结构系统遭到破坏。楼梯梯段板作为一种斜向刚性构件，它在结构体系中相当于斜支撑，这种斜支撑与水平、竖向构件首尾牢固连接，在建筑楼梯间附近区域形成刚度很大的竖向桁架，其弯曲变形能力很小。这种变形能力很小的竖向结构，在地震作用下，要么抵抗住了地震作用（地震烈度较小时），要么通过构件断裂消耗地震能量。断裂的构件，可能是楼梯间附近的梁柱，也可能是楼梯梯段板。不管是楼梯间四周的梁柱断裂，还是梯段板断裂，都会给人员疏散带来障碍。因此，设计应避免使楼梯间附近区域的构件产生破坏。

避免楼梯间附近结构构件产生破坏的办法有以下两种。

(1) 加强这些区域结构构件（包括梯段板），使之晚于其他部位结构构件被破坏。基于这种考虑，平法图集中设计了 ATc 型梯段，梯段板内配筋如同剪力墙一样，并且还在两侧设置了边缘构件以加强梯段板。

(2) 把楼梯斜梯段的一端做成可以滑动的支座，当建筑晃动时，梯段与支座梁之间可以错动，不会产生水平推力。基于这种考虑，平法图集中设计了 ATa 型、ATb 型梯段，将梯段下端支座做成滑动支座，两块钢板预埋件分别固定在梯段板下端和楼梯梁顶面，两块钢板之间铺设利于滑动的石墨或卷材。ATa 型、ATb 型的区别在于 ATa 型是梯段板直接放在梯梁上，而 ATb 型梯段板是搁置在一个悬挑板上。由于 ATa 型、ATb 型梯段下端均为滑动支座（上下各一块钢板预埋件，中间铺石墨粉），具有适应变形的能力，运用在地震区建筑中，可以避免在建筑遇到地震作用而晃动时，楼梯梯段斜向顶撑框架柱中部，造成柱断裂而坍塌。因此，是抗震区建筑楼梯梯段推荐的设计做法，如图 8-4 所示。

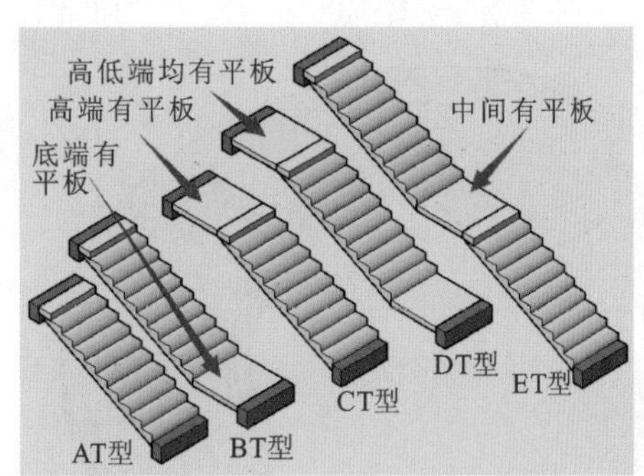

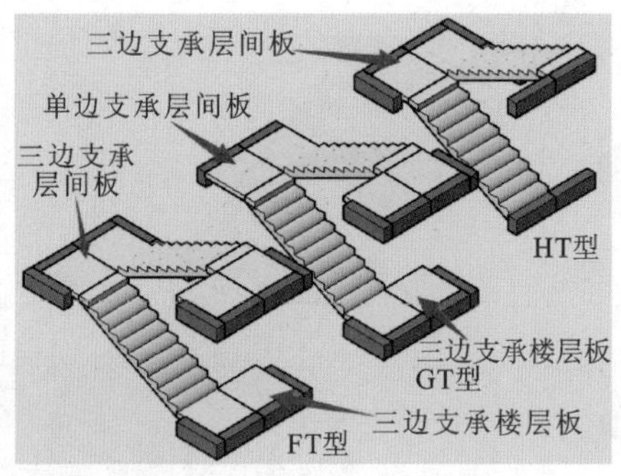

图 8-3　非抗震梯段类型

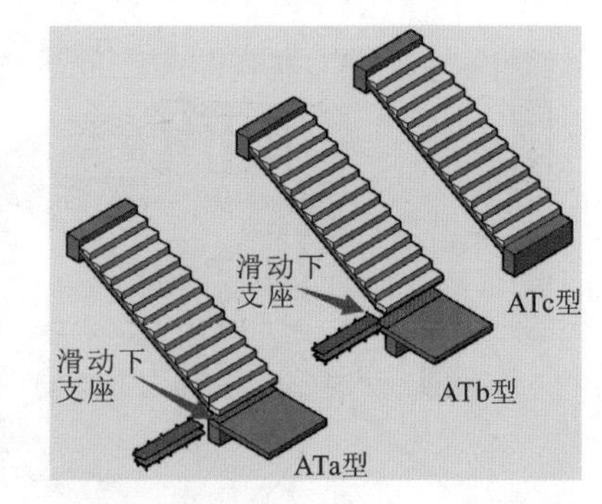

图 8-4　考虑抗震因素梯段的三种类型

知识点 3　板式楼梯梯段钢筋构造

下面以 AT 型楼梯梯段为例介绍钢筋构造。

我们可以将一个板式楼梯的一个梯段考虑成单向楼板，上下端分别支承在梯梁上，两侧悬空。那么，主要受力钢筋就是斜向放置的，与其垂直、水平放置的钢筋是分布钢筋。总体来看，一个梯段配筋构造如图 8-5 所示。

详细观察梯段上端钢筋锚固,如图8-6所示。

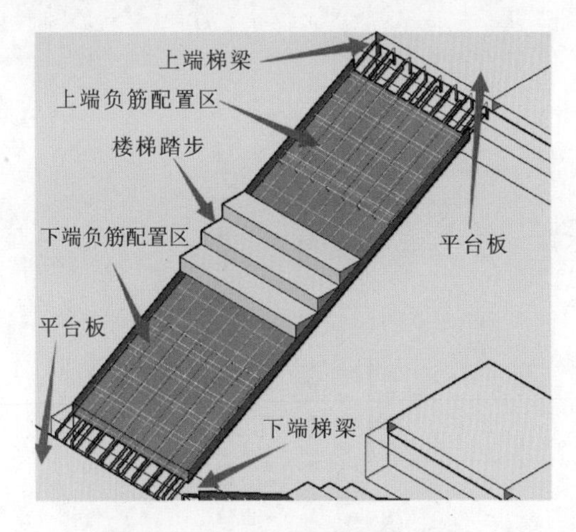

图8-5 一个梯段内部配筋形式

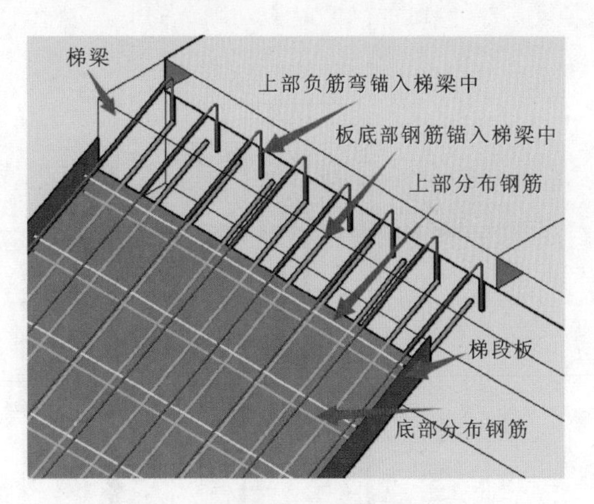

图8-6 AT型梯段上端钢筋锚固构造

详细观察梯段中间段钢筋构造,如图8-7所示。

详细观察梯段下端钢筋锚固,如图8-8所示。

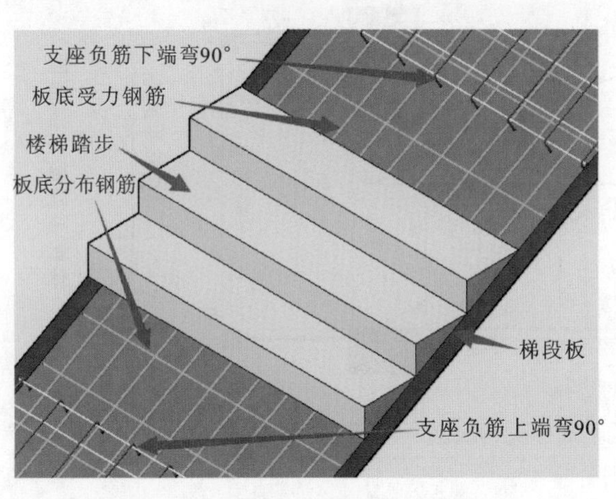

图8-7 AT型梯段中间钢筋锚固构造

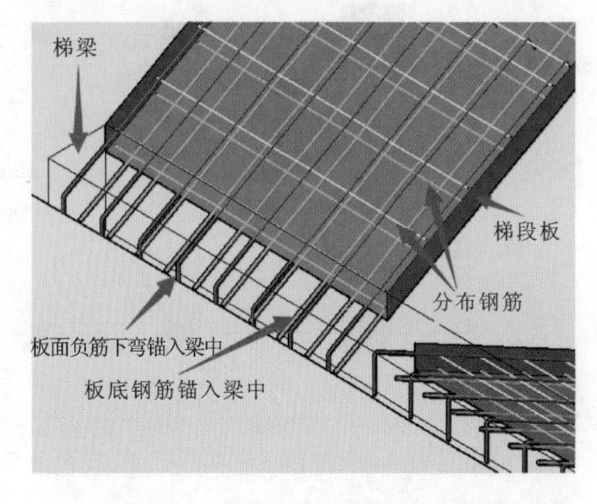

图8-8 AT型梯段下端钢筋锚固构造

任务2 钢筋混凝土楼梯传统表达方法

用传统方法表达楼梯,需要绘制各层楼梯结构平面布置图和绘制楼梯纵向剖面图。在这些图中标注各梯段、梯梁、梯板和梯柱的名称编号。为了详细表达各构件的配筋,需要补充绘制各构件剖面大样图。

知识点1 楼梯平、剖面图

楼梯平面图、剖面图示例如图8-9所示。

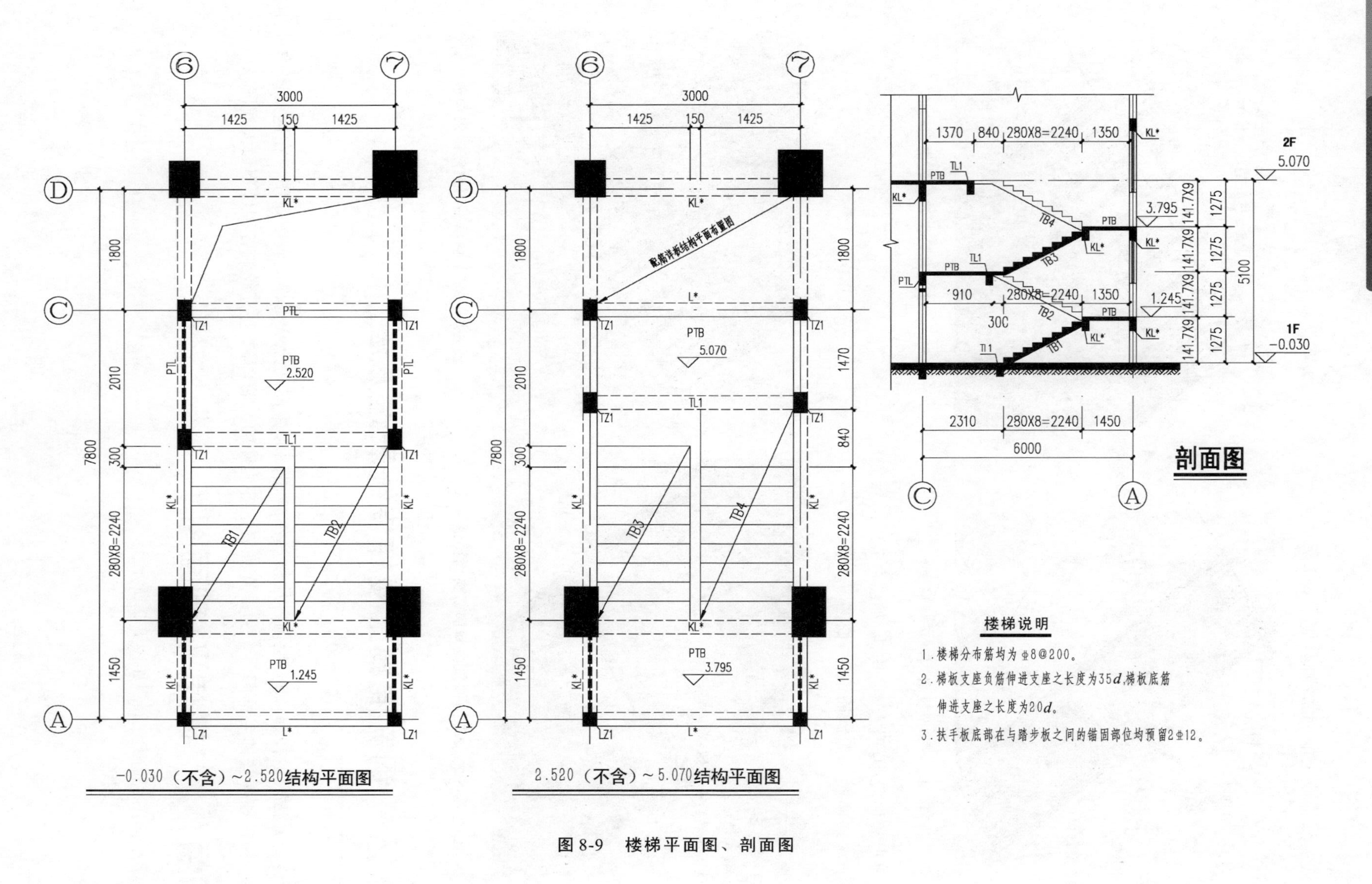

图 8-9 楼梯平面图、剖面图

知识点 2 梯段配筋大样图

楼梯构件大样图如图 8-10 所示。

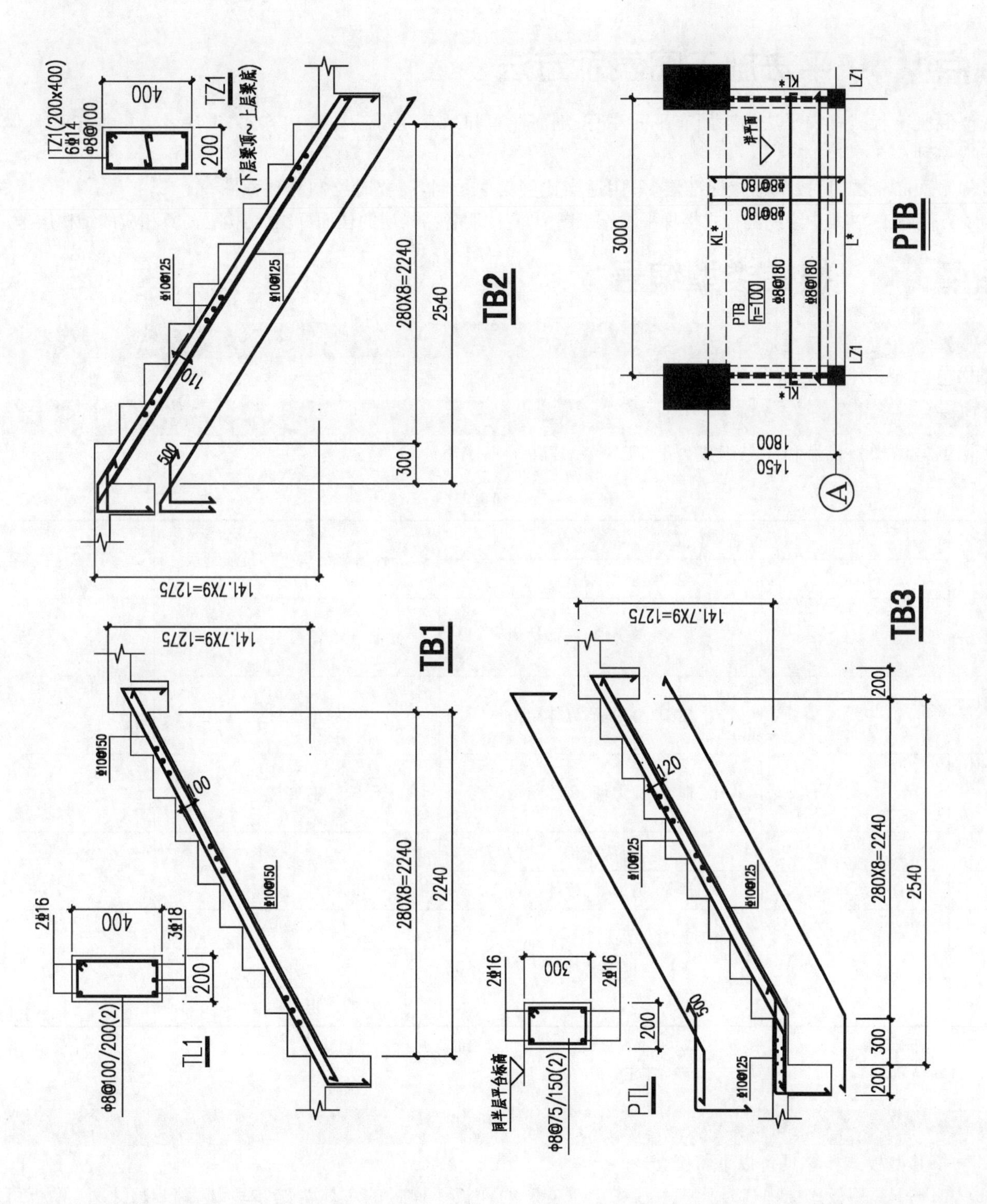

图8-10 楼梯构件大样图

任务3　钢筋混凝土楼梯平法制图规则

知识点 1　平法施工图表示方法

现浇混凝土板式楼梯平法施工图有平面注写、剖面注写和列表注写三种表达方式，设计者可根据工程具体情况任选一种。

楼梯平面布置图，应按照楼梯标准层，采用适当比例集中绘制，需要时绘制其剖面图。

为了方便施工，在集中绘制的板式楼梯平法施工图中，宜注明各结构层的楼面标高、结构层高及相应的结构层号。

知识点 2　楼梯类型编号

1. 楼梯类型

楼梯包含十一种类型，详见表 8-1。

2. 楼梯注写

楼梯编号由梯板代号和序号组成，如 AT××、BT××、ATa××等。

表 8-1　楼梯类型

梯板代号	适用范围		是否参与结构整体抗震计算	备注
	抗震构造措施	适用结构		
AT	无	框架、剪力墙、砌体结构	不参与	
BT				
CT	无	框架、剪力墙、砌体结构	不参与	
DT				
ET	无	框架、剪力墙、砌体结构	不参与	
FT				
GT	无	框架结构	不参与	
HT		框架、剪力墙、砌体结构		
ATa	有	框架结构	不参与	
ATb			不参与	
ATc			参与	

注：① ATa 低端设滑动支座支承在梯梁上；ATb 低端设滑动支座支承在梯梁的挑板上。

② ATa、ATb、ATc 均用于抗震设计，设计者应指定楼梯的抗震等级。

3. AT～ET 型板式楼梯的特征

AT～ET 型板式楼梯具备以下特征。

(1) AT～ET 型板式楼梯代号代表一段带上下支座的梯板。梯板的主体为踏步段，除踏步段之外，梯板可包括低端平板、高端平板以及中位平板。

(2) AT～ET 型梯板的截面形状为：

- AT 型梯板全部由踏步段构成；
- BT 型梯板由低端平板和踏步段构成；

● CT 型梯板由踏步段和高端平板构成；

● DT 型梯板由低端平板、踏步板和高端平板构成；

● ET 型梯板由低端踏步段、中位平板和高端踏步段构成。

(3) AT～ET 型梯板的两端分别以(低端和高端)梯梁为支座，采用该组板式楼梯的楼梯间内部既要设置楼层梯梁，也要设置层间梯梁(其中 ET 型梯板两端均为楼层梯梁)，以及与其相连的楼层平台板和层间平台板。

(4) AT～ET 型梯板的型号、板厚、上下部纵向钢筋及分布钢筋等内容由设计者在平法施工图中注明。梯板上部纵向钢筋向跨内伸出的水平投影长度见相应的标准构造详图，设计不注，但设计者应予以校核；当标准构造详图规定的水平投影长度不满足具体工程要求时，应由设计者另行注明。

4. FT～HT 型板式楼梯的特征

FT～HT 型板式楼梯具备以下特征。

(1) FT～HT 每个代号代表两跑踏步段和连接它们的楼层平板及层间平板。

(2) FT～HT 型梯板的构成分两类。

第一类：FT 型和 GT 型，由层间平板、踏步段和楼层平板构成。

第二类：HT 型，由层间平板和踏步段构成。

(3) FT～HT 型梯板的支承方式如下。

① FT 型：梯板一端的层间平板采用三边支承，另一端的楼层平板也采用三边支承。

② GT 型：梯板一端的层间平板采用单边支承，另一端的楼层平板采用三边支承。

③ HT 型：梯板一端的层间平板采用三边支承，另一端的梯板段采用单边支承(在梯梁上)。

以上各型梯板的支承方式如表 8-2 所示。

表 8-2　FT～HT 型梯板支承方式

梯 板 类 型	层间平板端	踏步段端(楼层处)	楼层平板端
FT	三边支承		三边支承
GT	单边支承		三边支承
HT	三边支承	单边支承(梯梁上)	

注：由于 FT～HT 型梯板本身带有层间平板或楼层平板，对平板段采用三边支承的方式可以有效减少梯板的计算跨度，能够减少板厚从而减轻梯板自重和减少配筋。

(4) FT～HT 型梯板的型号、板厚、上下部纵向钢筋及分布钢筋等内容由设计者在平法施工图中注明。FT～HT 型平台上部横向钢筋及其外伸长度，在平面图中原位标注。梯板上部纵向钢筋向跨内伸出的水平投影长度见相应的标准构造详图，设计不注，但设计者应予以校核；当标准构造详图规定的水平投影长度不满足具体工程要求时，应由设计者另行注明。

5. ATa 型、ATb 型板式楼梯的特征

ATa 型、ATb 型板式楼梯具备以下特征。

(1) ATa 型、ATb 型为带滑动支座的板式楼梯，梯板全部由踏步段构成。其支承方式为梯板高端均支承在梯梁上，ATa 型梯板低端带滑动支座支承在梯梁上，ATb 型梯板低端带滑动支座支承在梯梁的挑板上。

(2) 滑动支座采用何种做法应由设计指定。滑动支座垫板可选用聚四氟乙烯板(四氟板)，也可选用其他能起到有效滑动的材料，其连接方式由设计者另行处理。

(3) ATa、ATb 型梯板采用双层双向配筋。梯梁支承在梯柱上时，其构造做法按 11G101—1 图集中框架梁 KL 施工；支承在梁上时，其构造做法按 11G101—1 图集中非框架梁 L 施工。

6. ATc 型板式楼梯的特征

ATc 型板式楼梯具备以下特征。

(1) ATc 型梯板全部由踏步段构成，其支承方式为梯板两端均支承在梯梁上。

(2) ATc 楼梯休息平台与主体结构可整体连接，也可脱开连接。

(3) ATc 型楼梯的梯板厚度应按计算确定，且不宜小于 140 mm；梯板采用双层配筋。

(4) ATc 型梯板两侧设置边缘构件（暗梁）。边缘构件的宽度取 1.5 倍板厚；边缘构件纵筋数量，当抗震等级为一、二级时不少于 6 根，当抗震等级为三、四级时不少于 4 根；纵筋直径为 12 mm 且不小于梯板纵向受力钢筋的直径；箍筋为ф 6@200。

梯梁按双向受弯构件计算。当支承在梯柱上时，其构造做法按 11G101—1 图集中框架梁 KL 施工；当支承在梁上时，其构造做法按 11G101—1 图集中非框架梁 L 施工。

平台板按双层双向配筋。

7. 建筑专业地面、楼层

建筑专业地面、楼层平台板和层间平台板的建筑面层厚度经常与楼梯踏步面层厚度不同，为了使建筑面层做好后的楼梯踏步等高，各型号楼梯踏步板的第一级踏步高度和最后一级踏步高度需要相应地增加或减少。

知识点 3 楼梯平面注写方式

楼梯平面注写方式，是在楼梯平面布置图上注写截面尺寸和配筋具体数值的方式来表达楼梯施工图，包括集中标注和外围标注。

楼梯集中标注的内容有五项，具体规定如下。

(1) 梯板类型代号与序号，如 AT××。

(2) 梯板厚度，注写为 h=×××。当带平板的梯板 H 梯段板厚度和平板厚度不同时，可在梯段板厚度后面括号内以字母 P 开头注写平板厚度。

例 8-1 h=130 (P150)，130 表示梯段板厚度，150 表示梯板平板段的厚度。

(3) 踏步段总高度和踏步级数，之间以“/”分隔。

(4) 梯板支座上部纵筋与下部纵筋之间以“;”分隔。

(5) 梯板分布筋，以 F 开头注写分布钢筋具体值，该项也可在图中统一说明。

例 8-2 平面图中梯板类型及配筋的完整标注示例如下(AT 型)。

AT1，h=120——梯板类型及编号，梯板板厚。

1800/12——踏步段总高度/踏步级数。

ф 10@200;ф 12@150——上部纵筋；下部纵筋。

F ф 8@250——梯板分布筋（可统一说明）。

楼梯外围标注的内容，包括楼梯间的平面尺寸、楼层结构标高、层间结构标高、楼梯的上下方向、梯板的平面几何尺寸、平台板配筋、梯梁及梯柱配筋等。

各类型梯板的平面注写方法详见平法图集中“AT～HT、ATa、ATb、ATc 型楼梯平面注写方式与适用条件”。

知识点 4 楼梯剖面注写方式

楼梯剖面注写方式需在楼梯平法施工图中绘制楼梯平面布置图和楼梯剖面图，注写方式分为平面注写和剖面注写两部分。

楼梯平面布置图注写内容，包括楼梯间的平面尺寸、楼层结构标高、层间结构标高、楼梯的上下方向、梯板的平面几何尺寸、梯板类型及编号、平台板配筋、梯梁及梯柱配筋等。

楼梯剖面图注写内容，包括梯板集中标注、梯梁及梯柱编号、梯板水平及竖向尺寸、楼层结构标高、层间结构标高等。

梯板集中标注的内容有四项，具体规定如下。

(1) 梯板类型及编号，如 AT××。

(2) 梯板厚度，注写为 h=×××。当梯板由踏步段和平板构成，且踏步段梯板厚度和平板厚度不同时，可在梯板厚度后面括号内以字母 P 开头注写平板厚度。

(3) 梯板配筋。注明梯板上部纵筋和梯板下部纵筋，用分号“;”将上部纵筋与下部纵筋的配筋值分隔开来。

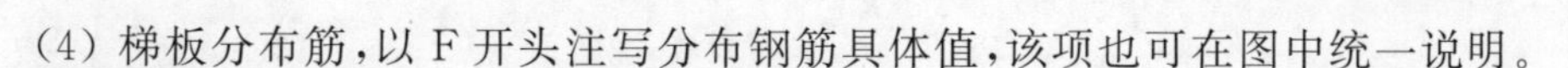

(4) 梯板分布筋，以 F 开头注写分布钢筋具体值，该项也可在图中统一说明。

例 8-3 剖面图中梯板配筋完整的标注如下。

AT1，h=120——梯板类型及编号，梯板板厚。

⌀10@200；⌀12@150——上部纵筋；下部纵筋。

F⌀8@250——梯板分布筋(可统一说明)。

知识点 5 梯板列表注写方式

梯板列表注写方式，是用列表方式注写梯板截面尺寸和配筋具体数值的方式来表达楼梯施工图。

列表注写方式的具体要求同剖面注写方式，仅将剖面注写方式中的梯板配筋注写项改为列表注写项即可。梯板列表格式如表 8-3 所示。

其他说明：(1) 楼层平台梁板配筋可绘制在楼梯平面图中，也可在各层梁板配筋图中绘制，层间平台梁板配筋在楼梯平面图中绘制。

(2) 楼层平台板可与该层的现浇楼板整体设计相同。

表 8-3 梯板几何尺寸和配筋

编号	踏步段总高度/踏步级数	板厚	上部纵向钢筋	下部纵向钢筋	分布筋

任务 4 常见梯段的注写与构造

知识点 1 AT 型梯段

AT 型梯段平法注写通用原则实例如图 8-11 所示，AT 型梯段平法注写实例如图 8-12 所示，AT 型梯段板构造通用要求如图 8-13 所示，AT 型梯段板构造实例如图 8-14 所示。

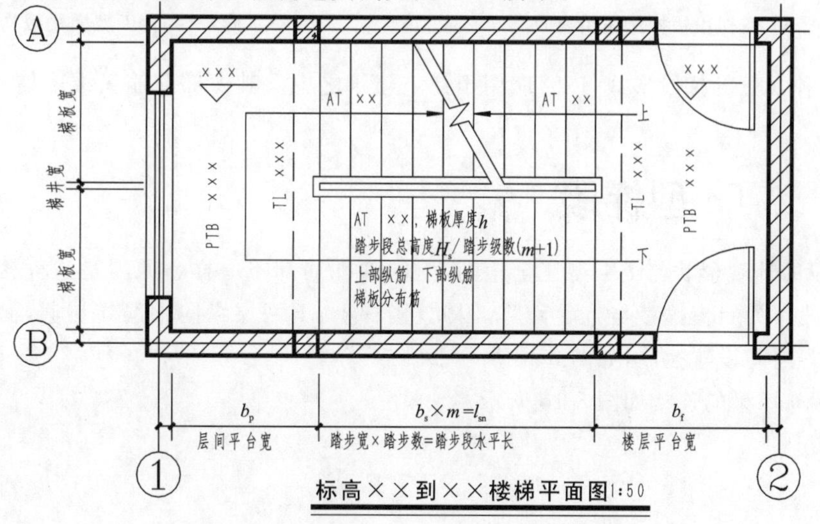

图 8-11 AT 型梯段平法注写通用原则实例

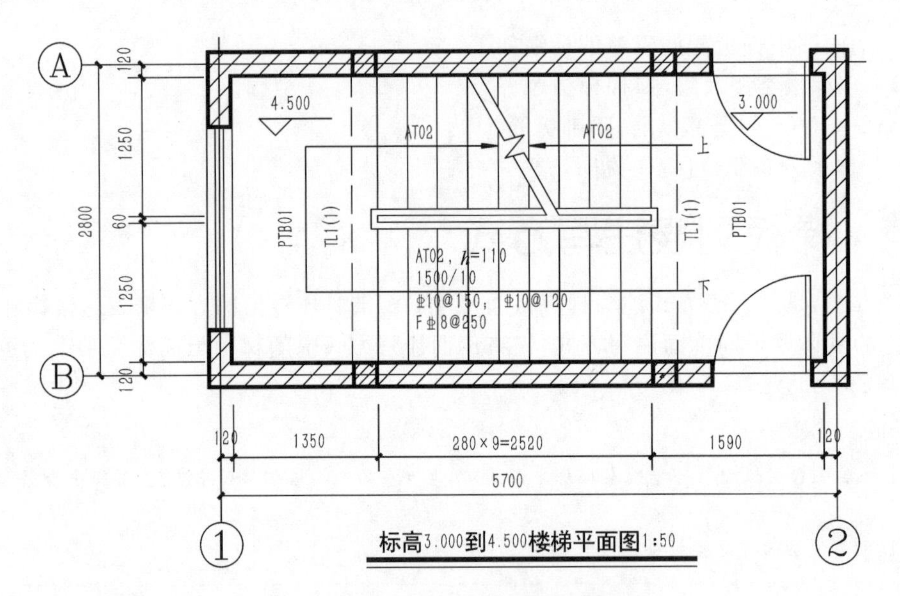

图 8-12　AT 型梯段平法注写实例

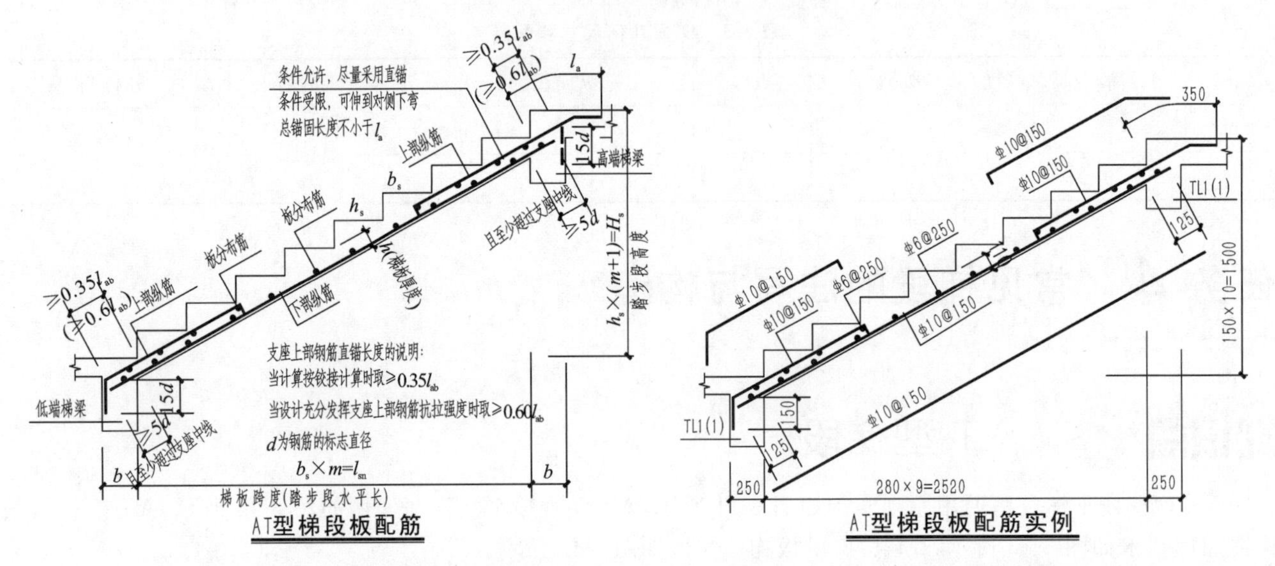

图 8-13　AT 型梯段板构造通用要求　　图 8-14　AT 型梯段板构造实例

AT 型梯段是一种常见的梯段形式，广泛应用于住宅建筑之中。其内部配筋三维图如图 8-5、图 8-6、图 8-7 和图 8-8 所示。

知识点 2　ATc 型梯段

ATc 型楼梯梯段的外观形状与 AT 型完全相同，但内部配筋却不一样。原因是这种楼梯用于抗震区建筑中，并考虑了楼梯梯段作为斜支撑参与抗震计算，因此，楼梯上、下两层纵向钢筋均贯通，而且梯段两侧边设置边缘暗梁，中间板钢筋之间设置拉筋，如图 8-15 所示。

梯段钢筋在下端与梯梁的连接如图 8-16 所示。

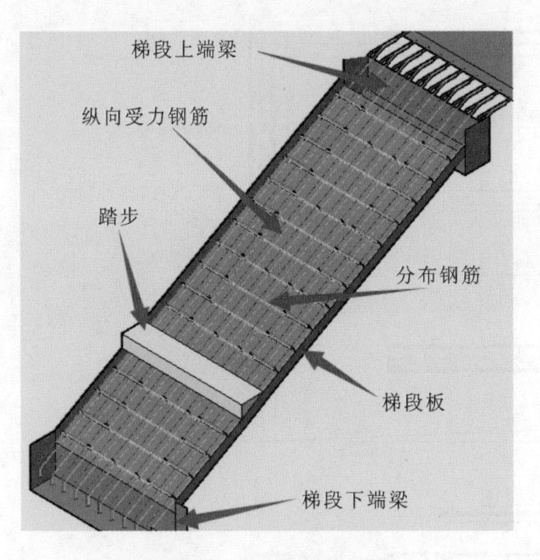

图 8-15 ATc 型梯段配筋

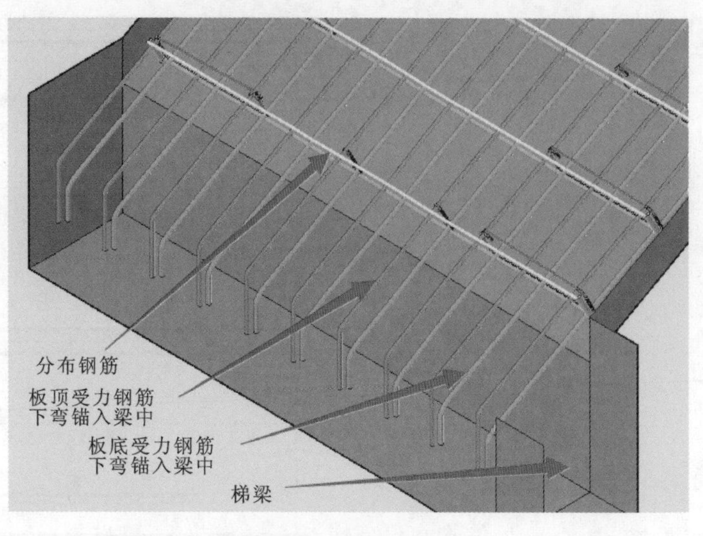

图 8-16 梯段下端构造

梯段中间钢筋配置如图 8-17 所示。

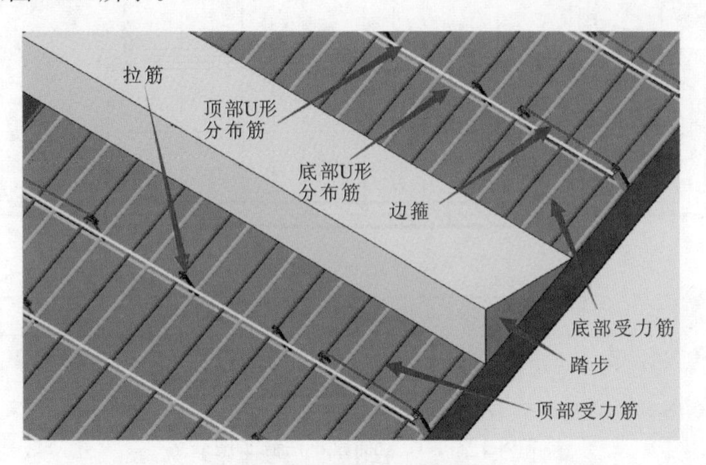

图 8-17 梯段中间构造

梯段钢筋在上端与梯梁的连接如图 8-18 所示。

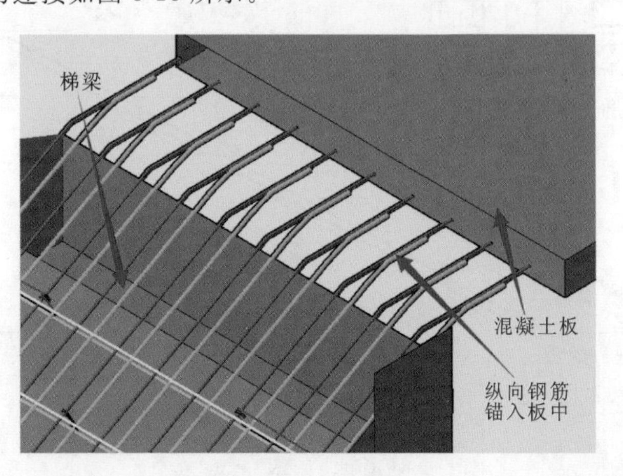

图 8-18 梯段上端构造

ATc 型梯段平法施工图表达如图 8-19 所示。

ATc 型梯段构造大样如图 8-20 所示。

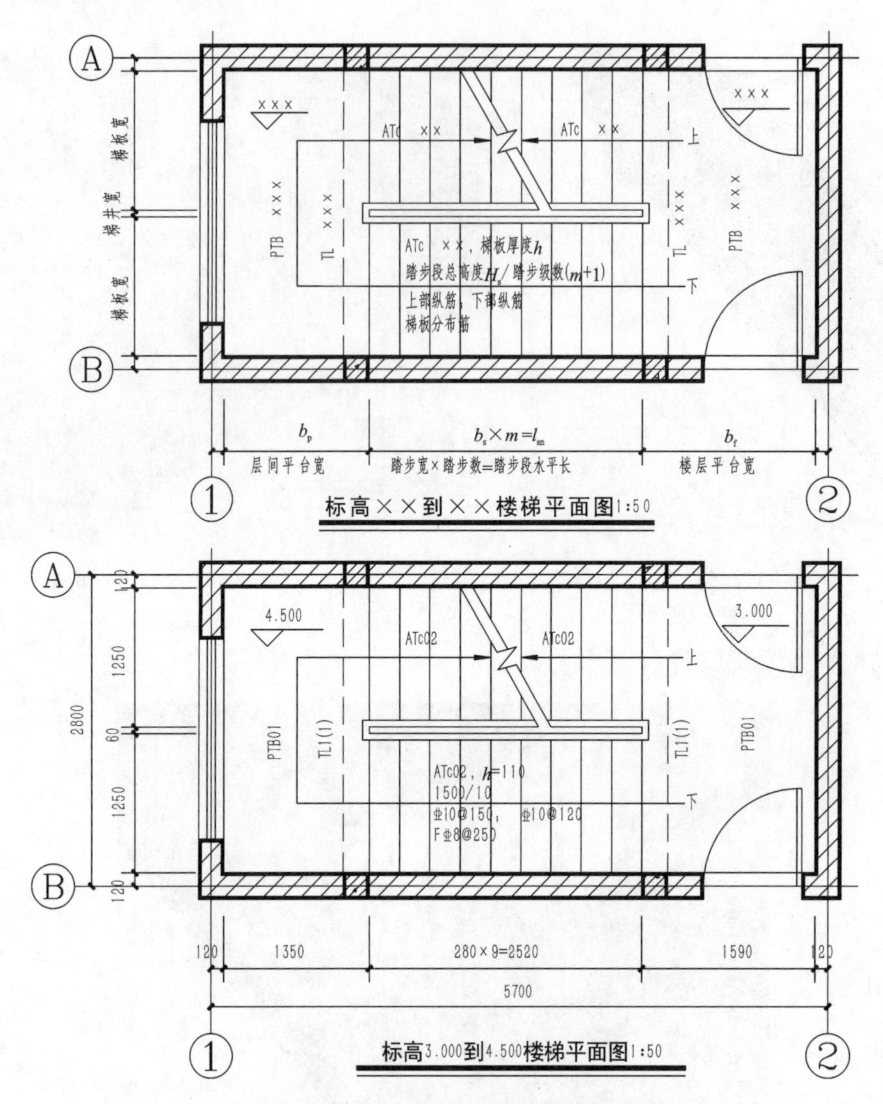

图 8-19　ATc 型梯段平法施工图表达

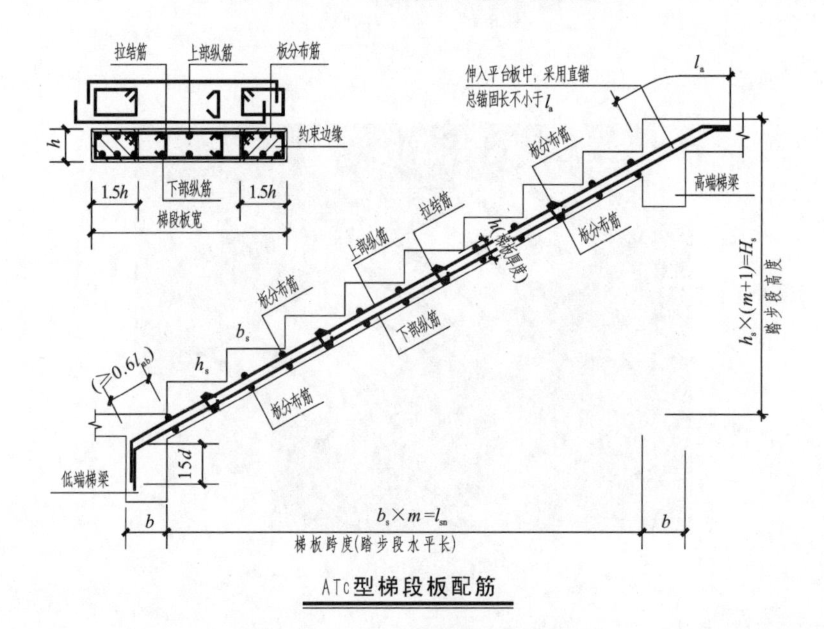

图 8-20　ATc 型梯段构造大样

课程综合训练

训练准备  平法施工图必须注明的内容

在识读平法施工图时，应核对以下应该注明的内容是否在图纸中注明。如果没有，应通过图纸会审、设计技术交底或核定单的形式加以明确。

1. 柱、梁、板和墙体平法施工图必须注明的内容

在上部结构平法施工图中，设计人员应该注明以下内容。

(1) 注明所选用平法标准图的图集版本号。例如：11G101—1 等。

(2) 写明混凝土结构的设计使用年限。

(3) 当为抗震设计时，应写明抗震设防烈度及抗震等级，以便读图人员判断选用何种抗震等级的标准构造详图；当为非抗震设计时，也应明确注明为非抗震设计，以便读图人员选用非抗震的标准构造详图。

(4) 应写明各类构件在不同部位所选用的混凝土的强度等级和钢筋级别，以确定相应纵向受拉钢筋的最小锚固长度及最小搭接长度等指标。

当采用机械锚固形式时，设计者应指定机械锚固的具体形式、必要的构件尺寸以及质量要求。

(5) 当标准构造详图有多种可选择的构造做法时，应写明在什么部位用哪种构造做法。当未写明时，读图人员可以认为设计人员已经授权其任选一种构造做法。但实际上，图纸不只是为了能够将实体建造起来，还涉及造价问题。显然，不同做法其造价会有差别。如果设计人员不明确选用做法，造价人员只能根据经验选用，施工人员也可能根据施工便利来选择，结果二者可能不一致，致使工程量计算不准确。

例如：① 框架柱顶层端节点配筋构造有多种，到底用哪种，设计应该明确；② 封闭箍筋的封闭方法也有三种，应该明确采用哪一种；③ 复合箍筋中拉筋弯钩的做法也有三种，应该明确采用哪一种；④ 无支撑板端封边构造有两种，也应明采用哪一种。

有些节点需要设计明确哪些部位选用哪种构造，设计若未明确，将无法施工。例如：① 非框架梁（板）上部纵向钢筋在支座锚固长度到底采用多少，要求设计明确是“按铰接设计”还是“充分利用钢筋的抗拉强度”；② 地下室外墙与顶板的连接，也要求设计明确顶板是作为外墙的简支支承，还是弹性嵌固支承；③ QZ 纵筋构造方式应明确是重叠一层还是锚固在墙顶；④ 剪力墙水平钢筋是否计入约束边缘构件体积配箍率计算也应该说明。

(6) 应写明柱（包括墙柱）纵筋、墙身分布筋、梁上部贯通筋等在具体工程中需接长时所采用的连接形式及有关要求。必要时，还应注明对接头的性能要求。

若工程中存在轴心受拉及小偏心受拉构件，由于其纵向受力钢筋不得采用绑扎搭接连接，设计人员应在平法施工图中注明这些构件的平面位置及楼层数。

(7) 写明结构不同部位所处的环境类别。

(8) 注明上部结构的嵌固部位的位置。

(9) 设置后浇带时,应注明后浇带的位置、浇筑时间和后浇混凝土的强度等级以及其他特殊要求。

(10) 当柱、墙或梁与填充墙需要拉结时,其构造详图应由设计者根据墙体材料和规范要求选用相关国家建筑标准设计图集或另行绘制。

(11) 当具体工程需要对本图集的标准构造详图做局部变更时,应注明变更的具体内容。

(12) 当具体工程中有特殊要求时,应在施工图中另加说明。

2. 基础平法施工图必须注明的内容

在基础平法施工图中,设计人员应该注明以下内容。

(1) 注明所选用平法标准图的图集版本号。例如:11G101—3。

(2) 注明各基础构件所用的混凝土强度等级和钢筋级别,以确定与其相关的受拉钢筋最小锚固长度及最小搭接长度。

(3) 注明基础中各部位所处的环境类别,对混凝土保护层厚度有特殊要求时,应加以注明。

(4) 设置后浇带的,应注明后浇带的位置、浇筑时间和后浇混凝土的强度等级及其他特殊要求。

(5) 当标准构造详图有多种可选择的做法时,应写明在什么部位选用哪种构造做法。当未写明时,则认为设计人员自动授权施工人员可以任选一种构造做法进行施工。

例如:① 复合箍中拉筋弯钩做法有三种,应该明确采用哪一种;② 筏形基础板边缘侧面封边构造应明确选用哪一种。

某些节点要求设计者必须写明在哪些部位选用哪种构造做法。例如:① 墙插筋在基础中的锚固构造有多种做法,应明确选用一种;② 筏形基础次梁(基础底板)下部钢筋在边支座的锚固要求有多种做法,应明确选用一种。

(6) 当采用防水混凝土时,应注明抗渗等级;应注明施工缝、变形缝、后浇带、预埋件等采用的防水构造类型。

(7) 当具体工程需要对本图集的标准构造详图做局部变更时,应注明变更的具体内容。

(8) 当具体工程中有特殊要求时,应在施工图中另加说明。

3. 楼梯平法施工图必须注明的内容

在楼梯平法施工图中应该注明以下内容。

(1) 注明所选用平法标准图的图集版本号。例如:11G101—2。

(2) 注明楼梯所用混凝土强度等级和钢筋级别,以确定相应受拉钢筋的最小锚固长度及最小搭接长度等。当采用机械锚固形式时,设计者应指定机械锚固的具体形式、必要的构件尺寸以及质量要求。

(3) 注明楼梯所处的环境类别。

(4) 当选用 ATa 型、ATb 型或 ATc 型楼梯时,设计者应根据具体工程情况给出楼梯的抗震等级。

(5) 当标准构造详图有多种可供选择的做法时,应写明在何部位选用何种构造做法。

梯段板上部纵向钢筋在端支座的锚固要求,平法图集中规定:当设计按铰接时,平直段伸至端支座对边后弯折,且平直段长度不小于 $0.35l_{ab}$,弯折段长度 $15d$(d 为纵向钢筋直径);当充分利用钢筋的抗拉强度时,直段伸至端支座对边后弯折,且平直段长度不小于 $0.6l_{ab}$,弯折段长度 $15d$。设计者应在平法施工图中注明采用何种构造,当多数采用同种构造时,可在图注中集中写明,并将少数不同之处在图中注明。

(6) 当选用 ATa 型或 ATb 型楼梯时,应指定滑动支座的做法。当采用与平法图集不同的做法时,设计者应另行绘制大样图。

(7) 平法图集不包括楼梯与栏杆连接的预埋件详图,设计中应提示楼梯与栏杆的连接预埋件见建筑设计图或相应的国家建筑标准设计图集。

(8) 当具体工程需要对平法图集的标准构造详图作变更时,应注明变更的具体内容。

(9) 当具体工程中有特殊要求时,应在施工图中另加说明。

训练准备  常见构件钢筋下料长度的计算

1. 钢筋长度通用计算规则

1）纵向钢筋

假定构件长度为 L，纵向钢筋直径为 d，纵向钢筋两端各留一个保护层厚度 C，钢筋弯折内圆直径是钢筋直径 d 的 n（常取 2.5、4、6 或者 8）倍，弯折后钢筋直段长度为钢筋直径 d 的 m（要查相应构造详图中标注）倍，钢筋弯起高度为 h。则纵向钢筋中心线长度统计规则如下。

◆ 纵向钢筋中线水平投影长度为 $L_1=L-2C-d$

◆ 每增加一个 90°弯角，长度增加 $L_2=(n+1)2d\pi/8-(n+1)d/2=0.2854(n+1)d$

◆ 每增加一个 135°弯角，长度增加 $L_3=(n+1)3d\pi/8-(n+1)d/2=0.6781(n+1)d$

◆ 每增加一个 180°弯角，长度增加 $L_4=(n+1)4d\pi/8-(n+1)d/2=1.0708(n+1)d$

◆ 每增加一个直段，长度增加 $L_5=md$

◆ 每遇到一个弯起，弯起角度 30°时，增加 $L_6=0.268h$

◆ 每遇到一个弯起，弯起角度 45°时，增加 $L_6=0.414h$

◆ 每遇到一个弯起，弯起角度 60°时，增加 $L_6=0.577h$

◆ 一个弯折比为 $a:1(a>1)$ 的弯折钢筋增加 $L_7=(\sqrt{a^2+1}-a)\times h$（其中，$a=6$ 时，$L_7=0.08276h$；$a=7$ 时，$L_7=0.07107h$；$a=8$ 时，$L_7=0.06226h$），如图 9-1 所示。

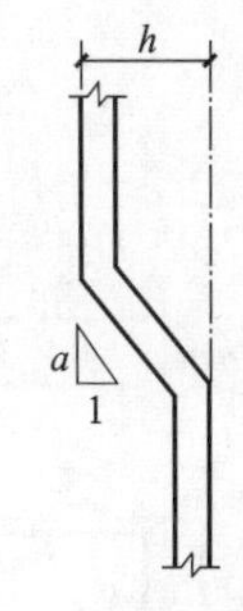

图 9-1 弯折钢筋中心线长度

纵向钢筋各种弯折长度增量如图 9-2 所示。

2）箍筋长度

假定构件（梁、柱或杆）截面尺寸为 $b\times h$，箍筋直径为 d，构件混凝土保护层厚度为 C，箍筋弯折内圆直径是箍筋直径 d 的 n（常取 2.5）倍，弯折后钢筋直段长度为箍筋直径 d 的 m（常取 5 或 10）倍，则箍筋中心线长度统计规则如下。

◆ 无弯钩无弯圆箍筋中心长度为 $L_1=2(h+b)-8C-4d$

◆ 3 个角做 90°圆角，长度减少 $L_2=3(n+1)d(1-\pi/4)$（此项有时可以忽略不计）

◆ 每增加一个 135°弯钩，长度增加 $L_3=(n+1)3d\pi/8-(n+1)d/2$

◆ 弯钩直段长度 $L_4=md$，但应与 75 mm（抗震情况）比较取二者中的较大值。

包含 2 个 135°弯钩、3 个 90°圆角的箍筋中线长度为：

$$
\begin{aligned}
L&=L_1-L_2+2\times L_3+2\times L_4\\
&=\underline{2\times(h+b)-8\times C-4\times d}-\underline{3\times(n+1)\times d\times(1-\pi/4)}+\underline{(n+1)\times 3\times d\times\pi/4-(n+1)\times d}+\underline{2\times m\times d}\\
&=2\times(h+b)-8\times C-4\times d-\quad 0.6438(n+1)d\quad+\quad 2\times 0.6781(n+1)d\quad+2\times m\times d
\end{aligned}
$$

箍筋长度的计算分析图如图 9-3 所示。

3）拉筋长度

构件（梁、柱或者杆）拉筋下料长度计算，首先关注拉筋长向构件截面尺寸 b、拉筋直径 d、混凝土保护层厚度 C，拉筋弯折内圆直径是钢筋直径 d 的 n（常取 2.5）倍，弯折后钢筋直段长度为钢筋直径 d 的 m（常取 5 或 10）倍，还需要考虑构件是否抗震，如图 9-4 所示。

$$
\begin{aligned}
\text{拉筋下料长度 } L&=\underbrace{b-2\times C-d}_{\text{直段长度}}+\underbrace{(n+1)\times 3\times d\times\pi/4}_{\text{弯曲长度}}-\underbrace{(n+1)\times d+2\times m\times d}_{\text{直段长度}}\\
&=b-2\times C-d+2\times 0.6781(n+1)d+2\times m\times d
\end{aligned}
$$

4）复合内箍

复合箍筋中的外箍下料长度计算同 2），奇数复合箍筋中的拉筋下料长度计算同 3），复合箍筋的内箍计算需要根据构件纵向钢筋根数按纵筋等距排列计算内缩箍筋宽度值。假定构件（梁、柱或者杆）截面尺寸为 $b\times h$，箍筋直径为 d，构件混凝土保护层厚度为 C，箍筋弯折内圆直径是钢筋直径 d 的 n（常取 2.5）倍，弯折后钢筋直段长

度为钢筋直径 d 的 m(常取 5 或 10)倍，纵向钢筋直径为 D，以 5×6 柱箍筋为例，如图 9-5 所示，则内箍中心线宽度为：

①号内箍 $b_1=2(b-2C-2d-D)/4+d+D$(b 方向内箍宽度)

②号内箍 $h_1=(h-2C-2d-D)/5+d+D$(h 方向内箍宽度)

综合以上两个公式可得出内箍宽度计算公式：

$$b_{内}(h_{内})=[b(或h)-2C-2d-D]\times\frac{内箍间隔数}{总间隔数}+d+D$$

则图 9-5 中①号内箍下料长度

$$\begin{aligned}L_1&=\underline{2\times h-4\times C-2\times d}+2\times b_1-\underline{3\times(n+1)\times d\times(1-\pi/4)}+\underline{(n+1)\times 3\times d\times\pi/4-(n+1)\times d}+\underline{2\times m\times d}\\&=2\times h-4\times C-2\times d+(b-2C-2d-D)+2d+2D-3\times(n+1)\times d\times(1-\pi/4)\\&\quad+(n+1)\times 3\times d\times\pi/4-(n+1)\times d+2\times m\times d\end{aligned}$$

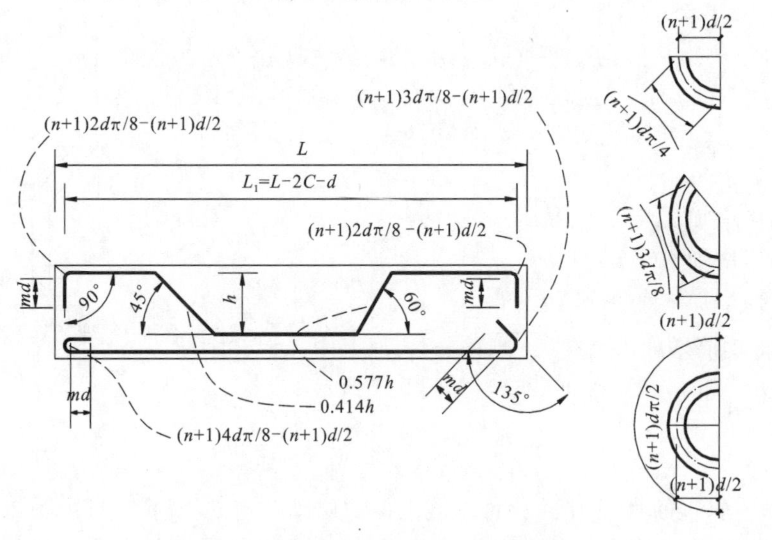

图 9-2 纵向钢筋各种弯折长度增量

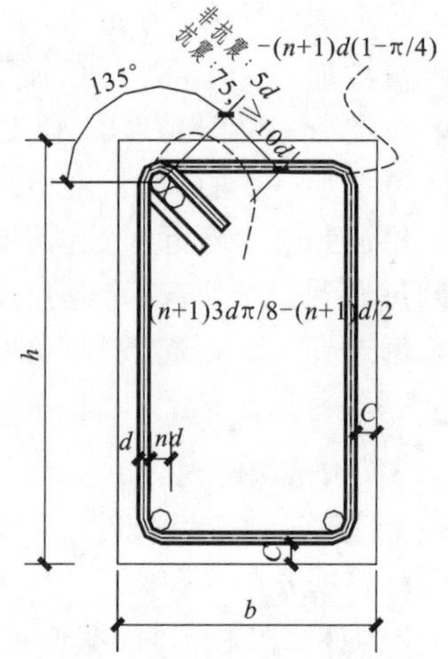

图 9-3 箍筋长度计算分析图

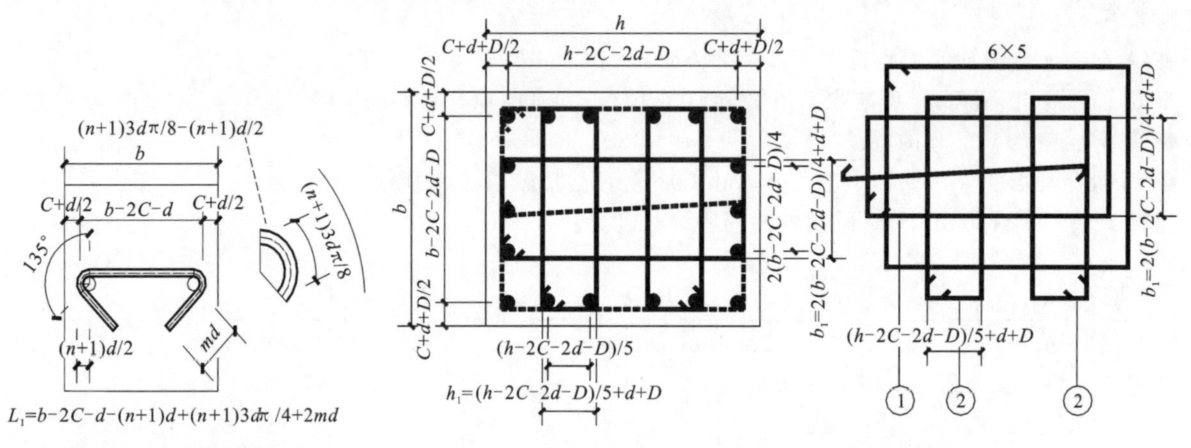

图 9-4 拉筋长度计算分析图

图 9-5 复合箍内箍计算分析图

图 9-5 中②号内箍下料长度

$$\begin{aligned}L_2&=\underline{2\times b-4\times C-2\times d}+2\times h_1-\underline{3\times(n+1)\times d\times(1-\pi/4)}+\underline{(n+1)\times 3\times d\times\pi/4-(n+1)\times d}+\underline{2\times m\times d}\\&=2\times b-4\times C-2\times d+2\times(h-2C-2d-D)/5+2d+2D-3\times(n+1)\times d\times(1-\pi/4)\\&\quad+(n+1)\times 3\times d\times\pi/4-(n+1)\times d+2\times m\times d\end{aligned}$$

2. 平法柱钢筋下料计算实例

一栋三层建筑，建筑层高依次为 4 500 mm、3 900 mm 和 3 600 mm，建筑室内外高差 0.50 m。柱下设独立基础，独立基础截面总高度 650 mm，基础地面标高为－1.800 m(不包括 100 mm 厚素混凝土垫层)，基础内钢筋保护层厚 50 mm，基础连系梁顶标高同基础顶标高。建筑室内地坪设置为 150 mm 厚钢筋混凝土刚性地面，柱平面中心与基础平面中心对齐。选择一根中柱，与该柱相连的二层、三层和屋面的梁截面高度最大为 600 mm。建筑基础、基础梁、各层梁板混凝土标号均为 C30，建筑屋面板为 120 mm 厚现浇钢筋混凝土屋面板。本建筑抗震设防烈度为 6 度，框架抗震等级为四级，柱纵向钢筋连接为焊接。该柱平法施工图表达如图 9-6 所示。请计算该柱三层共计使用了多少钢筋？

1）平法柱纵筋用量计算

(1)柱纵向钢筋布置分析。

首先，计算中柱柱顶锚入梁中钢筋长度。柱顶大样图如图 9-6 所示。

这里，需要查找 l_{abE} 的数值。根据柱钢筋为 HRB335，抗震等级为四级，混凝土标号为 C30 的基本条件，查表 2-1 得知 $l_{abE}=29\times d=29\times 18$ mm$=522$ mm，那么 $0.5l_{abE}=261$ mm。屋面梁截面高 600 mm，纵向钢筋伸到柱顶，直段长度显然大于 $0.5l_{abE}$。

$$12d=12\times 18\ \text{mm}=216\ \text{mm}$$
$$12d=12\times 16\ \text{mm}=192\ \text{mm}$$

自屋面梁底算起，纵向钢筋直径 18 mm 时的外锚长度 $L_{屋面}=(600-20-18/2+216)$ mm$=787$ mm，直径 16 mm 时的外锚长度 $L_{屋}=(600-20-16/2+192)$ mm$=764$ mm。

通常按较大直径钢筋计算出来的长度取整 790 mm。

其次，柱纵向钢筋连接点的位置确定，根据图 3-34 所示的原则，本工程各层钢筋连接位置如图 9-7 所示。钢筋直径需要变化的，应在连接位置改变。各层各有一半钢筋焊接连接点分别位于两个连接截面，较粗钢筋的连接点位于下截面。

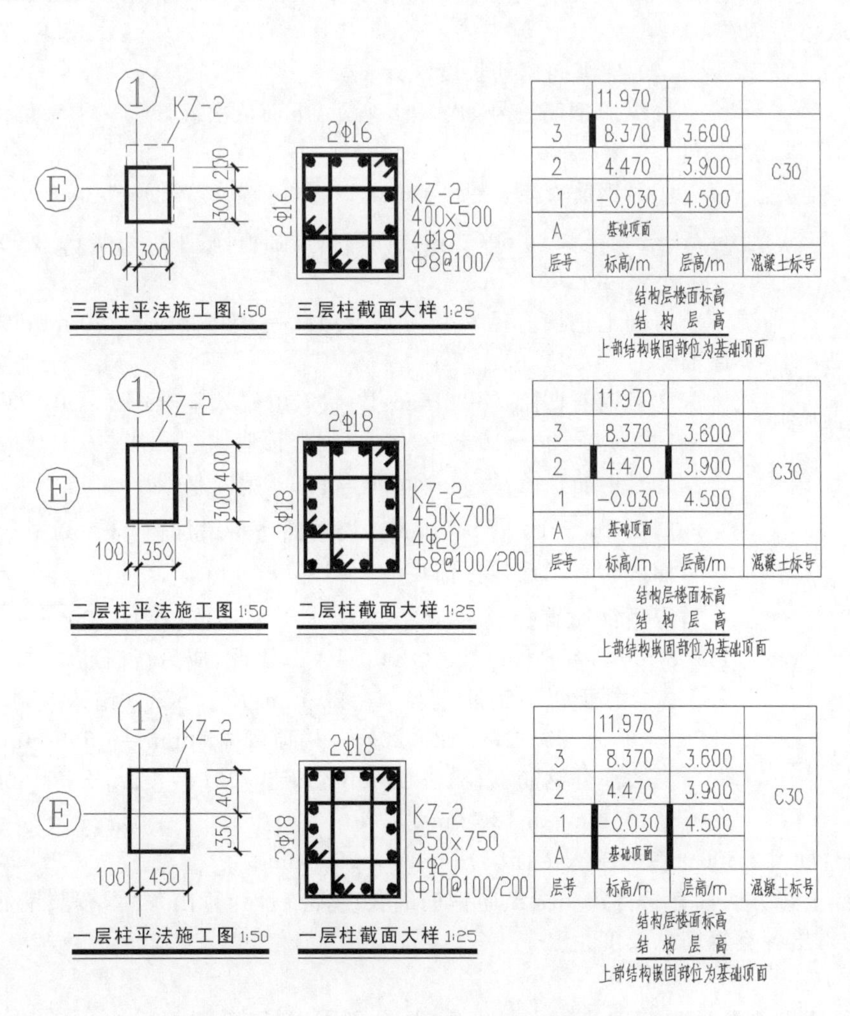

图 9-6　某三层建筑的一根中柱平法施工图

图 9-7　柱纵向钢筋示意图

本柱角钢筋直径在三层由 20 mm 变为 18 mm，变化截面在三层下连接截面。各边中部钢筋直径在三层由 18 mm 变为 16 mm。变化位置应该在三楼楼面下锚 $1.2l_{aE}=1.2\times580$ mm＝696 mm，取 700 mm。

再次，在楼层梁处，柱截面变小，配筋直径或数量变化时钢筋构造，如图 9-7 所示。

柱纵向钢筋根数、直径不变，但柱截面稍有变小的（尺度内缩不大于本层梁高的 1/6），可以将钢筋弯折，弯折增加长度值按公式 $L_7=(\sqrt{a^2+1}-a)\times h$ 计算。如本例二楼楼面。

柱纵向钢筋根数增加、减少或钢筋直径变小，或者柱截面尺寸变化较大（尺度内缩大于本层梁高的 1/6），应采取插筋法接长柱纵向钢筋。

最后，柱纵向钢筋插入基础弯锚，构造做法如图 9-7 所示。

需要计算柱纵向钢筋锚在基础时的 l_{aE} 数值。

$$l_{aE}=l_a\times\zeta_{aE}$$

四级框架，ζ_{aE} 系数取 1.0。

$$l_a=l_{ab}\times\zeta_a$$

ζ_a 取值对照表 2-3 可知，取 1.0。

l_{ab} 取值对照表 2-1 可知取 $29d=29\times20$ mm＝580 mm。

因此，本项目柱基础内 $l_{aE}=l_a=l_{ab}=580$ mm。

基础厚度 650 mm 大于 $l_{aE}=580$ mm，对照图 3-28 所示要求，可以按照图 9-7 所示弯钩锚固。

$6d=6\times20$ mm＝120 mm＜150 mm，取 150 mm。

基础顶面以下纵向钢筋长 $L_{基础}$＝[650（基础截面高度）－50（基础混凝土保护层）－28（假设基础底部两层钢筋厚度）＋150]mm＝722 mm。取整为 730 mm。

(2) 柱纵向钢筋长度统计。

柱纵向钢筋编号如图 9-8 所示，下面依次统计①～④号角钢筋长度。

①号钢筋直径 $d=20$ mm：L＝[730（锚入基础）＋5 050＋600＋$(\sqrt{12^2+1^2}-12)\times50$（二楼楼面弯折增加值，较小可忽略）＋3 900＋500]mm＝10 780 mm。

再向上钢筋直径 d 变为 18 mm：L＝2 500 mm＋790 mm（锚入屋面梁）＝3 290 mm。

②号钢筋直径 $d=20$ mm：L＝[730（锚入基础）＋5 050＋600＋3 300＋（600－20－10＋12×20）（二楼顶弯锚）]mm＝10 490 mm。

③号钢筋直径 $d=20$ mm：L＝[730（锚入基础）＋5 050＋600＋3 300＋$(\sqrt{6^2+1^2}-6)\times100$（二楼楼面弯折增加值）＋（600－20－10＋12×20）（二楼顶弯锚）]mm＝10 500 mm。

④号钢筋直径 $d=20$，在二楼水平偏移值 $h=\sqrt{100^2+50^2}=111.8$ mm，弯折比 111.8∶600＞1∶6，因此，应另行插筋。

二楼楼面以下钢筋直径 $d=20$ mm：L＝[730（锚入基础）＋5050＋（600－20－10＋12×20）（一楼顶弯锚）]mm＝6 590 mm。

二楼部分钢筋直径 $d=20$ mm：L＝[700（$=1.2l_{aE}$）＋3 300＋600＋500]mm＝5 100 mm。

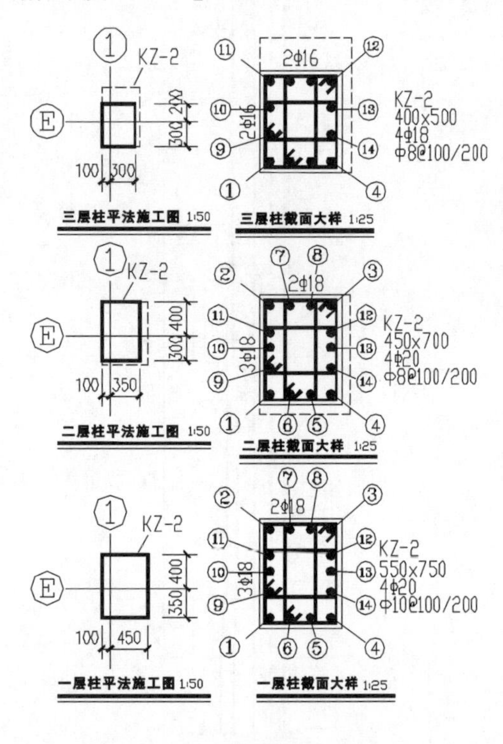

图 9-8 柱纵向钢筋编号图

再向上钢筋直径 d 变为 18 mm：L＝[2 500＋790（锚入屋面梁）]mm＝3 290 mm。

其他纵向钢筋长度，请读者比照上述方法计算。待每一根纵向钢筋的长度都统计计算出来后，按照钢筋直径大小分 20、18、16 三类，分别累加得出各类钢筋总长度。

(3) 柱纵向钢筋质量统计。

计算出各种类型钢筋总长度后，查出这几种类型钢筋每米长度质量，分别乘以长度，即可统计计算出各类钢筋总质量。

2）平法柱箍筋用量计算

(1) 计算单道箍筋中心线长度。

因为三层柱截面大小各不相同，所以，应分别按照公式 $L=L_1-L_2+2L_3+2L_4$ 计算各层柱箍筋长度。

① 基础顶面上到一楼箍筋。

外箍 $L_{外}=2\times(h+b)-8\times C-4\times d-3\times(n+1)\times d\times(1-\pi/4)+(n+1)\times3\times d\times\pi/4-(n+1)\times d+2\times m\times d$

$=[2\times(750+550)-8\times20-4\times10-3\times(2.5+1)\times10\times(1-\pi/4)+(2.5+1)\times3\times10\times\pi/4-(2.5+1)\times10+2\times10\times10]\text{mm}$

$=(2\,600-160-40-22.6+82.4-35+200)\text{mm}=2\,624.8\text{ mm}$

内箍 $L_{内1}=2\times[h+(b-2C-2d-D)/3+d+D]-4\times C-2\times d-3\times(n+1)\times d\times(1-\pi/4)+(n+1)\times3\times d\times\pi/4-(n+1)\times d+2\times m\times d$

$=2\times[750+(550-2\times20-2\times10-20)/3+10+20]-4\times20-2\times10-3\times(2.5+1)\times10\times(1-\pi/4)+(2.5+1)\times3\times10\times\pi/4-(2.5+1)\times10+2\times10\times10$

$=(1\,873.3-80-20-22.6+82.4-35+200)\text{mm}=1\,998\text{ mm}$

内箍 $L_{内2}=2\times[b+2(h-2C-2d-D)/4+d+D]-4\times C-2\times d-3\times(n+1)\times d\times(1-\pi/4)+(n+1)\times3\times d\times\pi/4-(n+1)\times d+2\times m\times d$

$=2\times[550+2(750-2\times20-2\times10-20)/4+10+20]-4\times20-2\times10-3\times(2.5+1)\times10\times(1-\pi/4)+(2.5+1)\times3\times10\times\pi/4-(2.5+1)\times10+2\times10\times10$

$=(1\,830-80-20-22.6+82.4-35+200)\text{mm}=1\,955\text{ mm}$

一楼一道箍筋总长度 $L_1=L_{外}+L_{内1}+L_{内2}=2\,624.8+1\,998+1\,955=6\,578$ mm。

② 二楼柱箍筋。

外箍 $L_{外}=2\times(h+b)-8\times C-4\times d-3\times(n+1)\times d\times(1-\pi/4)+(n+1)\times3\times d\times\pi/4-(n+1)\times d+2\times m\times d$

$=2\times(700+450)-8\times20-4\times8-3\times(2.5+1)\times8\times(1-\pi/4)+(2.5+1)\times3\times8\times\pi/4-(2.5+1)\times8+2\times10\times8$

$=(2\,300-160-32-18.1+65.9-28+160)\text{mm}=2\,287.8\text{ mm}$

内箍 $L_{内1}=2\times[h+(b-2C-2d-D)/3+d+D]-4\times C-2\times d-3\times(n+1)\times d\times(1-\pi/4)+(n+1)\times3\times d\times\pi/4-(n+1)\times d+2\times m\times d$

$=2\times[700+(450-2\times20-2\times8-20)/3+8+20]-4\times20-2\times8-3\times(2.5+1)\times8\times(1-\pi/4)+(2.5+1)\times3\times8\times\pi/4-(2.5+1)\times8+2\times10\times8$

$=(1705.3-80-16-18.1+65.9-28+160)\text{mm}=1789.1\text{ mm}$

内箍 $L_{内2}=2\times[b+2(h-2C-2d-D)/4+d+D]-4\times C-2\times d-3\times(n+1)\times d\times(1-\pi/4)+(n+1)\times3\times d\times\pi/4-(n+1)\times d+2\times m\times d$

$=2\times[450+2(700-2\times20-2\times8-20)/4+8+20]-4\times20-2\times8-3\times(2.5+1)\times8\times(1-\pi/4)+(2.5+1)\times3\times8\times\pi/4-(2.5+1)\times8+2\times10\times8$

$=(1580-80-16-18.1+65.9-28+160)\text{mm}=1663.8\text{ mm}$

二楼一道箍筋总长度 $L_2=L_{外}+L_{内1}+L_{内2}=(2287.8+1789.1+1663.8)\text{mm}=5740.7\text{mm}$。

③ 三楼柱箍筋。

外箍 $L_{外}=2\times(h+b)-8\times C-4\times d-3\times(n+1)\times d\times(1-\pi/4)+(n+1)\times3\times d\times\pi/4-(n+1)\times d+2\times m\times d$

$=2\times(500+400)-8\times20-4\times8-3\times(2.5+1)\times8\times(1-\pi/4)+(2.5+1)\times3\times8\times\pi/4-(2.5+1)\times8+2\times10\times8$

$=(1800-160-32-18.1+65.9-28+160)\text{mm}=1787.8\text{ mm}$

内箍 $L_{内1}=2\times[h+(b-2C-2d-D)/3+d+D]-4\times C-2\times d-3\times(n+1)\times d\times(1-\pi/4)+(n+1)\times3\times d\times\pi/4-(n+1)\times d+2\times m\times d$

$=2\times[500+(400-2\times20-2\times8-18)/3+8+18]-4\times20-2\times8-3\times(2.5+1)\times8\times(1-\pi/4)$

$$+(2.5+1)\times 3\times 8\times \pi/4-(2.5+1)\times 8+2\times 10\times 8$$

$$=(1269.3-80-16-18.1+65.9-28+160)\text{mm}=1353.1\text{ mm}$$

内箍 $L_{内2}=2\times[b+(h-2C-2d-D)/3+d+D]-4\times C-2\times d-3\times(n+1)\times d\times(1-\pi/4)$

$$+(n+1)\times 3\times d\times \pi/4-(n+1)\times d+2\times m\times d$$

$$=2\times[400+(500-2\times 20-2\times 8-18)/3+8+18]-4\times 20-2\times 8-3\times(2.5+1)\times 8\times(1-\pi/4)$$

$$+(2.5+1)\times 3\times 8\times \pi/4-(2.5+1)\times 8+2\times 10\times 8$$

$$=(1136-80-16-18.1+65.9-28+160)\text{mm}=1219.8\text{ mm}$$

三楼一道箍筋总长度 $L_3=L_外+L_{内1}+L_{内2}=(1787.8+1353.1+1219.8)\text{mm}=4361\text{ mm}$。

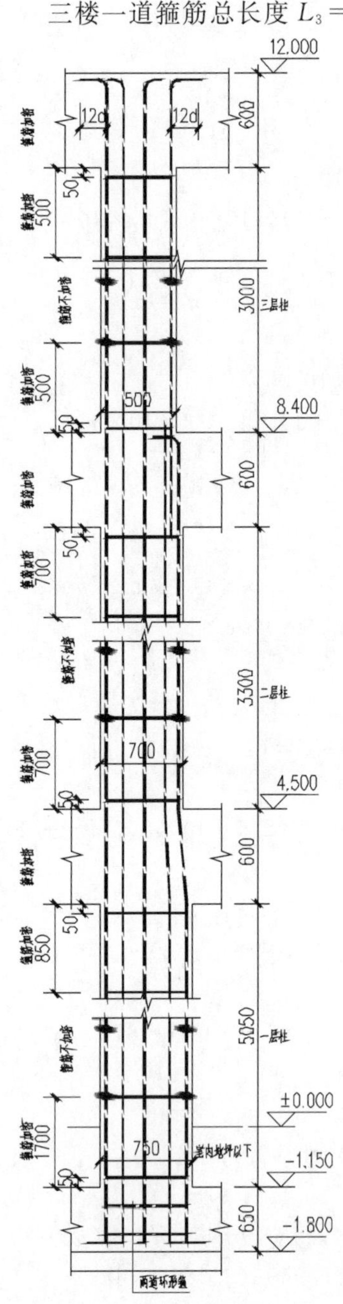

图 9-9　柱箍筋分布

(2) 统计箍筋道数。

柱箍筋在高度上的分布如图 9-9 所示。现在从下到上依次计算。

① 首层。

基础内：$n_j=2$ 道非复合箍，每道长 $L=2624.8$ mm

一层下端加密区，长 1700 mm，加密区箍筋间距 100 mm，复合箍，单道长 $L_1=6578$ mm，道数 $n_{1下}=(1700-50)/100+1=18$。

一层上端加密区，长 850 mm，梁柱节点高 600 mm，加密区箍筋间距 100 mm，复合箍，单道长 $L_1=6578$ mm，道数 $n_{1上}=(850-50)/100+1=9$，梁柱节点箍筋道数$=(600-100)/100+1=6$。

一层非加密区，长$(5050-1700-850)$mm$=2500$ mm，箍筋间距 200，复合箍，单道长 $L_1=6578$ mm，道数 $n_{1中}=2500/200-1=12$。

因此，首层非复合箍 2 道，每道长 2624.8 mm。复合箍 $18+9+6+12=45$ 道，每道长 6578 mm。

② 二层。

二层上下端加密区长各 700 mm，梁柱节点高 600 mm，加密区箍筋间距100 mm，复合箍，单道长 $L_2=5740.7$ mm，道数 $n_{2上}=n_{2下}=(700-50)/100+1=8$，梁柱节点箍筋道数$=(600-100)/100+1=6$。

二层非加密区，长$(3300-700-700)$mm$=1900$ mm，箍筋间距 200，复合箍，单道长 $L_2=5740.7$ mm，道数 $n_{2中}=1900/200-1=9$。

因此，二层复合箍 $8+9+8+6=31$ 道，每道长 5740.7 mm。

③ 三层。

三层上下端加密区长各 500 mm，梁柱节点高 600 mm，加密区箍筋间距100 mm，复合箍，单道长 $L_3=4361$ mm，道数 $n_{3上}=n_{3下}=(500-50)/100+1=6$，梁柱节点箍筋道数$=(600-100)/100+1=6$。

三层非加密区，长$(3000-500-500)$mm$=2000$ mm，箍筋间距 200 mm，复合箍，单道长 $L_3=4361$ mm，道数 $n_{3中}=2000/200-1=9$。

因此，三层复合箍 $6+9+6+6=27$ 道，每道长 4361 mm。

最后计算所有箍筋总长度。

本柱全高箍筋总长度：

直径为 10 mm 的箍筋：$L_总=(31\times 5740.7+27\times 4361)\text{mm}=(177962+117747)\text{mm}=295709\text{ mm}=295.71\text{ m}$。

直径为 8 mm 的箍筋：$L_总=(2\times 2\,624.8+45\times 6\,578)\text{mm}=(5\,250+296\,010)\text{mm}=301\,260\text{ mm}=301.26\text{ m}$。

3. 平法梁钢筋下料计算实例

一根两跨楼面梁，一端带有悬挑，如图 9-10 所示。通过比对柱平法施工图，与此梁相关的柱截面定位如图 9-10 所示。该梁所在框架为三级抗震等级，梁柱混凝土标号均为 C35。请统计计算该梁钢筋用量。

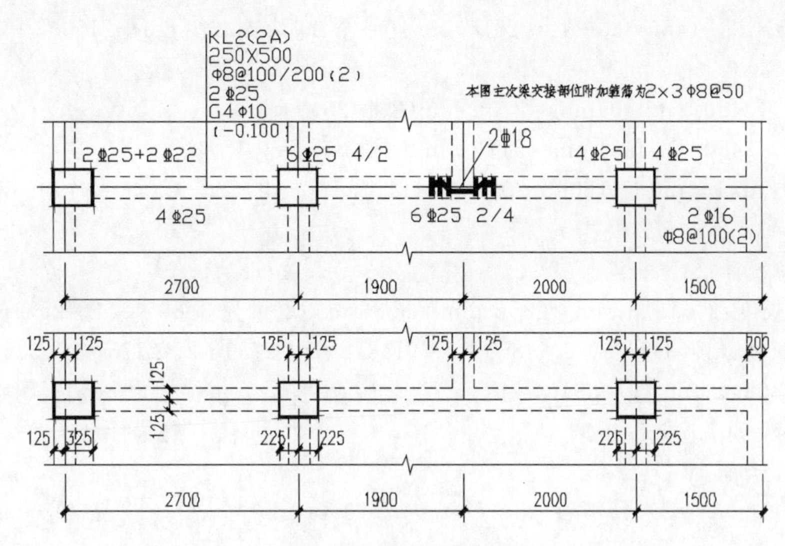

图 9-10 梁平法施工图

1）平法梁纵筋用量计算

为了帮助同学们理解梁平法施工图，下面专门绘制了梁纵剖面图，如图 9-11 所示。

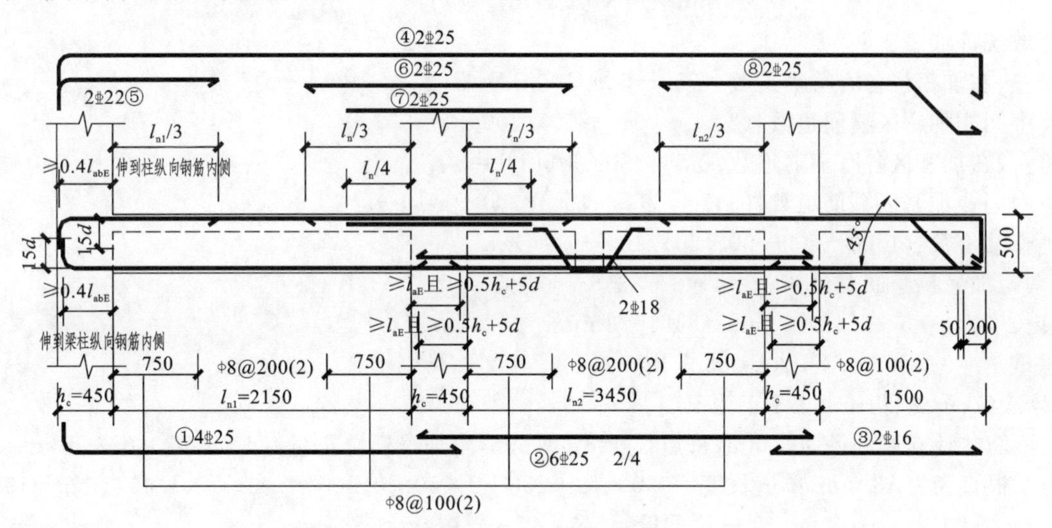

图 9-11 梁纵剖面图

现在可以依次计算梁的纵向钢筋长度。在此之前，有必要明确上图中的几个参数的取值。

l_n为 l_{n1}与 l_{n2}中的较大值，本工程取 3 450 mm。

l_{abE}值查表 2-2，HRB335 钢筋，C35 混凝土，三级框架。取 $28d=28\times25$ mm＝700 mm。

$$l_{aE}=l_a=l_{ab}=28d=28\times25\text{ mm}=700\text{ mm}\quad 或\quad 28\times16\text{ mm}=448\text{ mm}$$

$$0.5h_c+5d=(0.5\times450+5\times25)\text{mm}=350\text{ mm}\quad 或\quad (0.5\times450+5\times16)\text{mm}=305\text{ mm}$$

每增加一个 90°弯角，钢筋长度减少$(n+1)d-(n+1)d\pi/4$，根据图 3-27 所示要求，本项目钢筋直径 $d=$ 25 mm，因此，$r=4d$，$n=8$。故$(n+1)d-(n+1)d\pi/4=9\times25\times(1-\pi/4)=48.4$ mm。

①号纵筋：$L_1=[15\times25+(450-20-10-20)-48.4$（一个 90°弯钩减少量）$+2150+700]$mm＝3576.6 mm（4 根25）。

②号纵筋：$L_2=(700+3450+700)$mm＝4850 mm（6 根 25）。

③号纵筋：$L_3=(448+1500-20)$mm＝1928 mm（2 根 16）。

④号纵筋：$L_4=[(450+2150+450+3450+450+1500)-20-20+15\times25+(500-2\times20)-2\times48.4$（两个 90°弯钩减少量）$]$mm＝$(8450-40+375+460-96.8)$mm＝9148.2 mm（2 根 25）。

⑤号纵筋：L_5=[15×25+(450−20−10−20)−48.4(一个90°弯钩减少量)+2150/3+700]mm=2143.3 mm(2根22)。

⑥号纵筋：L_6=(2×3450/3+450)mm=2750 mm(2根25)。

⑦号纵筋：L_7=(2×3450/4+450)mm=2175 mm(2根25)。

⑧号纵筋：L_8=[3450/3+450+(1500−20)+0.414×(500−2×20−20)(一个45°弯起)]mm=(1150+450+1480+182)mm=3262 mm(2根25)。

全梁纵向钢筋汇总统计：

直径16 mm钢筋长度：2×1928 mm=3856 mm=3.86 m。重量为3.86×1.58 kg=6.1 kg。

直径25 mm钢筋长度：(4×3576.6+6×4850+2×9148.2+2×2750+2×2175+2×3262)mm=78 076.8 mm=78.08 m。重量为78.08×3.86 kg=301.4 kg。

纵向钢筋合计重量=307.5 kg。

2）平法梁箍筋用量计算

双肢箍，单道箍筋长度 $L=2\times(h+b)-8\times C-4\times d-3\times(n+1)\times d\times(1-\pi/4)+(n+1)\times 3\times d\times\pi/4-(n+1)\times d+2\times m\times d$

$=2\times(500+250)-8\times 20-4\times 8-3\times(2.5+1)\times 8\times(1-\pi/4)+(2.5+1)\times 3\times 8\times\pi/4-(2.5+1)\times 8+2\times 10\times 8=(1500-160-32-18+65.94-28+160)\text{mm}$

$=1487.9\text{ mm}$。

箍筋道数统计如下。

第一跨左、右加密区各有箍筋道数：(750−50)/100+1=8

第一跨中间非加密区箍筋道数：(2150−750−750)/200−1=3

第二跨左、右加密区各有箍筋道数：(750−50)/100+1=8

第二跨中间非加密区箍筋道数：(3450−750−750)/200−1=9

外悬挑箍筋道数：(1500−200−50−50)/100+1=13

因此，两跨加悬挑箍筋总道数 N=4×8+3+9+13=57

箍筋总长度 $L_{总}$=57×1487.9 mm=84810.3 mm=84.81 m

箍筋总重量=84.81×0.395 kg=33.5 kg

3）附加箍筋、吊筋、构造腰筋和拉筋计算

- 附加箍筋共计6道直径为8 mm，每道长1487.9 mm，附加箍筋总重量=6×1.49×0.395 kg=3.53 kg
- 吊筋2根直径为18 mm，单道长度=[20×18+250+2×50+2(500−2×30)×1.414]mm=1954.3 mm

2根总重量=2×1.95×2.0 kg=7.8 kg

- 构造腰筋共4根，锚固15d=150 mm，则

每根长=(150+2150+150+150+3450+150+150+1500−20)mm=7830 mm

总重量=(4×7.83×0.617)kg=19.32 kg

- 拉筋。

按照规定，梁宽不大于350 mm，拉筋直径为6，拉筋间距为非加密区间距的2倍，为400 mm。可以计算出拉筋数量为=(6+9)×2=30

单道拉筋长度 $=b-2\times C-d+(n+1)\times 3\times d\times\pi/4-(n+1)\times d+2\times m\times d$

$=[250-2\times 20-6+(2.5+1)\times 3\times 6\times\pi/4-(2.5+1)\times 6+2\times 10\times 6]\text{mm}$

$=(204+49.5-21+120)\text{mm}=352.5\text{ mm}$

拉筋总重量=30×0.353×0.222 kg=2.35 kg

4）全梁钢筋重量

$$G=(307.5+33.5+3.53+7.8+19.32+2.35)\text{kg}=374\text{ kg}$$

综合训练 1 柱施工图识读工作页

任务 1:柱六要素查找工作页

柱六要素查找工作页见附表 E-1。

任务 2:柱工程量计算工作页

柱工程量计算工作页见附表 E-2。

任务 3:柱钢筋骨架制作任务单

柱钢筋骨架制作任务单见附表 E-3。

综合训练 2 梁施工图识读工作页

任务 1:梁六要素查找工作页

梁六要素查找工作页见附表 E-4。

任务 2:梁工程量计算工作页

梁工程量计算工作页见附表 E-5。

任务 3:梁钢筋骨架制作任务单

梁钢筋骨架制作任务单见附表 E-6。

综合训练 3 板施工图识读工作页

任务 1:板六要素查找工作页

板六要素查找工作页见附表 E-7 和附表 E-8。

任务 2:板工程量计算工作页

板工程量计算工作页见附表 E-9 和附表 E-10。

任务 3:板钢筋骨架制作任务单

板钢筋骨架制作任务单见附表 E-11。

综合训练 4 墙身施工图识读工作页

任务 1:墙钢筋骨架制作任务单

墙钢筋骨架制作任务单见附表 E-12。

综合训练 5 基础施工图识读工作页

任务 1:基础钢筋骨架制作任务单

基础钢筋骨架制作任务单见附表 E-13。

综合训练 6 楼梯施工图识读工作页

任务 1:楼梯钢筋骨架制作任务单

楼梯钢筋骨架制作任务单见附表 E-14。

钢筋直径的倍数与长度速查表

钢筋直径的倍数与长度速查表

倍数	钢筋直径/mm													
	4	6	6.5	7	8	10	12	14	16	18	20	22	25	28
5d	20	30	32.5	35	40	50	60	70	80	90	100	110	125	140
6d	24	36	39	42	48	60	72	84	96	108	120	132	150	168
7d	28	42	45.5	49	56	70	84	98	112	126	140	154	175	196
8d	32	48	52	56	64	80	96	112	128	144	160	176	200	224
9d	36	54	58.5	63	72	90	108	126	144	162	180	198	225	252
10d	40	60	65	70	80	100	120	140	160	180	200	220	250	280
11d	44	66	71.5	77	88	110	132	154	176	198	220	242	275	308
12d	48	72	78	84	96	120	144	168	192	216	240	264	300	336
13d	52	78	84.5	91	104	130	156	182	208	234	260	286	325	364
14d	56	84	91	98	112	140	168	196	224	252	280	308	350	392
15d	60	90	97.5	105	120	150	180	210	240	270	300	330	375	420
16d	64	96	104	112	128	160	192	224	256	288	320	352	400	448
17d	68	102	110.5	119	136	170	204	238	272	306	340	374	425	476
18d	72	108	117	126	144	180	216	252	288	324	360	396	450	504
19d	76	114	123.5	133	152	190	228	266	304	342	380	418	475	532
20d	80	120	130	140	160	200	240	280	320	360	400	440	500	560
21d	84	126	136.5	147	168	210	252	294	336	378	420	462	525	588
22d	88	132	143	154	176	220	264	308	352	396	440	484	550	616
23d	92	138	149.5	161	184	230	276	322	368	414	460	506	575	644
24d	96	144	156	168	192	240	288	336	384	432	480	528	600	672
25d	100	150	162.5	175	200	250	300	350	400	450	500	550	625	700
26d	104	156	169	182	208	260	312	364	416	468	520	572	650	728
27d	108	162	175.5	189	216	270	324	378	432	486	540	594	675	756
28d	112	168	182	196	224	280	336	392	448	504	560	616	700	784
29d	116	174	188.5	203	232	290	348	406	464	522	580	638	725	812
30d	120	180	195	210	240	300	360	420	480	540	600	660	750	840
31d	124	186	201.5	217	248	310	372	434	496	558	620	682	775	868
32d	128	192	208	224	256	320	384	448	512	576	640	704	800	896

续表

倍数	钢筋直径/mm													
	4	6	6.5	7	8	10	12	14	16	18	20	22	25	28
33*d*	132	198	214.5	231	264	330	396	462	528	594	660	726	825	924
34*d*	136	204	221	238	272	340	408	476	544	612	680	748	850	952
35*d*	140	210	227.5	245	280	350	420	490	560	630	700	770	875	980
36*d*	144	216	234	252	288	360	432	504	576	648	720	792	900	1008
37*d*	148	222	240.5	259	296	370	444	518	592	666	740	814	925	1036
38*d*	152	228	247	266	304	380	456	532	608	684	760	836	950	1064
39*d*	156	234	253.5	273	312	390	468	546	624	702	780	858	975	1092
40*d*	160	240	260	280	320	400	480	560	640	720	800	880	1000	1120
41*d*	164	246	266.5	287	328	410	492	574	656	738	820	902	1025	1148
42*d*	168	252	273	294	336	420	504	588	672	756	840	924	1050	1176
43*d*	172	258	279.5	301	344	430	516	602	688	774	860	946	1075	1204
44*d*	176	264	286	308	352	440	528	616	704	792	880	968	1100	1232
45*d*	180	270	292.5	315	360	450	540	630	720	810	900	990	1125	1260
46*d*	184	276	299	322	368	460	552	644	736	828	920	1012	1150	1288
47*d*	188	282	305.5	329	376	470	564	658	752	846	940	1034	1175	1316
48*d*	192	288	312	336	384	480	576	672	768	864	960	1056	1200	1344
49*d*	196	294	318.5	343	392	490	588	686	784	882	980	1078	1225	1372
50*d*	200	300	325	350	400	500	600	700	800	900	1000	1100	1250	1400
51*d*	204	306	331.5	357	408	510	612	714	816	918	1020	1122	1275	1428
52*d*	208	312	338	364	416	520	624	728	832	936	1040	1144	1300	1456
53*d*	212	318	344.5	371	424	530	636	742	848	954	1060	1166	1325	1484
54*d*	216	324	351	378	432	540	648	756	864	972	1080	1188	1350	1512
55*d*	220	330	357.5	385	440	550	660	770	880	990	1100	1210	1375	1540
56*d*	224	336	364	392	448	560	672	784	896	1008	1120	1232	1400	1568
57*d*	228	342	370.5	399	456	570	684	798	912	1026	1140	1254	1425	1596
58*d*	232	348	377	406	464	580	696	812	928	1044	1160	1276	1450	1624
59*d*	236	354	383.5	413	472	590	708	826	944	1062	1180	1298	1475	1652
60*d*	240	360	390	420	480	600	720	840	960	1080	1200	1320	1500	1680

附录 B 每米圆钢、方钢重量速查表

圆钢和方钢材料(直径 D:mm,边长 L:mm,重量:kg)

钢材 \ 直径	6	8	10	12	14	16	18	20	22	25	计算公式
圆钢	0.222	0.395	0.617	0.888	1.21	1.58	2.0	2.47	3.0	3.86	$0.00617\times D\times D$
方钢	0.283	0.502	0.785	1.13	1.54	2.01	2.54	3.14	3.8	4.91	$0.00785\times L\times L$

附录 C 抗震框架梁箍筋加密区长度速查表

抗震等级	梁截面高度 h_b/mm																	
振震性质	350	400	450	500	550	600	650	700	750	800	850	900	950	1000	1050	1100	1150	1200
非抗震	由设计确定,也可不加密																	
二至四级	525	600	675	750	825	900	975	1050	1125	1200	1275	1350	1425	1500	1575	1650	1725	1800
一级	700	800	900	1000	1100	1200	1300	1400	1500	1600	1700	1800	1900	2000	2100	2200	2300	2400

注:如果按此计算出的箍筋加密区长度超过梁净长 1/2 的,梁全长箍筋加密。

附录 D 抗震框架柱箍筋加密区高度速查表

H_n/mm	柱截面长边尺寸 h_c 或圆柱直径 D/mm																		
	400	450	500	550	600	650	700	750	800	850	900	950	1000	1050	1100	1150	1200	1250	1300
1800	500																		
2100	500	500	500																
2400	500	500	500	550															
2700	500	500	500	550	600	650													
3000	500	500	500	550	600	650	700												
3300	550	550	550	550	600	650	700	750	800										
3600	600	600	600	600	600	650	700	750	800	850									
3900	650	650	650	650	650	650	700	750	800	850	900								
4200	700	700	700	700	700	700	700	750	800	850	900	950							
4500	750	750	750	750	750	750	750	750	800	850	900	950	1000						
4800	800	800	800	800	800	800	800	800	800	850	900	950	1000	1050	1100				
5100	850	850	850	850	850	850	850	850	850	850	900	950	1000	1050	1100	1150			
5400	900	900	900	900	900	900	900	900	900	900	900	950	1000	1050	1100	1150	1200	1250	1300
5700	950	950	950	950	950	950	950	950	950	950	950	950	1000	1050	1100	1150	1200	1250	1300
6000	1000	1000	1000	1000	1000	1000	1000	1000	1000	1000	1000	1000	1000	1050	1100	1150	1200	1250	1300
6300	1050	1050	1050	1050	1050	1050	1050	1050	1050	1050	1050	1050	1050	1050	1100	1150	1200	1250	1300
6600	1100	1100	1100	1100	1100	1100	1100	1100	1100	1100	1100	1100	1100	1100	1100	1150	1200	1250	1300

注：① 表内数值未包括框架嵌固部位柱根部箍筋加密区范围。

② 柱净高(包括因嵌砌填充墙等形成的柱净高)与柱截面长边尺寸(圆柱为截面直径)的比值 $H_n/h_c \leq 4$ 时，箍筋沿柱垂高加密。

③ 小墙肢即墙肢长度不大于墙厚 4 倍的剪力墙。矩形小墙肢的厚度不大于 300 时，箍筋全高加密。

附录 E 课后工作页

附表 E-1　柱六要素查找工作页

柱编号＿＿＿＿

楼层号	1 构件编号	2 材料			3 构件形状	4 尺寸		5 位置						6 构造								
														纵筋					箍筋			
		砼标号	纵筋材料	箍筋材料		截面/(mm×mm)	柱高度/mm	上下轴线	上下偏位	左右轴线	左右偏位	底标高/m	顶标高/m	四角钢筋	左右边筋	上下边筋	接头方法	接头位置/mm	直径/mm	加密区箍间距/mm	非加密箍间距/mm	加密区高/mm
×F(填写示例)	KZ－2	C30	C	C	细高立方体	400×450	3000	Ⓔ	80	①	50	2.56	5.56	4C16	2C18	2C16	电渣焊接	600＋500	8	100	200	500

填写人：　　　　　　时间：　　　　　　成绩：

注：① 楼层号中的“BF”表示标准层。

② 纵筋标注中的“C”表示 HRB400 钢筋。

③ 本表从上到下各行分别填写同一位置结构柱从下到上各层的相关信息。

④ 本表填写可以一柱一表。

⑤ 接头位置“600＋500”表示第一道接头截面从本层柱底标高上 600 mm；第二道接头截面再上 500 mm。

附表 E-2　柱工程量计算工作页

柱编号________

楼层号	1 柱混凝土体积			2 柱钢筋质量/kg													钢材总质量/kg
				纵向钢筋					箍筋								
	柱截面积/m^2	柱高/m	柱混凝土体积/m^3	角筋质量/kg	边筋质量/kg	柱外锚筋质量/kg	总质量/kg	接头数/个	加密箍道数	非加密箍道数	节点区道数	总道数	单道长/m	每米质量/kg	单道箍质量/kg	总质量/kg	
×F																	
	合计			合计					合计				合计				

填写人：　　　　　　时间：　　　　　　成绩：

注：① 本表从上到下依次填写同一位置柱从基础顶面到柱顶各层的工程量。

② 柱混凝土体积和钢筋质量应计算全层高度上的质量。若本层上或下端钢筋需要锚固，应单独考虑外锚部分钢筋重量。

附表 E-3　柱钢筋骨架制作任务单

工作任务	使用不同粗细的铁丝分别代表柱纵筋、箍筋和扎丝，对照给定的图纸，按照 5：1 的比例缩小制作一根柱钢筋骨架。并用透明塑料板围粘出柱外围体块来
制作依据	依据老师给定的图纸，选择其中一根柱
需用材料	三种型号的铁丝、透明塑料板、胶水、标签纸，数量自行计算。500 mm×500 mm 三合板一块
需用工具	尖嘴老虎钳、刀等
人员配置	4 人一组
工作时间	课前准备材料、工具、收集图纸、计算尺寸等，两节课制作完成
成果要求	成果应严格按照比例制作，形体应方正，黏贴应牢固，并用标签纸标识出各铁丝代表的钢筋型号
成果照片	各小组作品制作完成后，采像上交电子文件，并展示成果实体供评价小组评价
备注	一般铁丝型号和直径为 8#——直径 4 mm；10#——直径 3.5 mm；12#——直径 2.8 mm；14#——直径 2.2 mm；16#——直径 1.6 mm；20#——直径 0.9 mm；22#——直径 0.7 mm 等，型号越大，直径越细。本例可选 8#、16# 和 22# 三类铁丝。

制作人：　　　　时间：　　　　成绩：

附表 E-4　梁六要素查找工作页

梁编号________

梁跨号	轴线号	1 构件编号	2 材料			3 构件形状	4 尺寸		5 位置				6 构造								
													纵筋				箍筋				
			砼标号	纵筋材料	箍筋材料		本跨梁起止轴线	截面尺寸/(mm×mm)	梁净长 mm	上下偏位/mm	左右偏位/mm	梁顶标高	贯通顶筋	附加负筋	底部钢筋	接头方法	直径大小	加密区间距/mm	非加密区间距/mm	加密区长度/mm	非加密区长度/mm
填写示例	①	KL-2	C30	Φ	Φ	细长立方体	Ⓐ～Ⓑ	240×500	2500	0	0	5.56	4Φ16	2Φ18	4Φ20	搭接	8	100	200	500	1500
1																					
2																					
3																					
4																					
5																					
6																					
7																					
8																					
9																					

填写人：　　　　　　时间：　　　　　　成绩：

注：① 对照一根梁从左到右，在本表中从上到下依次填写各跨信息，表格每一行填写一跨信息即可。
② 上下栏信息相同的列，下栏可以省略。

附表 E-5 梁工程量计算工作页

梁编号________

梁跨号	混凝土体积计算			梁钢筋质量/kg													
				纵向钢筋重量/kg						箍筋重量/kg							本跨梁钢材质量/kg
	本跨梁截面积/m²	本跨梁净长/m	本跨梁体积/m³	贯通负筋/kg	附加负筋/kg	底部钢筋/kg	外锚部分/kg	纵筋总质量/kg	接头个数/个	加密箍筋/道	非加密箍/道	箍筋总数/道	单道箍长/m	每米质量/kg	每道箍质量/kg	箍筋总质量/kg	
填写示例	0.096	4.75	0.456	0.345	0.367	0.534	0.125	1.371	0	2×7	6	20	1.435	0.39	0.560	11.193	12.564
1																	
2																	
3																	
4																	
5																	
6																	
7																	
8																	
合计																	

填写人：　　　　时间：　　　　成绩：

注：① 对照一根梁从左到右，在本表中从上到下依次填写各跨信息，表格每一行填写一跨信息即可。

② 合计一栏中应将梁各跨体积和钢材总质量累加起来。

附表 E-6　梁钢筋骨架制作任务单

工作任务	使用不同粗细的铁丝分别代表梁纵筋、箍筋和扎丝，对照给定的图纸，按照 5：1 的比例缩小制作一根梁钢筋骨架，并用透明塑料围粘出梁外围体块
制作依据	依据老师给定的图纸，选择其中一根梁
需用材料	三种型号的铁丝、透明塑料板、胶水、标签纸，数量自行计算
需用工具	尖嘴老虎钳、刀等
人员配置	4 人一组
成果要求	成果应严格按照比例制作，形体应方正，粘贴应牢固，并用标签纸标识出各铁丝代表的钢筋型号
成果照片	各小组作品制作完成后，照像并上交电子文件，同时展示成果实体供评价小组评价
备注	一般铁丝型号和直径为 8＃——直径 4 mm；10＃——直径 3.5 mm；12＃——直径 2.8 mm；14＃——直径 2.2 mm；16＃——直径 1.6 mm；20＃——直径 0.9 mm；22＃——直径 0.7 mm 等，型号越大，直径越细。本例可选 8＃、16＃和 22＃三类铁丝

制作人：　　　　时间：　　　　成绩：

附表 E-7 板六要素查找工作页

板楼层号________

上下边界轴号	左右边界轴号	1 板编号	2 材料			3 构件形状	4 尺寸			5 位置			6 构造								
													板底钢筋		板顶钢筋				马镫筋		架立筋间距
			板砼标号	主筋材料	架立钢筋		板厚度/mm	板净长/mm	板净宽/mm	上下边距轴/mm	左右边距轴/mm	板顶标高	左右方向	上下方向	左负筋及长度/mm	右负筋及长度/mm	上负筋及长度/mm	下负筋及长度/mm	型号	布置间距	
Ⓐ Ⓑ	① ③	XB2	C30	⌀	ϕ	扁平立方体	100	2700	2500	120 120	120 120	5.56	C8 @150	C10 @150	C12@150 1500	C12@150 1500	C12@150 1500	C12@150 1500	C14	矩阵 1000	250

填写人：　　　　时间：　　　　成绩：

注：① 对照一个楼层板从左到右、从上到下，在本表中从上到下各行依次填写板信息，表格每一行填写一块板信息即可。
② 上下栏信息相同的列，下栏可以省略。

附表 E-8　板六要素查找工作页

板楼层号________

上下边界轴号	左右边界轴号	1 板编号	2 材料		3 构件形状	4 尺寸			5 位置			6 构造					
			板砼标号	主筋材料		板厚度/mm	板净长/mm	板净宽/mm	上下边距轴/mm	左右边距轴/mm	板顶标高	板底钢筋		板顶钢筋		马镫筋	
												左右方向	上下方向	左右方向	上下方向	型号	布置间距
Ⓐ Ⓑ	① ③	XB2	C30	⊈		100	2700	2500	120 120	120 120	5.56	C8 @150	C10 @150	C12@150 1500	C12@150 1500	C14	矩阵 1000
					扁平立方体												

注：本表适用于板上下为双向通长筋时

填写人：　　　　　　时间：　　　　　　成绩：

注：① 对照一个楼层板从左到右、从上到下，在本表中从上到下各行依次填写板信息，表格每一行填写一块板信息即可。

② 上下栏信息相同的列，下栏可以省略。

附表 E-9　板工程量计算工作页

板楼层号________

上下边界轴	左右边界轴	板编号	混凝土体积/m^3			板钢筋质量/kg												
						板底钢筋重量/kg					板顶钢筋质量/kg					架立筋筋	马镫筋	本块板钢材质量/kg
			板净面积/m^2	板厚度/m	板砼体积/m^3	左右方向/kg	上下方向/kg	左右板外锚固	上下板外锚固	板底筋总质量/kg	左边负筋	右边负筋	上边负筋	下边负筋	板顶筋总质量/kg			
Ⓐ Ⓑ	① ③	XB2	20	0.12	24	4	5	1	1	11	3	3	4	4	14	2	1	28
合计																		

填写人：　　　　时间：　　　　成绩：

注：对照一个楼层板从左到右、从上到下，在本表中从上到下各行依次填写板信息，表格每一行填写一块板信息即可。

附表 E-10　板工程量计算工作页

板楼层号________

上下边界轴	左右边界轴	板编号	混凝土体积/m³			板钢筋质量/kg											
						板底钢筋质量/kg					板顶钢筋质量/kg					马镫筋	本块板钢材质量/kg
			板净面积/(m^2)	板厚度/m	板砼体积/m^3	左右方向/kg	上下方向/kg	左右板外锚固	上下板外锚固	板底筋总质量/kg	左右方向/kg	上下方向/kg	左右板外锚固	上下板外锚固	板顶筋总质量/kg		
Ⓐ Ⓑ	① ③	*XB*2	20	0.12	24	4	5	1	1	11	3	3	4	4	14	1	26
合计																	

注：本表适用于板上下为双向通长筋时

填写人：　　　　　时间：　　　　　成绩：

注：对照一个楼层板从左到右、从上到下，在本表中从上到下各行依次填写板信息，表格每一行填写一块板信息即可。

附表 E-11　板钢筋骨架制作任务单

工作任务	使用不同粗细的铁丝分别代表板纵筋和扎丝，对照给定的图纸，按照 5∶1 的比例缩小制作一块板钢筋骨架，并用透明塑料围粘出板外围体块
制作依据	依据老师给定的图纸，选择其中一块板
需用材料	两种型号的铁丝、透明塑料板、胶水、标签纸、三夹板底座，数量自行计算
需用工具	尖嘴老虎钳、刀等
人员配置	4 人一组
工作时间	课前准备材料、工具、收集图纸、计算尺寸等，两节课制作完成
成果要求	成果应严格按照比例制作，形体应方正，粘贴应牢固，并用标签纸标识出各铁丝代表的钢筋型号
成果照片	各小组作品制作完成后，照像并上交电子文件，同时展示成果实体供评价小组评价
备注	一般铁丝型号和直径为 8＃——直径 4 mm；10＃——直径 3.5 mm；12＃——直径 2.8 mm；14＃——直径 2.2 mm；16＃——直径 1.6 mm；20＃——直径 0.9 mm；22＃——直径 0.7 mm 等，型号越大，直径越细。本例可选 12＃和 20＃两类铁丝。

制作人：　　　　时间：　　　　成绩：

附表 E-12　墙钢筋骨架制作任务单

工作任务	用不同粗细的铁丝分别代表墙纵筋和扎丝，对照给定的图纸，按照 5∶1 的比例缩小制作一片墙钢筋骨架，并用透明塑料围粘出体块来
制作依据	依据老师给定的图纸，选择其中一片墙
需用材料	两种型号的铁丝、透明塑料板、胶水、标签纸、三夹板底座，数量自行计算
需用工具	尖嘴老虎钳、刀等
人员配置	4 人一组
工作时间	课前准备材料、工具、收集图纸、计算尺寸等，两节课制作完成
成果要求	成果应严格按照比例制作，形体应方正，粘贴应牢固，并用标签纸标识出各铁丝代表的钢筋型号
成果照片	各小组作品制作完成后，照像并上交电子文件，同时展示成果实体供评价小组评价
备注	一般铁丝型号和直径为 8＃——直径 4 mm；10＃——直径 3.5 mm；12＃——直径 2.8 mm；14＃——直径 2.2 mm；16＃——直径 1.6 mm；20＃——直径 0.9 mm；22＃——直径 0.7 mm 等，型号越大，直径越细。本例可选 12＃和 20＃两类铁丝

制作人：　　　　时间：　　　　成绩：

附表 E-13 基础钢筋骨架制作任务单

工作任务	用不同粗细的铁丝分别代表基础主筋和扎丝，对照给定的图纸，按照 5∶1 的比例缩小制作一个基础钢筋骨架，并用透明塑料围粘出体块来
制作依据	依据老师给定的图纸，选择其中一个基础
需用材料	两种型号的铁丝、透明塑料板、胶水、标签纸、三夹板底座、KT 板，数量自行计算
需用工具	尖嘴老虎钳、刀等
人员配置	4 人一组
工作时间	课前准备材料、工具、收集图纸、计算尺寸等，两节课制作完成
成果要求	成果应严格按照比例制作，形体应方正，粘贴应牢固，并用标签纸标识出各铁丝代表的钢筋型号
成果照片	各小组作品制作完成后，照像并上交电子文件，同时展示成果实体供评价小组评价
备注	一般铁丝型号和直径为 8#——直径 4 mm；10#——直径 3.5 mm；12#——直径 2.8 mm；14#——直径 2.2 mm；16#——直径 1.6 mm；20#——直径 0.9 mm；22#——直径 0.7 mm 等，型号越大，直径越细。本例可选 12# 和 20# 两类铁丝

制作人：　　　　时间：　　　　成绩：

附表 E-14　楼梯段钢筋骨架制作任务单

工作任务	用不同粗细的铁丝分别代表楼梯主筋分布筋和扎丝，对照给定的图纸，按照 5：1 的比例缩小制作一个楼梯段钢筋骨架，并用透明塑料板围粘出体块来
制作依据	依据老师给定的图纸，选择其中一个楼梯段
需用材料	三种型号的铁丝、透明塑料板、胶水、标签纸、三夹板底座、KT 板等，数量自行计算
需用工具	尖嘴老虎钳、刀尺等
人员配置	4 人一组
工作时间	课前准备材料、工具、收集图纸、计算尺寸等，两节课制作完成
成果要求	成果应严格按照比例制作，形体应方正，粘贴应牢固，并用标签纸标识出各铁丝代表的钢筋型号
成果照片	各小组作品制作完成后，照像并上交电子文件，同时展示实体供评价小组评价
备注	一般铁丝型号和直径为 8#——直径 4 mm；10#——直径 3.5 mm；12#——直径 2.8 mm；14#——直径 2.2 mm；16#——直径 1.6 mm；20#——直径 0.9 mm；22#——直径 0.7 mm 等，型号越大，直径越小。本例可选 12#、16# 和 22# 三类铁丝

制作人：　　　　时间：　　　　成绩：

附录 F 综合训练图纸

下面以一个钢筋混凝土框架剪力墙结构观光塔的平法施工图为例，向读者展示常见结构构件平法施工图的表达方法。案例中的结构构件可以作为教师安排学生开展学习性工作任务的学习载体，也可以作为学生结构构件钢筋骨架模型制作、六要素查找、工程量计算的载体。

综合训练图纸如附图 F-1 至附图 F-13 所示。

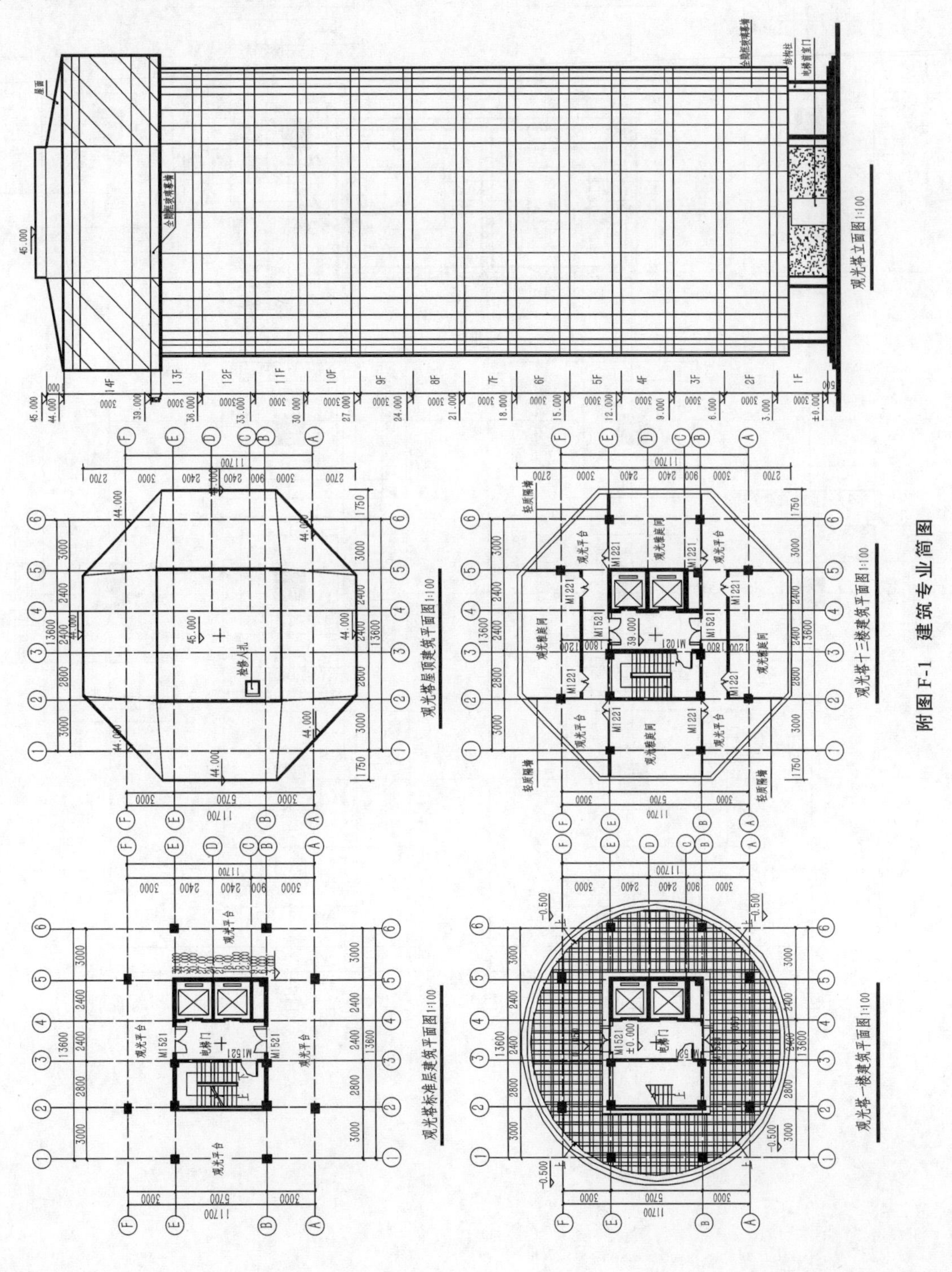

附图 F-1 建筑专业简图

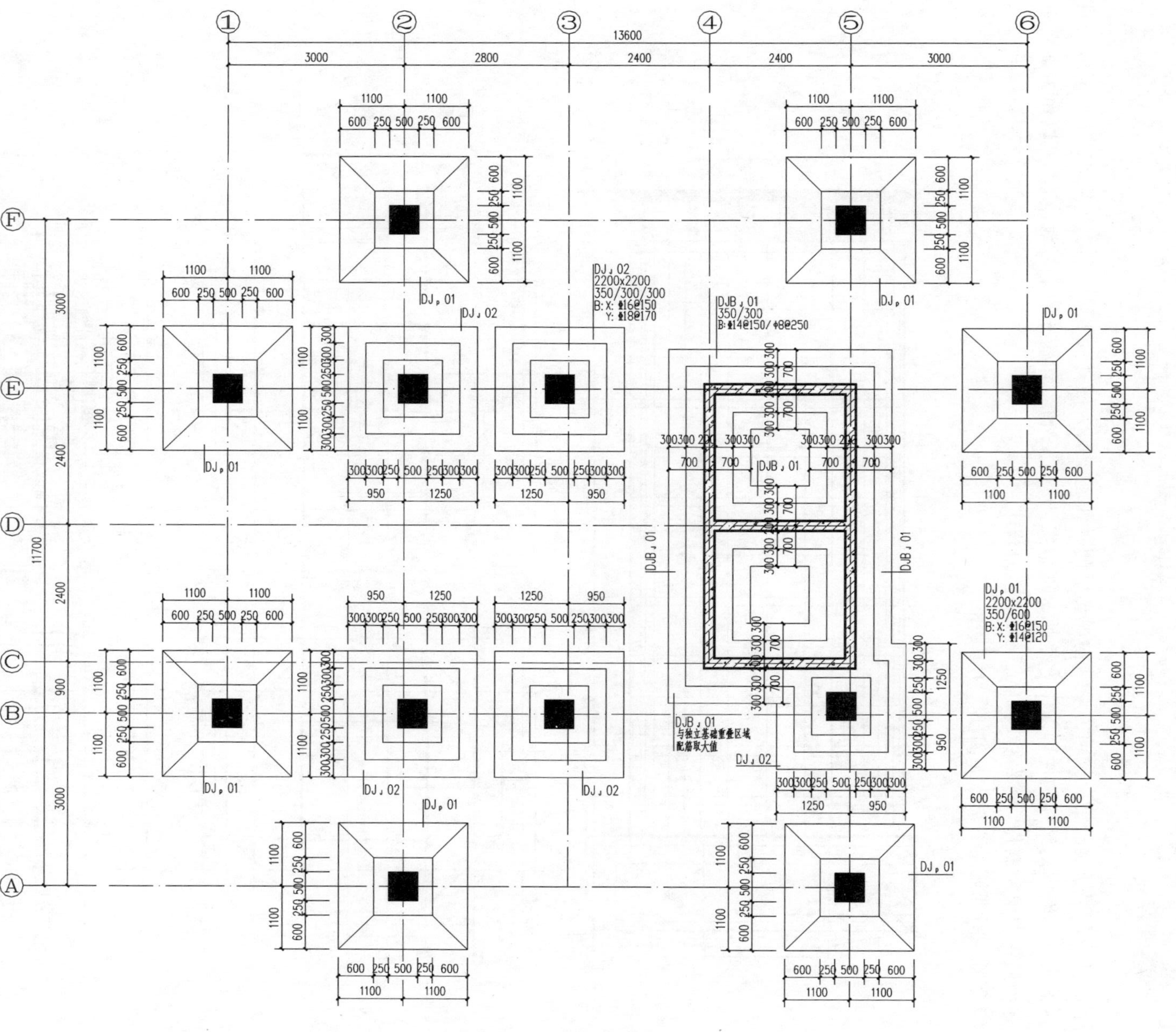

附图F-2　基础平法施工图

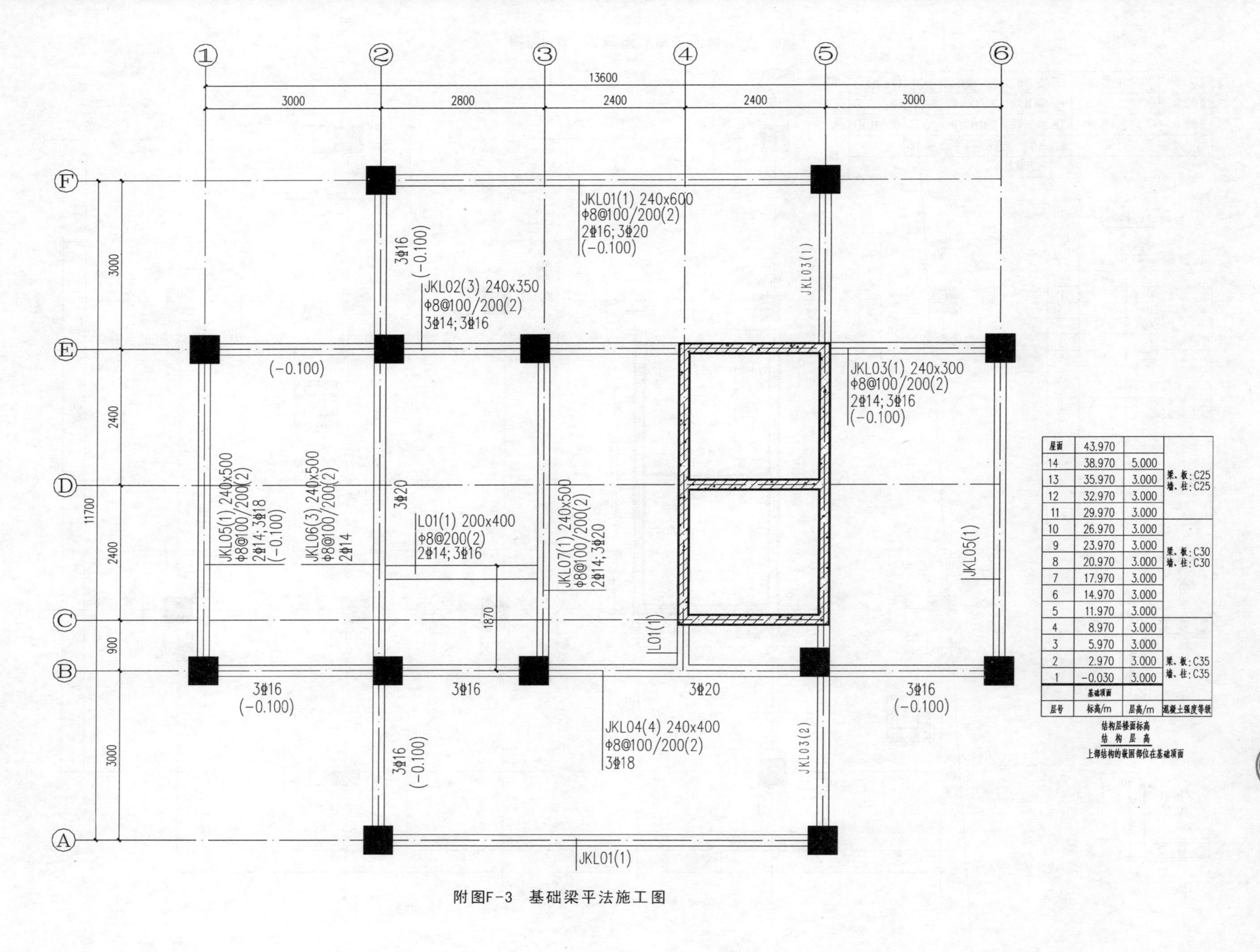

屋面	43.970		
14	38.970	5.000	梁、板：C25 墙、柱：C25
13	35.970	3.000	
12	32.970	3.000	
11	29.970	3.000	
10	26.970	3.000	梁、板：C30 墙、柱：C30
9	23.970	3.000	
8	20.970	3.000	
7	17.970	3.000	
6	14.970	3.000	
5	11.970	3.000	
4	8.970	3.000	梁、板：C35 墙、柱：C35
3	5.970	3.000	
2	2.970	3.000	
1	-0.030	3.000	
	基础顶面		
层号	标高/m	层高/m	混凝土强度等级

结构层楼面标高
结 构 层 高
上部结构的嵌固部位在基础顶面

附图F-3 基础梁平法施工图

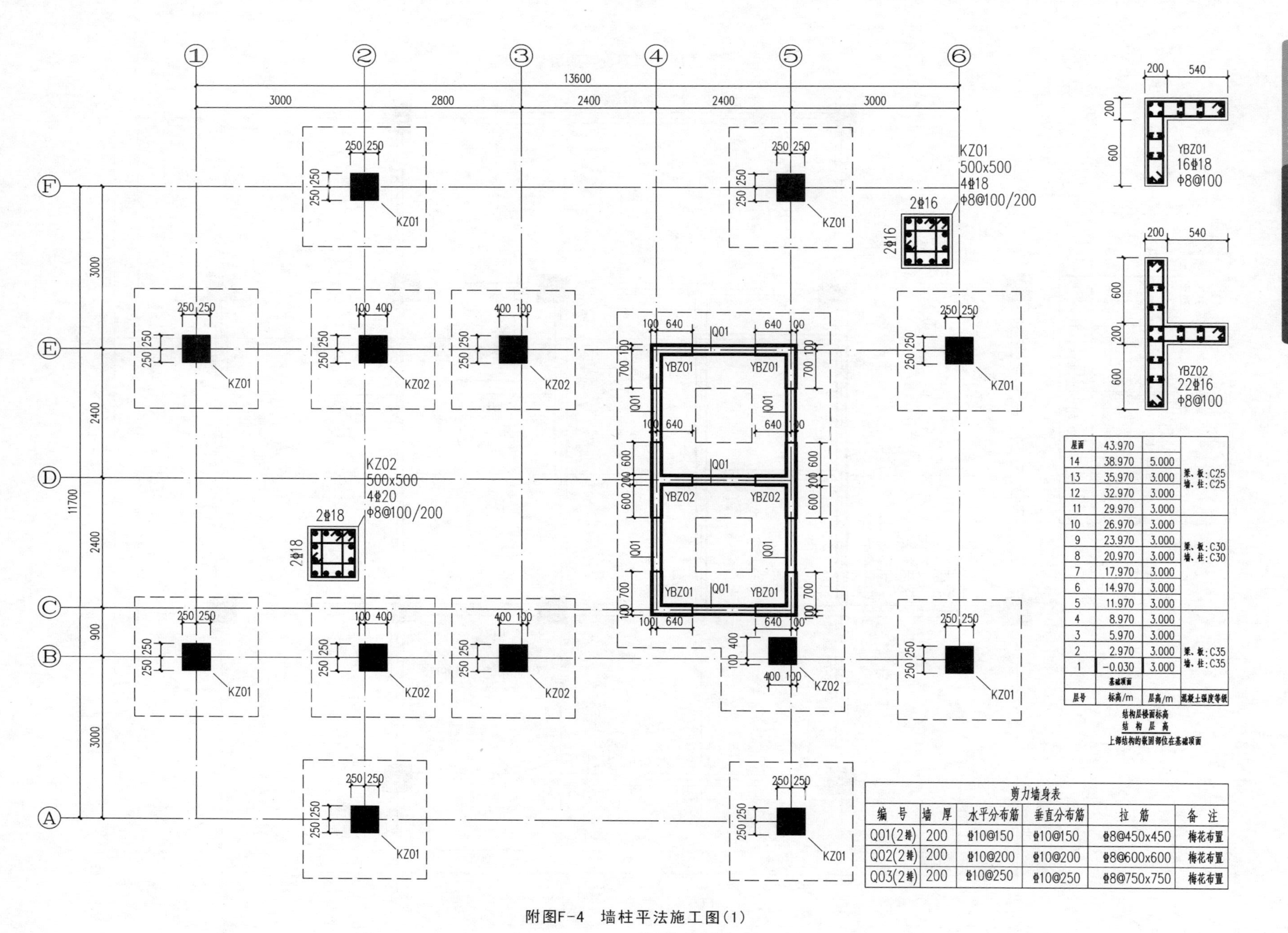

层号	标高/m	层高/m	混凝土强度等级
屋面	43.970		
14	38.970	5.000	梁、板：C25 墙、柱：C25
13	35.970	3.000	
12	32.970	3.000	
11	29.970	3.000	
10	26.970	3.000	梁、板：C30 墙、柱：C30
9	23.970	3.000	
8	20.970	3.000	
7	17.970	3.000	
6	14.970	3.000	
5	11.970	3.000	梁、板：C35 墙、柱：C35
4	8.970	3.000	
3	5.970	3.000	
2	2.970	3.000	
1	-0.030	3.000	
基础顶面			

结构层楼面标高
结构层高
上部结构的嵌固部位在基础顶面

剪力墙身表

编号	墙厚	水平分布筋	垂直分布筋	拉筋	备注
Q01(2排)	200	Φ10@150	Φ10@150	Φ8@450x450	梅花布置
Q02(2排)	200	Φ10@200	Φ10@200	Φ8@600x600	梅花布置
Q03(2排)	200	Φ10@250	Φ10@250	Φ8@750x750	梅花布置

附图F-4 墙柱平法施工图(1)

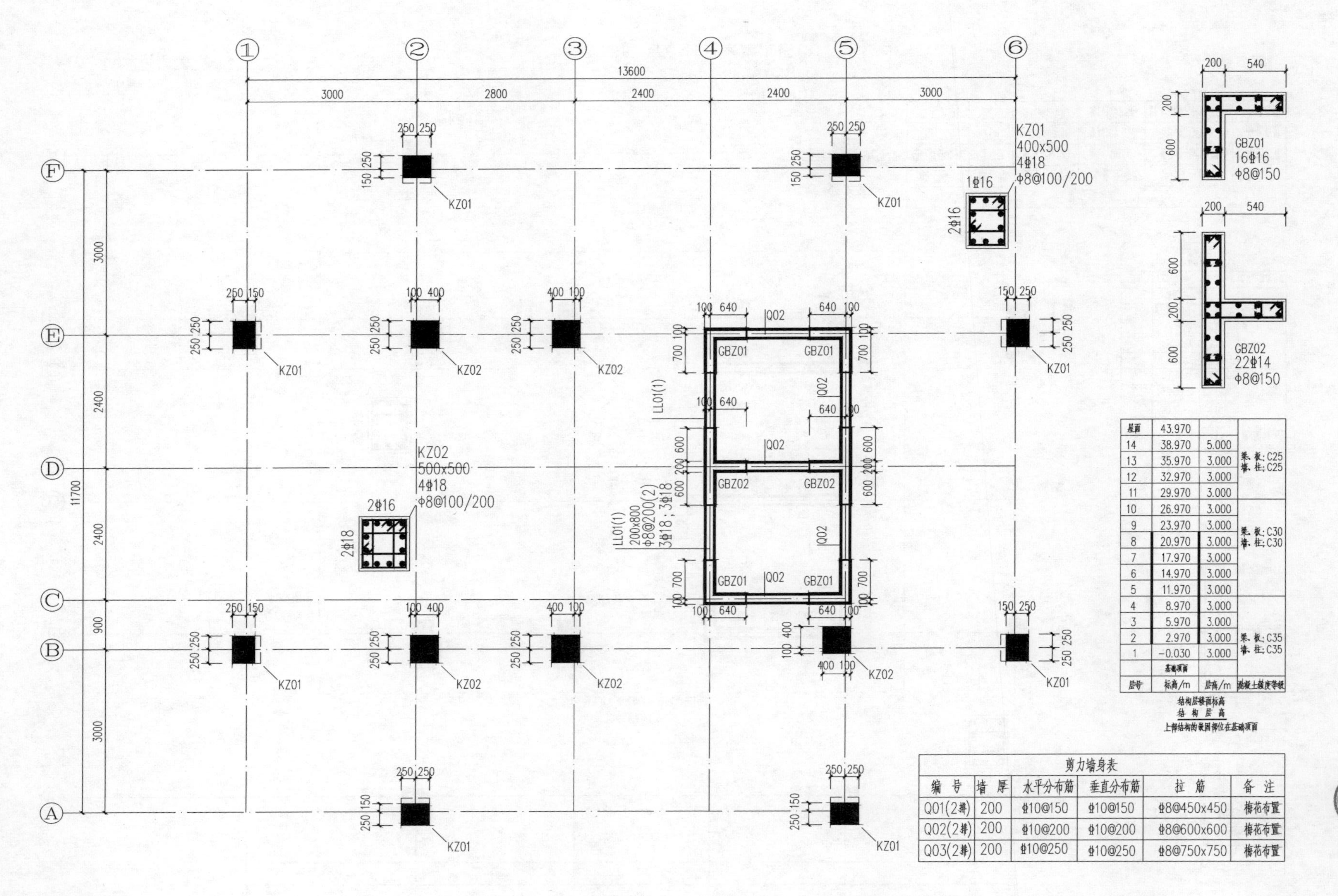

层号	标高/m	层高/m	混凝土强度等级
屋面	43.970		
14	38.970	5.000	梁、板：C25 墙、柱：C25
13	35.970	3.000	
12	32.970	3.000	
11	29.970	3.000	
10	26.970	3.000	梁、板：C30 墙、柱：C30
9	23.970	3.000	
8	20.970	3.000	
7	17.970	3.000	
6	14.970	3.000	
5	11.970	3.000	
4	8.970	3.000	梁、板：C35 墙、柱：C35
3	5.970	3.000	
2	2.970	3.000	
1	-0.030	3.000	
基础顶面			

结构层楼面标高
结构层高
上部结构的嵌固部位在基础顶面

剪力墙身表

编号	墙厚	水平分布筋	垂直分布筋	拉筋	备注
Q01(2排)	200	ф10@150	ф10@150	ф8@450x450	梅花布置
Q02(2排)	200	ф10@200	ф10@200	ф8@600x600	梅花布置
Q03(2排)	200	ф10@250	ф10@250	ф8@750x750	梅花布置

附图F-5 墙、柱平法施工图(2)

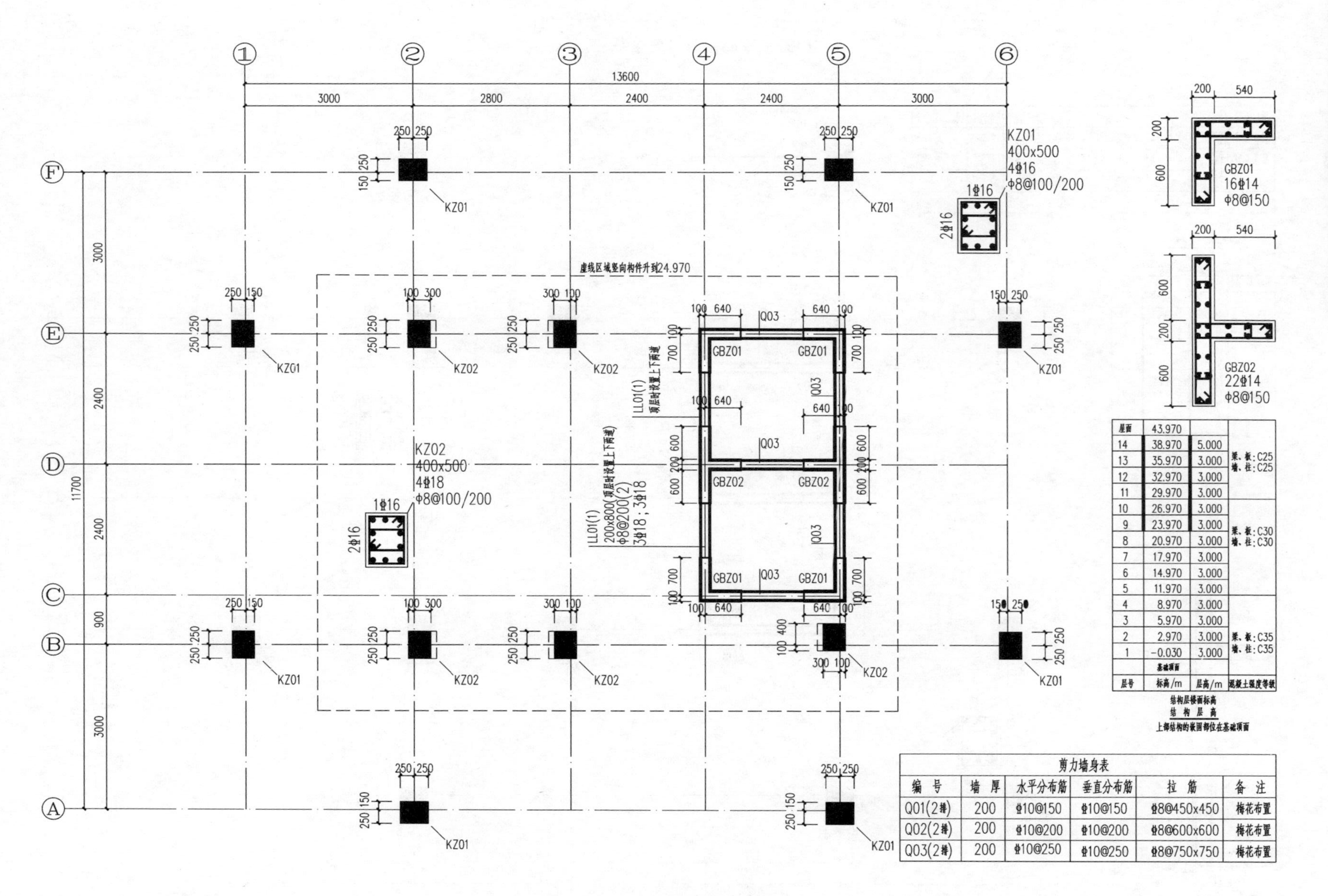

层号	标高/m	层高/m	混凝土强度等级
屋面	43.970		
14	38.970	5.000	梁、板:C25 墙、柱:C25
13	35.970	3.000	
12	32.970	3.000	
11	29.970	3.000	
10	26.970	3.000	梁、板:C30 墙、柱:C30
9	23.970	3.000	
8	20.970	3.000	
7	17.970	3.000	
6	14.970	3.000	
5	11.970	3.000	
4	8.970	3.000	梁、板:C35 墙、柱:C35
3	5.970	3.000	
2	2.970	3.000	
1	-0.030	3.000	
基础顶面			

结构层楼面标高
结构层高
上部结构嵌固部位在基础顶面

剪力墙身表

编号	墙厚	水平分布筋	垂直分布筋	拉筋	备注
Q01(2排)	200	Φ10@150	Φ10@150	Φ8@450x450	梅花布置
Q02(2排)	200	Φ10@200	Φ10@200	Φ8@600x600	梅花布置
Q03(2排)	200	Φ10@250	Φ10@250	Φ8@750x750	梅花布置

附图F-6 墙、柱平法施工图(3)

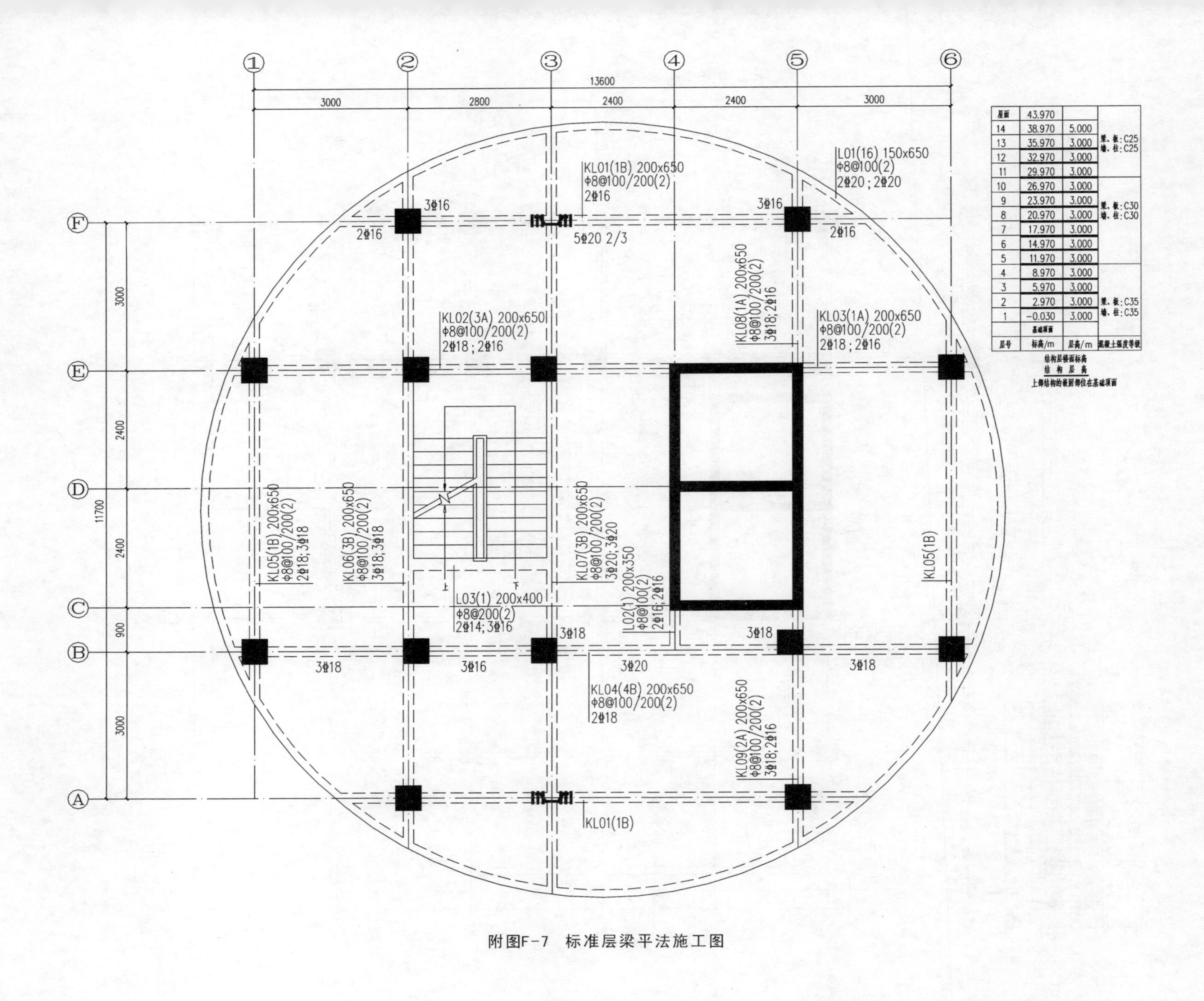

屋面	43.970		
14	38.970	5.000	梁、板:C25 墙、柱:C25
13	35.970	3.000	
12	32.970	3.000	
11	29.970	3.000	
10	26.970	3.000	梁、板:C30 墙、柱:C30
9	23.970	3.000	
8	20.970	3.000	
7	17.970	3.000	
6	14.970	3.000	
5	11.970	3.000	
4	8.970	3.000	梁、板:C35 墙、柱:C35
3	5.970	3.000	
2	2.970	3.000	
1	-0.030	3.000	
	基础顶面		
层号	标高/m	层高/m	混凝土强度等级

结构层楼面标高
结构层高
上部结构的嵌固部位在基础顶面

附图F-7 标准层梁平法施工图

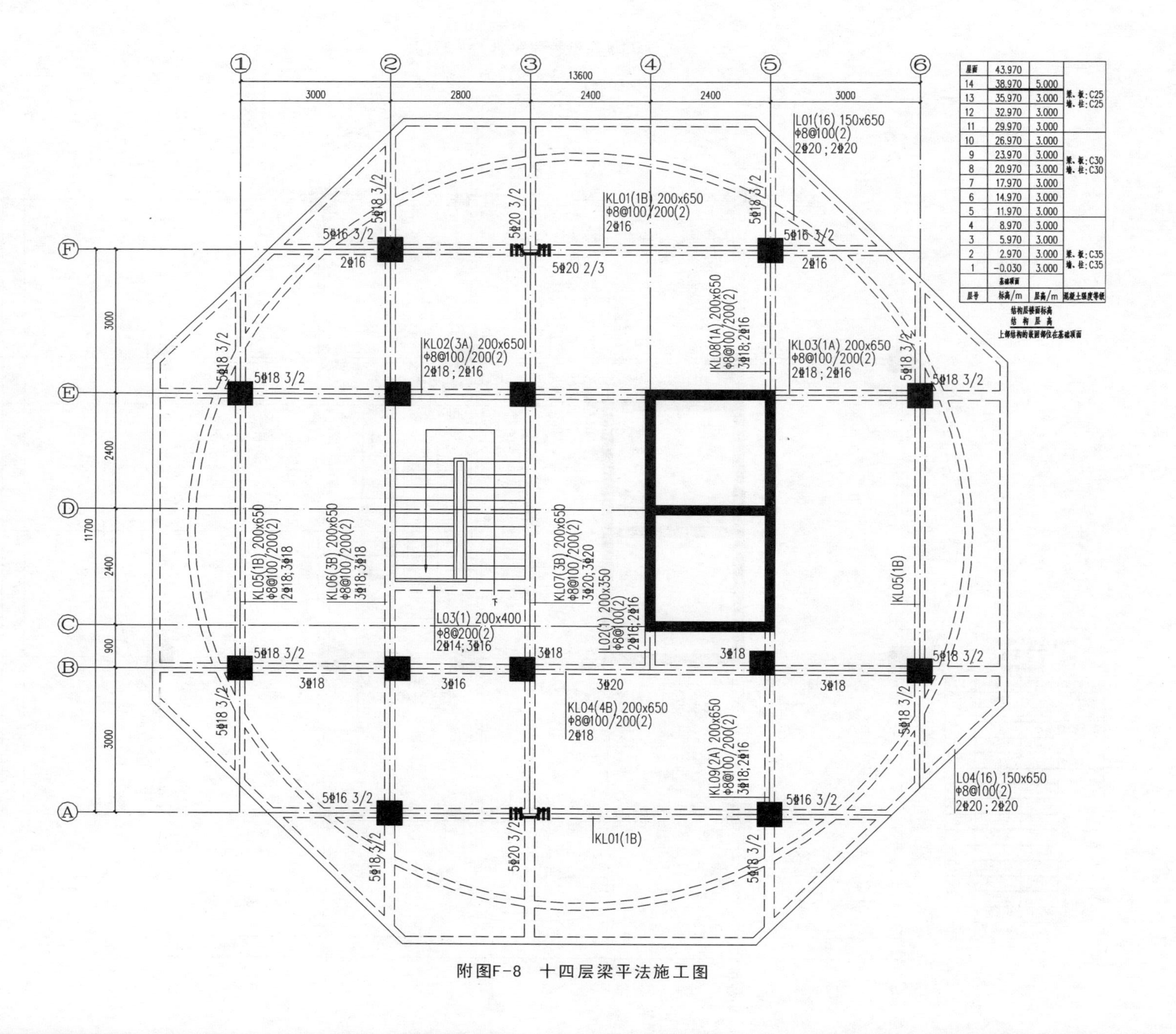

层号	标高/m	层高/m	混凝土强度等级
屋面	43.970		
14	38.970	5.000	梁、板:C25 墙、柱:C25
13	35.970	3.000	
12	32.970	3.000	
11	29.970	3.000	
10	26.970	3.000	梁、板:C30 墙、柱:C30
9	23.970	3.000	
8	20.970	3.000	
7	17.970	3.000	
6	14.970	3.000	
5	11.970	3.000	
4	8.970	3.000	梁、板:C35 墙、柱:C35
3	5.970	3.000	
2	2.970	3.000	
1	-0.030	3.000	
	基础顶面		

结构层楼面标高
结构层高
上部结构的嵌固部位在基础顶面

附图F-8　十四层梁平法施工图

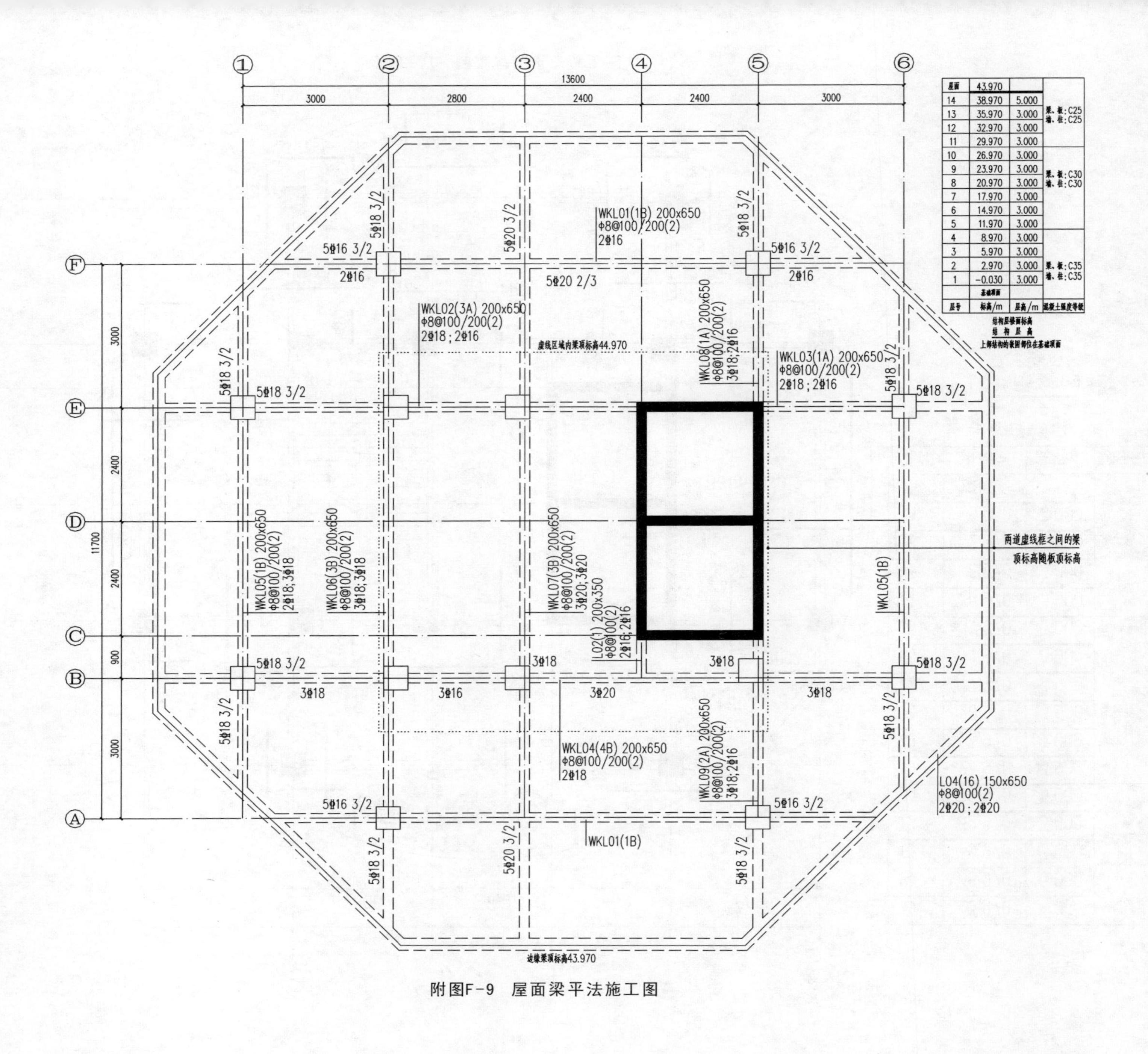

层号	标高/m	层高/m	混凝土强度等级
屋面	43.970		
14	38.970	5.000	
13	35.970	3.000	梁、板：C25 墙、柱：C25
12	32.970	3.000	
11	29.970	3.000	
10	26.970	3.000	
9	23.970	3.000	
8	20.970	3.000	梁、板：C30 墙、柱：C30
7	17.970	3.000	
6	14.970	3.000	
5	11.970	3.000	
4	8.970	3.000	
3	5.970	3.000	
2	2.970	3.000	梁、板：C35 墙、柱：C35
1	-0.030	3.000	
	基础顶面		

结构层楼面标高
结构层高
上部结构的嵌固部位在基础顶面

附图F-9 屋面梁平法施工图

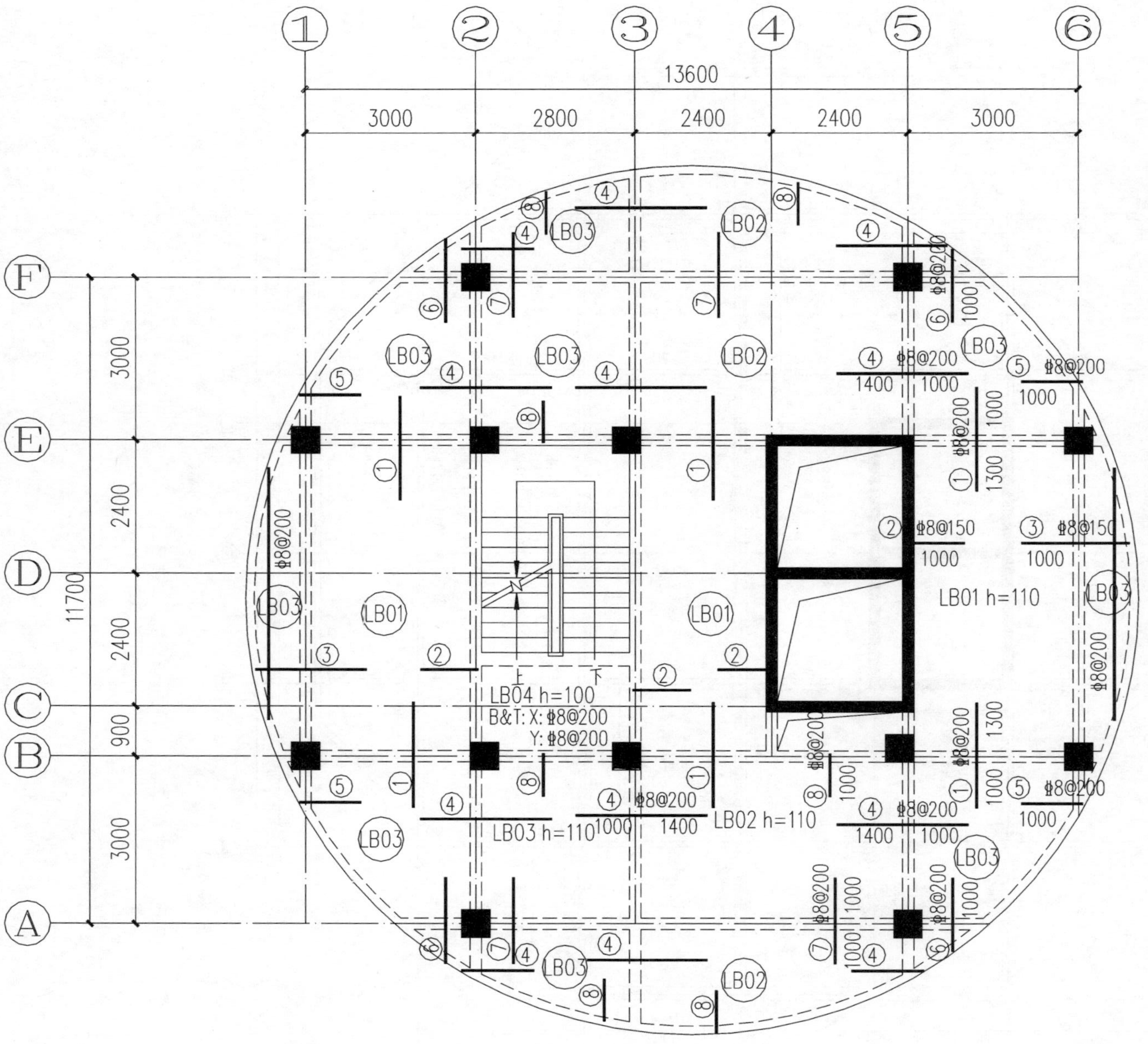

层号	标高/m	层高/m	混凝土强度等级
屋面	43.970		
14	38.970	5.000	梁、板：C25 墙、柱：C25
13	35.970	3.000	
12	32.970	3.000	
11	29.970	3.000	
10	26.970	3.000	梁、板：C30 墙、柱：C30
9	23.970	3.000	
8	20.970	3.000	
7	17.970	3.000	
6	14.970	3.000	
5	11.970	3.000	
4	8.970	3.000	梁、板：C35 墙、柱：C35
3	5.970	3.000	
2	2.970	3.000	
1	-0.030	3.000	
	基础顶面		

结构层楼面标高
结构层高
上部结构的嵌固部位在基础顶面

附图F-10 标准层板平法施工图

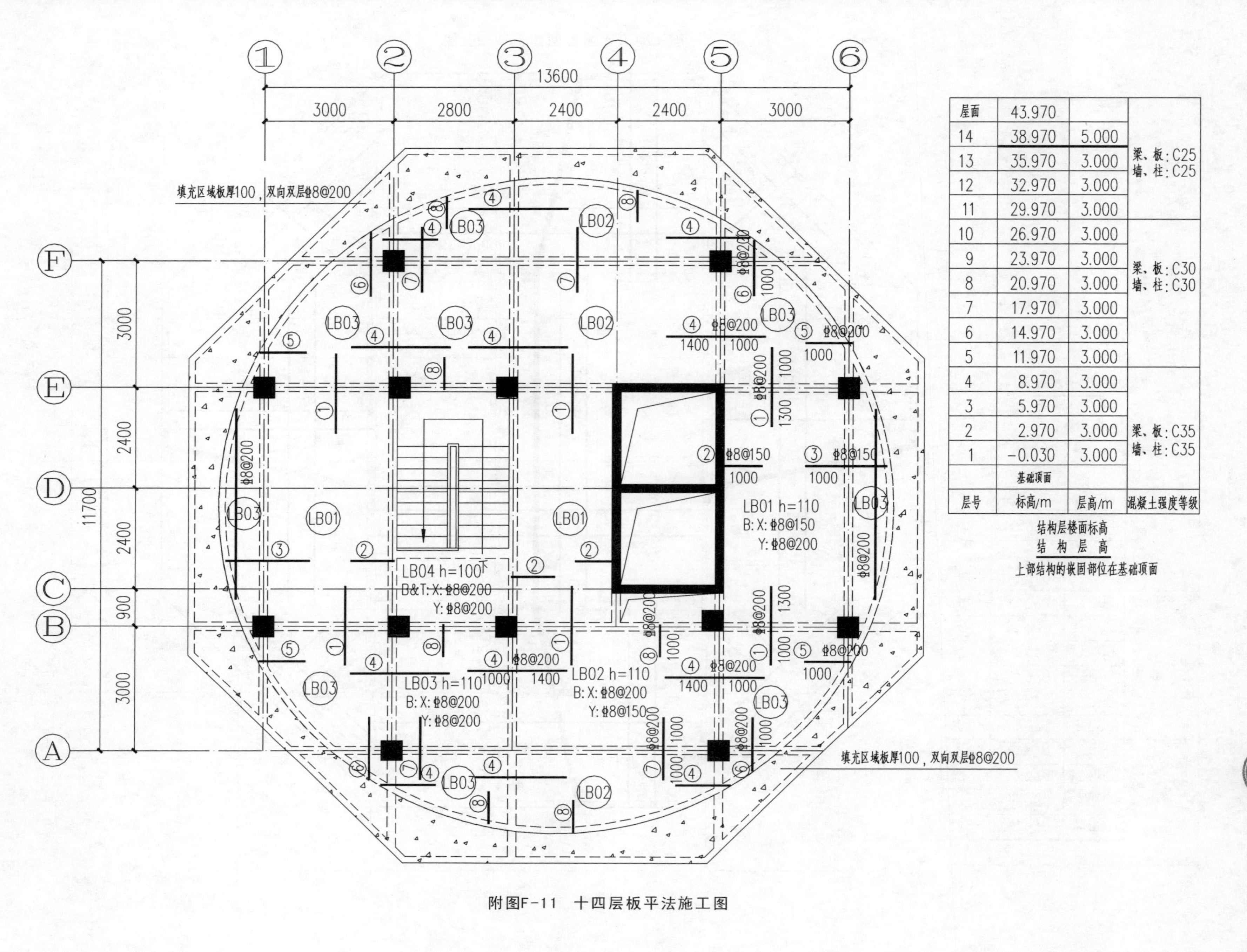

层号	标高/m	层高/m	混凝土强度等级
屋面	43.970		
14	38.970	5.000	梁、板：C25 墙、柱：C25
13	35.970	3.000	
12	32.970	3.000	
11	29.970	3.000	
10	26.970	3.000	梁、板：C30 墙、柱：C30
9	23.970	3.000	
8	20.970	3.000	
7	17.970	3.000	
6	14.970	3.000	
5	11.970	3.000	
4	8.970	3.000	梁、板：C35 墙、柱：C35
3	5.970	3.000	
2	2.970	3.000	
1	−0.030	3.000	
	基础顶面		

结构层楼面标高
结构层高

上部结构的嵌固部位在基础顶面

附图F-11 十四层板平法施工图

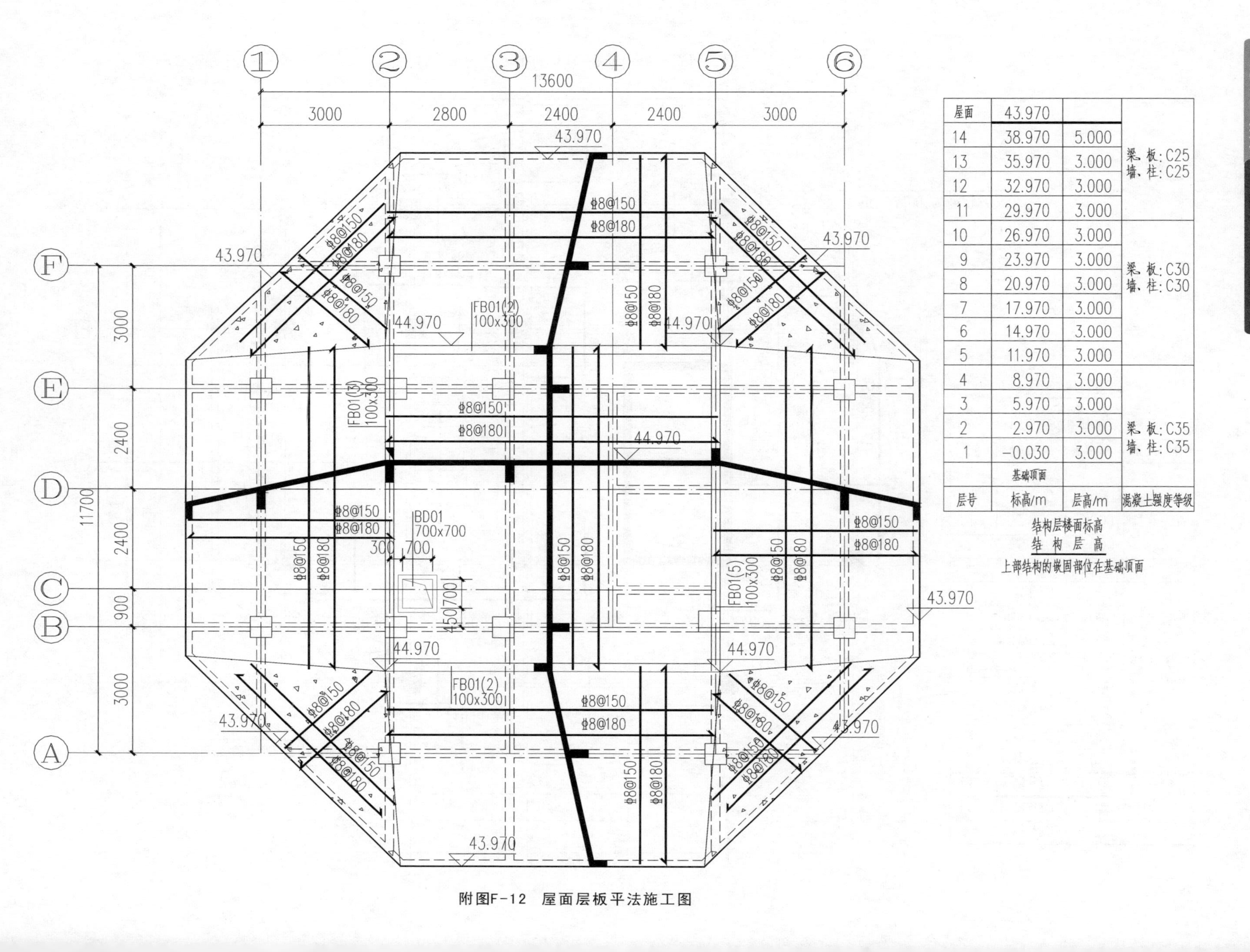

层号	标高/m	层高/m	混凝土强度等级
屋面	43.970		
14	38.970	5.000	梁、板：C25 墙、柱：C25
13	35.970	3.000	
12	32.970	3.000	
11	29.970	3.000	
10	26.970	3.000	梁、板：C30 墙、柱：C30
9	23.970	3.000	
8	20.970	3.000	
7	17.970	3.000	
6	14.970	3.000	
5	11.970	3.000	
4	8.970	3.000	梁、板：C35 墙、柱：C35
3	5.970	3.000	
2	2.970	3.000	
1	−0.030	3.000	
	基础顶面		

结构层楼面标高
结 构 层 高
上部结构的嵌固部位在基础顶面

附图F-12 屋面层板平法施工图

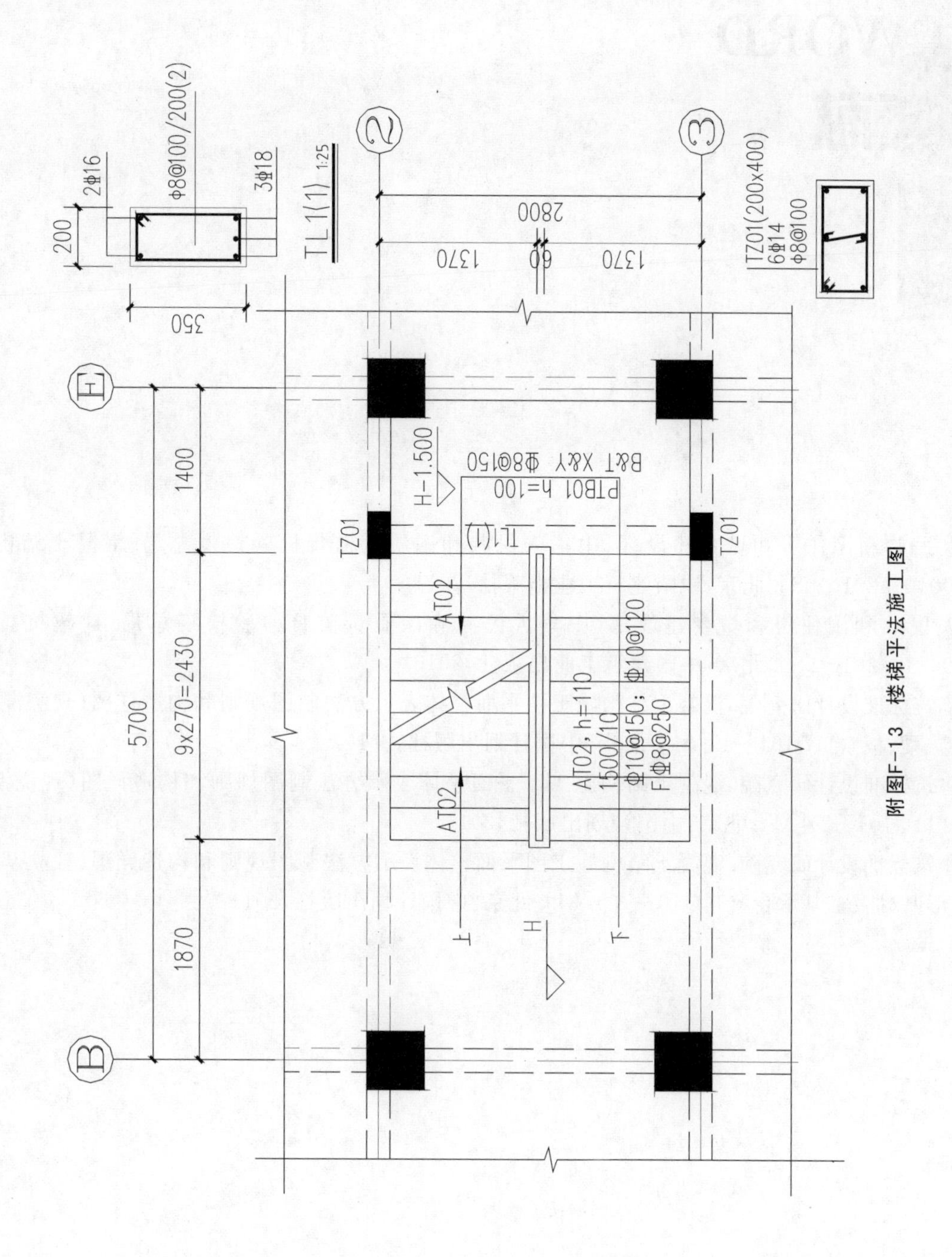

附图F-13 楼梯平法施工图

[1] 中华人民共和国住房和城乡建设部,中华人民共和国质量监督检验检疫总局. 混凝土结构设计规范(GB50010—2010)[S]. 北京:中国建筑工业出版社,2011.

[2] 中华人民共和国住房和城乡建设部,中华人民共和国质量监督检验检疫总局. 建筑抗震设计规范(GB50011—2010)[S]. 北京:中国建筑工业出版社,2010.

[3] 中国建筑标准设计研究院. 混凝土结构施工图平面整体表示方法制图规则和构造详图(现浇混凝土框架、剪力墙、梁、板)(11G101—1)[M]. 北京:中国计划出版社,2011.

[4] 中国建筑标准设计研究院. 混凝土结构施工图平面整体表示方法制图规则和构造详图(现浇混凝土板式楼梯)(11G101—2)[M]. 北京:中国计划出版社,2011.

[5] 中国建筑标准设计研究院. 混凝土结构施工图平面整体表示方法制图规则和构造详图(独立基础、条形基础、筏形基础及桩基承台)(11G101—3)[M]. 北京:中国计划出版社,2011.